氧/氮杂苯并降冰片烯类化合物的不对称开环反应

樊保敏　著

科学出版社

北　京

内 容 简 介

内消旋化合物的去对称化是一种只需要通过一步转化即可获得复杂结构手性化合物的高效方法。氧/氮杂苯并降冰片烯类化合物与多种亲核试剂的立体选择性反应不仅可以将其高效转化为多种手性分子，也加深了科学家对各种亲核试剂性质的研究。同时，该类化学反应提供了一种高效制备手性多取代二氢化萘的方法，而这类结构单元广泛地存在于多种生物活性分子中。因此，氧/氮杂苯并降冰片烯类化合物与多种亲核试剂的立体选择性反应为具有手性多取代二氢化萘结构单元的药物开发提供了重要基础。本书主要综述了氧/氮杂苯并降冰片烯类化合物与多种亲核试剂的开环反应，包括有机锌试剂、格氏试剂、烯烃、炔烃、醇、水、肟、羧酸、胺、苯酚、硼酸、酸酐等。

本书适合有机化学、应用化学、化学生物学等专业的本科生、研究生以及开展不对称催化研究的学者等阅读参考。

图书在版编目(CIP)数据

氧/氮杂苯并降冰片烯类化合物的不对称开环反应 / 樊保敏著. —北京：科学出版社，2024. 1

ISBN 978-7-03-077320-3

Ⅰ. ①氧…　Ⅱ. ①樊…　Ⅲ. ①杂环化合物-对称-开环反应-研究　Ⅳ. ①O626

中国国家版本馆 CIP 数据核字（2024）第 002024 号

责任编辑：霍志国　高　微 / 责任校对：杜子昂

责任印制：赵　博 / 封面设计：东方人华

科学出版社 出版

北京东黄城根北街 16 号

邮政编码：100717

http://www.sciencep.com

北京富资园科技发展有限公司印刷

科学出版社发行　各地新华书店经销

*

2024 年 1 月第　一　版　开本：720×1000　1/16

2024 年 9 月第二次印刷　印张：15

字数：302 000

定价：108. 00 元

（如有印装质量问题，我社负责调换）

前　　言

现代有机合成方法学的目标是发展高效、绿色、经济、便捷的合成方法，其核心问题是选择性问题和合成设计问题。特别是发展具有复杂多环化合物分子的高效和优秀立体控制的合成方法，是意义重大并极具挑战性的工作。氧/氮杂苯并降冰片烯类化合物的开环反应提供了一种高效制备手性多取代二氢化萘的方法，为具有该类结构单元的多种生物活性分子的合成提供了关键合成中间体。

本书主要论述了氧/氮杂苯并降冰片烯类化合物与多种亲核试剂的开环反应，包括有机锌试剂、格氏试剂、烯烃、炔烃、醇、水、肟、羧酸、胺、苯酚、硼酸、酸酐等。本书共有 11 章，以各类亲核试剂为分类依据，介绍了其与氧/氮杂苯并降冰片烯类化合物的开环反应。本书主要关注了近三十年来氧/氮杂苯并降冰片烯类化合物开环反应的重要研究工作，尤其是不对称合成研究工作。重点讨论了催化剂、配体、添加剂等主要反应条件对反应立体选择性、反应收率、反应时间等反应结果的影响。对每种类型的开环反应，还介绍了研究人员对该类化学反应的认识和理解，讨论了不同催化体系对于底物的兼容性和适用性，并对反应机理研究进行了推测和探讨。

本书由樊保敏教授负责策划、撰写、编排和审定。参加本书撰写的还有云南民族大学化学与环境学院周永云、徐建斌、王凯民、郭亚飞、赵粉和云南民族大学民族医药学院陈景超、和振秀、曾广智、尹俊林等。本书在撰写过程中得到了云南民族大学化学与环境学院和民族医药学院众多领导和教师的无私帮助，并得到了国家自然科学基金和云南民族大学学科建设经费资助，在此表示衷心感谢！

由于著者水平有限，书中不当之处在所难免，恳请读者批评指正。

著　者

2023 年 11 月

目　　录

第 1 章　有机锌试剂与氧/氮杂苯并降冰片烯类化合物的不对称开环反应

1.1 引　　言

有机金属试剂是一类典型的亲核试剂，在有机合成中应用广泛。常见的有机金属试剂有格氏（Grignard）试剂、有机镉试剂及有机锂试剂等。有机镉试剂需要通过格氏试剂与镉盐进行金属交换制得，其制备方法相对烦琐，而且镉元素属于重金属元素，具有一定的毒性，对环境不友好。另外，格氏试剂的制备条件相对比较苛刻。有机锌属于软亲核试剂，反应活性较低，使其具备良好的官能团兼容性，很高的化学、区域和立体选择性等优点。此外，有机锌试剂可以与许多过渡金属盐或配合物发生金属交换反应得到活性高的有机过渡金属试剂，也可与多种亲电试剂反应，为新的碳-碳键的构筑提供了有效的途径。

有机锌试剂的制备方法主要有单质锌插入法、金属交换法及电化学制备法[1]。其中，单质锌插入法是指通过卤代烃与锌单质直接反应在 C—X 中插入锌单质的方法。但是，之前所用的卤代烃大多数为溴化物和烯丙基溴化物，这会导致产生一定量的偶联副产物，而氯代烃大多数不反应，所以对于锌的活化比较麻烦。制备有机锌试剂较好的方法是通过有机锂试剂或格氏试剂的金属交换，这得益于有机锂和格氏试剂比较容易制备。Ando 课题组[2]首先通过镁和芳基溴制得芳基溴化镁试剂，然后在 0℃ TMEDA 的作用下通过格氏试剂与氯化锌作用制备有机锌试剂。Lei 课题组[3]在制备有机锌试剂时，在氮气的保护下，先通过芳基溴和丁基锂制备得到芳基锂试剂，再与氯化锌进行金属交换，得到有机锌试剂。

随着有机合成化学的迅速发展，化学家对有机锌试剂的性质和特点有了更深刻的理解，有机锌试剂在许多有机化学反应中取得很好的效果，使其应用范围和重要性得到充分的体现。本章主要介绍近年来钯催化、铜催化、钴催化及镍催化有机锌试剂与氧/氮杂苯并降冰片烯开环反应的研究进展。

1.2　钯催化有机锌试剂与氧/氮杂苯并降冰片烯类化合物的不对称开环反应

2000 年，Lautens 课题组[4]尝试用有机锌化合物 **1** 作为亲核试剂进行氧杂苯并降冰片烯 **2** 的开环反应，结果发现在无催化剂存在的条件下，二烷基锌试剂作为亲核试剂可以得到开环产物，但收率很低且有萘酚衍生物生成。当加入 DPPF 与 $PdCl_2$ 形成的配合物 $Pd(dppf)Cl_2$ 作为催化剂时，在 5mol%（摩尔分数，后同）的催化剂用量下，不同的烷基有机锌化合物作为亲核试剂均可顺利反应，主要产物 **3** 以 *syn* 构型为主，收率高达 92%，乙烯基锌作为亲核试剂时，产物收率较低（表 1-1）。研究发现，当催化剂的用量由 5mol% 减少到 1mol% 时，二乙基锌作为亲核试剂的开环产物收率由 92% 下降到 79%，可见催化剂的用量对反应的收率有明显影响，而反应的区域选择性无明显变化。值得一提的是，在配体存在的条件下，反应过程中没有副产物萘酚生成。

表 1-1　钯催化烷基锌试剂对氧杂苯并降冰片烯 2 的开环反应

1 R_2Zn (1.5equiv.), CH_2Cl_2
$Pd(dppf)Cl_2$ (5mol%), 室温

O　**2**　OH　R　**3**　PPh_2　Fe　PPh_2　DPPF

序号	R	收率/%
1	Me	80
2	Et	92
3	^{t}Bu	72
4	Vinyl	55
5	$TMSCH_2$	67

注：Me 代表甲基，Et 代表乙基，^{t}Bu 代表叔丁基，Vinyl 代表乙烯基，$TMSCH_2$ 代表三甲基硅甲基。

他们进一步研究发现，不同的手性配体对开环反应的结果存在一定影响。当二甲基锌作为亲核试剂时，^{i}Pr-Pox 作为手性配体时开环反应效果最好，产物的收率和对映选择性（*ee*）均令人满意；而当有机锌试剂的烷基为乙基或者三甲基硅甲基时，手性配体 tol-Binap 的催化效果则比较理想（表 1-2）。值得一提的是，反应体系温度的变化对产物的对映选择性无明显影响，但对产物收率影响很大；当芳环上带有其他吸电子或供电子基团时，对产物的收率和对映选择性影响均不大。

表 1-2　二烷基锌与氧杂苯并降冰片烯及其衍生物开环反应的立体选择性

$Pd(CH_3CN)_2Cl_2$(5mol%), L*
R_2Zn(**1**, 1.5equiv.), CH_2Cl_2, 室温

2　**3**

序号	R	收率/%	*ee*/%	L*
1	Me	97	67	(*R*)-Binap
2	Me	92	76	(*R*)-tol-Binap
3	Me	90	89	^{i}Pr-Pox
4	Et	91	89	(*R*)-Binap
5	Et	98	96	(*R*)-tol-Binap
6	$TMSCH_2$	81	92	(*R*)-tol-Binap

同年，Lautens 课题组将此催化体系成功推广到二烷基锌 **1** 试剂对氮杂苯并降冰片烯化合物 **4** 的不对称开环反应。该反应使用 5mol% 的 $Pd(CH_3CN)_2Cl_2$ 作为催化剂，(*S*)-^{i}Pr-Pox 作为配体，反应收率高达 99%，产物对映选择性可以达到 99%。值得一提的是，氮原子上的 R 基团对对映选择性的影响很小，但对收率的影响很大，实验发现 R 基团是吸电子苯基时的反应效果最好（表 1-3）[5]。

表 1-3　钯催化烷基锌试剂对氮杂苯并降冰片烯 4 的开环反应

1. Me_2Zn **1**(1.5equiv.)
$Pd(CH_3CN)_2Cl_2$(5mol%)
(*S*)-^{i}Pr-Pox(5mol%)
$ClCH_2CH_2Cl$, △
2. $(Boc)_2O$, THF, 室温
(R = Me 和 Bn)

4　**5**

序号	R	R′	收率/%	*ee*/%
1	Me	Boc	60	98
2	Bn	Boc	20	92
3	Ph	H	99	98
4	Me	Boc	26	99
5	Bn	Boc	3	97
6	Ph	H	92	98

注：THF 代表四氢呋喃，Ph 代表苯基，Bn 代表苄基，Boc 代表叔丁氧羰基。

次年，他们对该反应的反应机理进行了详细研究，提出了可能的反应机理：二茂铁双膦配体配位的钯催化剂与二烷基锌（R_2Zn）试剂发生配体交换，生成烷基钯物种 **A**，烷基钯物种 **A** 和环氧底物 **2** 在过量的烷基锌试剂的作用下，发生转金属过程生成中间体 **B**，随后发生立体选择性的碳钯化反应，生成中间体 **C**，桥头氧原子快速地发生 β 消除反应，得到开环中间体 **D**，随后释放出产物前体 **E** 和催化剂 **A**，进入下一个循环，产物前体 **E** 发生水解释放出最终产物。在某些底物中，中间体 **C** 可进一步转金属化生成锌中间体 **F**；锌中间体 **F** 与亲电试剂反应生成副产物；锌中间体 **F** 也可能缓慢地发生 β 消除得到中间体 **E**。氧杂双环烯烃化合物的双键和桥头的氧原子与钯的配位作用有助于生成 *exo* 选择性的产物（图 1-1）[6]。

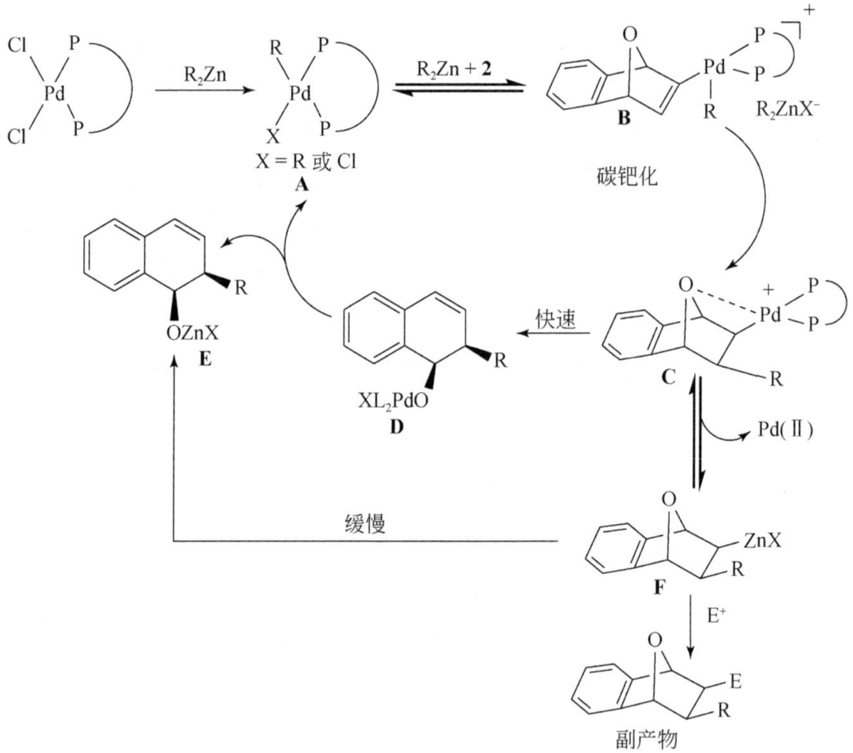

图 1-1　钯催化烷基锌试剂和氧杂苯并降冰片烯不对称开环反应可能的反应机理

2004 年，他们根据上述的反应机理将催化体系优化为双核阳离子钯催化剂。当反应体系中加入路易斯酸 $Zn(OTf)_2$ 时，钯与手性配体形成的阳离子络合物 **6** 应用于催化此类反应的效果甚为理想，催化性能甚至优于手性配体 tol-Binap。它可以在高立体选择性下，大大提高反应速率，缩短反应时间。新的手性催化剂能以更低的用量（0.05mol%）得到更高对映选择性的开环产物7，并可对二烷基锌试剂和桥环环氧底物的适用范围进行进一步的拓展（表1-4）[7]。该催化剂具有潜在的工业应用价值。

表1-4　钯的络合物6催化烷基锌试剂和氧杂苯并降冰片烯的不对称开环反应

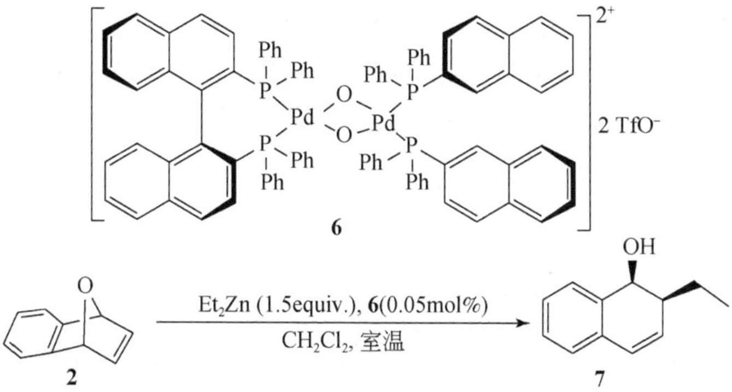

Ph Ph P Pd O O Pd P Ph Ph P Ph Ph P Ph Ph 2+ 2 TfO⁻

6

2 —— Et_2Zn (1.5equiv.), **6**(0.05mol%) / CH_2Cl_2, 室温 → 7 (OH)

序号	催化剂	催化剂用量/%	时间/h	收率/%	ee/%
1	Pd(tol-Binap)Cl_2	5	4	98	97
2	6	2.5	0.5	等量	95
3	6	0.25	4	等量	93
4	6	0.05	16	98	93

Juan等[8]报道了新型的二茂铁二齿*P*，*S*-配体**8**的合成，进一步研究发现该配体可应用于钯催化（甲基）乙基锌与氧杂苯并降冰片烯**2**的开环反应，在最优条件下，二甲基锌及二乙基锌作为亲核试剂，均能以较好收率及较高对映选择性合成开环产物**9**（图1-2）。

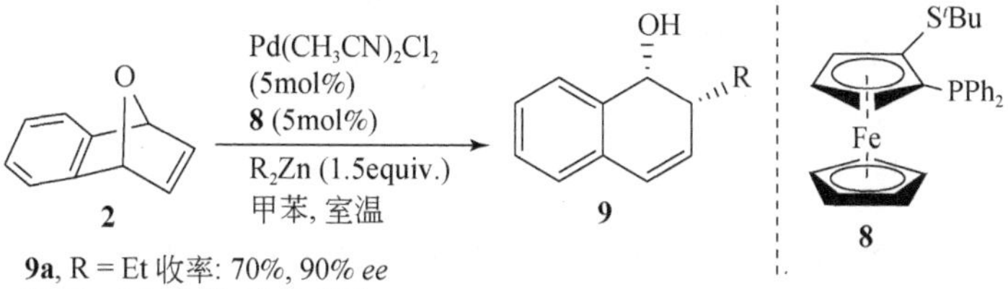

2 —— $Pd(CH_3CN)_2Cl_2$ (5mol%) **8** (5mol%) / R_2Zn (1.5equiv.) 甲苯, 室温 → 9 (OH, R)

9a, R = Et 收率: 70%, 90% *ee*
9b, R = Me 收率: 72%, 88% *ee*

8: S^tBu, PPh_2, Fe

图1-2　钯/二茂铁二齿*P*，*S*-配体**8**催化烷基锌与氧杂苯并降冰片烯**2**的开环反应

随后，他们将上述催化体系优化为阳离子甲基钯物种（*R*，*R*）-**10**。新的催化体系对氧杂苯并降冰片烯化合物 **11** 和氮杂苯并降冰片烯化合物都适用，能以更低的催化剂用量得到一系列更好的对映选择性的顺式开环产物 **12**。在一系列研究的基础上，他们提出了该开环反应可能的反应机理如下：①催化剂 Ⅰ 和氧杂环氧底物 **11** 的双键络合生成中间体Ⅱ；②中间体Ⅱ自身的甲基与氧杂环氧底物 **11** 的双键发生立体选择性的金属化加成反应，生成中间体Ⅲ；③中间体Ⅲ的桥头氧原子发生 *β* 消除，得到开环中间体Ⅳ；④中间体Ⅳ与二甲基锌反应释放出中间体Ⅴ和催化剂 Ⅰ，开始下一个循环；⑤中间体Ⅴ水解释放出产物 **12**。氧杂双环烯烃化合物的双键和桥头的氧原子与钯原子的配位作用有助于生成 *exo* 选择性的产物（图 1-3）[9]。

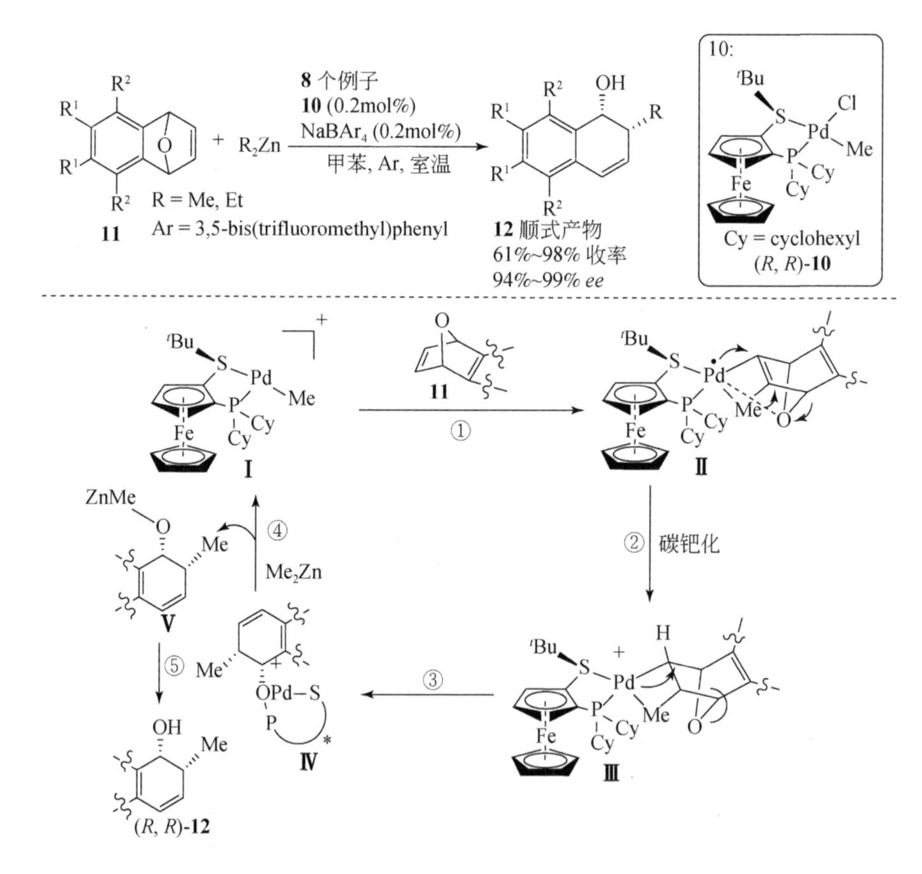

图 1-3　钯配合物 **10** 催化烷基锌试剂与氧杂苯并降冰片烯化合物的开环反应

Lautens 等[7]研究发现，有机锌试剂烷基的大小对反应收率有较大的影响，当二苄基锌作为亲核试剂时，反应的收率明显下降，仅为 35%，对映选择性也有所降低，*ee* 值为 82%。有趣的是，当二异丙基锌作为亲核试剂时，开环反应过程中出现重排现象，有两种开环产物生成。重排产物 **13** 与未发生重排产物 **14** 的比例为 3 : 1，但重排产物 **13** 的对映选择性远远高于未发生重排产物 **14**，两者 *ee* 值分别为 96%、62%（图 1-4）。

Pd(tol-Binap)Cl_2
$^iPr_2Zn$ (1.5equiv.)
CH_2Cl_2, 回流
2　13　14

图 1-4　钯催化二异丙基锌与氧杂苯并降冰片烯化合物的开环反应

2004 年，侯雪龙课题组报道了钯催化大基团有机锌化合物 **15** 与氧杂苯并降冰片烯 **2** 的开环反应。首先用锌粉在四氢呋喃（THF）溶液中将带有不同取代基的苄基溴转化为对应的有机锌试剂 **15**，然后作为亲核试剂进行开环反应，最后得到一系列带有不同取代基的产物 **16**，其对映选择性可以达到 96%，很好地解决了大基团的有机锌化合物作为亲核试剂反应效果不好的问题。其他甲/乙基碘化锌试剂对该反应同样适用，通过底物拓展可知该方法的底物适用范围较以前的报道更广泛。但值得一提的是，当取代基 R^3 为供电子取代基（如甲氧基、甲基）时的产物收率比 R^3 为吸电子取代基溴的产物收率低（表 1-5）[10]。2007 年，他们用手性环钯催化剂也实现了类似的反应，但几乎所有产物的旋光度都为零[11]。

表 1-5　现制备的卤代锌试剂在氧杂苯并降冰片烯不对称开环反应中的应用

Zn, THF, 0°C
L*: (S)-17
Pd(CH_3CN)$_2Cl_2$(5mol%)
L*(5mol%), DCM, Ar, 10°C
15　16

序号	R^1，R^2，R^3	16	收率/%	*ee*/%
1	H，H，H	**16a**	64	90
2	Br，H，H	**16b**	70	96
3	F，H，H	**16c**	57	90
4	Me，H，H	**16d**	65	87

续表

序号	R^1，R^2，R^3	**16**	收率/%	*ee*/%
5	H，OMe，H	**16e**	44	76
6	Cl，Cl，H	**16f**	53	89
7	H，Br，H	**16g**	35	95
8	H，H，Br	**16h**	76	93
9	H，H，OMe	**16i**	49	94
10	H，H，Me	**16j**	20	88
11	Br，H，H	**16k**	76	95

注：DCM 代表二氯甲烷。

2005 年，Tsuneo Imamoto 课题组[12]首次合成了一种在空气中稳定的膦手性中心的双膦配体 **17**，并将其成功应用于钯催化有机锌试剂与氧杂苯并降冰片烯化合物 **18** 的不对称开环反应中。该反应使用 5mol% 的 Pd(COD)Cl_2/**17** 作为催化剂，取得了令人满意的结果，开环产物 **19** 收率高达 90%，对映选择性高达 98%。值得一提的是，与二甲基锌相比，二乙基锌作为亲核试剂所得开环产物的收率较低，且反应时间长达 15h（表 1-6）。

表 1-6　合成的手性膦配体 17 在钯催化有机锌试剂与氧杂苯并降冰片烯化合物 19 的不对称开环反应中的应用

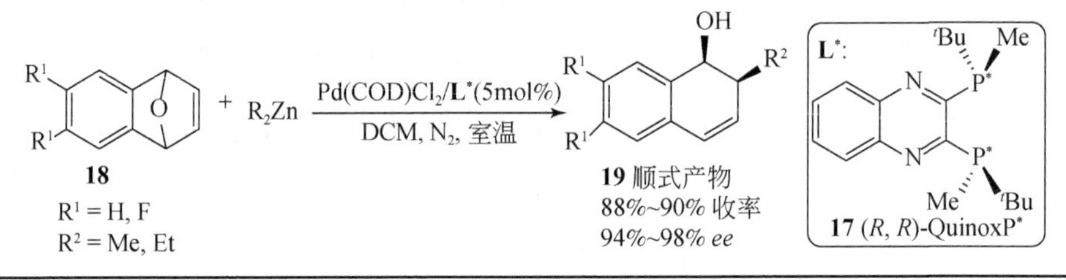

序号	R^1	R^2	时间/h	收率/%	*ee*/%
1	H	Me	2	90	95.6（1*S*，2*S*）
2	H	Et	15	88	97.6（1*S*，2*S*）
3	H	Me	2	90	93.8（1*S*，2*S*）

2007 年，他们首次合成了类似的双膦配体 **20**，并将其成功应用于钯催化二烷基锌试剂与氧杂苯并降冰片烯化合物 **21** 的不对称开环反应中，产物 **22** 的收率和对映选择性均令人满意，收率高达 86%，对映选择性高达 98.5%（图 1-5）[13]。

同年，他们[14]首次合成了含有炔基的膦手性中心的双膦配体 **23**，并将其成功应用于钯催化烷基锌试剂与氧杂苯并降冰片烯化合物 **24** 的不对称开环反应中。

R^1 = H, R^2= Me: 86%, 96.4% *ee*
R^1 = H, R^2= Et: 67%, 98.5% *ee*
R^1 = F, R^2= Me: 69%, 95.2% *ee*

图1-5　钯/双膦配体**20**催化二烷基锌与氧杂苯并降冰片烯**21**的不对称开环反应

该反应仅需要2mol%的Pd(COD)Cl_2作为催化剂，研究了带有不同取代基的双膦配体**23**对反应的影响，结果发现产物收率和对映选择性均比较理想。这表明该方法底物适用范围广且具有很好的官能团耐受性。值得一提的是，芳环上带有其他吸电子或供电子基团时，对反应速率存在一定影响，但对反应的转化率和产物的对映选择性影响不大。在最优条件下，成功合成了一系列带有不同取代基的开环产物**25**（表1-7）。

表1-7　合成的手性膦配体23在钯催化有机锌试剂与氧杂苯并降冰片烯化合物24的不对称开环反应中的应用

24 + R_2Zn —Pd(COD)Cl_2/**L*** (2mol%), DCM, N_2, 室温→ **25**顺式产物

23a, R = Ph, **23b**, R = ^{t}Bu, **23c**, R = $^i Pr_3Si$, **23d**, R = H, **23e**, R = Me

序号	23	R^1	R^2	时间/h	收率/%	*ee*/%
1	**23a**	H	Me	1.5	92	95.8
2	**23b**	H	Me	1.5	90	96.3
3	**23c**	H	Me	1.5	92	95.8
4	**23d**	H	Me	2	93	99.9
5	**23e**	H	Me	2	94	99.8
6	**23d**	H	Et	6	90	99.9
7	**23d**	$MeOCH_2O$	Me	4	92	94
8	**23d**	$MeOCH_2O$	Et	8	89	98.4
9	**23e**	H	Et	6	89	99.2
10	**23e**	$MeOCH_2O$	Me	4	93	94
11	**23e**	$MeOCH_2O$	Et	8	92	97.8

2009 年，他们[15]首次使用含有膦手性中心的双膦配体合成了光学活性的双核钯配合物 **26**，并将其成功应用于钯催化二烷基锌试剂与氮杂苯并降冰片烯化合物 **27** 的不对称开环反应中。研究发现，当二甲基锌作为亲核试剂时，该反应效率较高，底物适用范围广，具有很好的官能团耐受性。值得一提的是，当氮原子取代基苯磺酰基团带有大位阻给电子基团时，该反应效率有所下降，产物 **28** 的对映选择性仅为26%（序号8，表1-8）；当用二乙基锌作为亲核试剂时，反应需要较长时间才能完成，对应产物收率及对映选择性均较为理想（序号 10 和序号 11，表 1-8）。反应活性与三氟甲磺酸银协同的配合物在氮杂苯并降冰片烯与二甲基锌的不对称开环反应中表现出较高的催化活性。该双核钯配合物在其他催化不对称反应中作为手性催化剂具有潜在的用途（表 1-8）。

表 1-8　钯配合物 26 催化二烷基锌试剂与氮杂苯并降冰片烯化合物的不对称开环反应

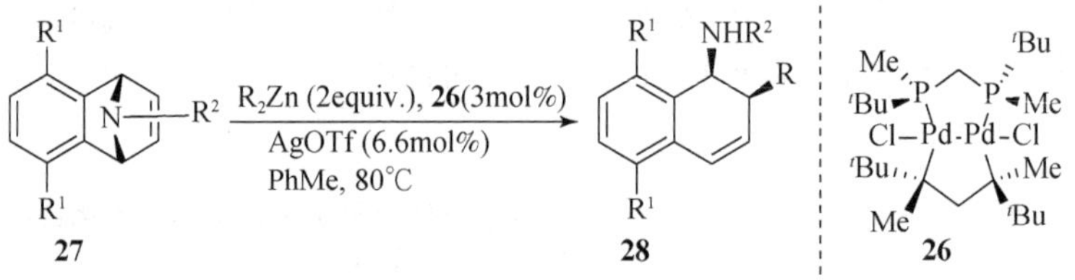

R$_2$Zn (2equiv.), **26**(3mol%), AgOTf (6.6mol%), PhMe, 80°C

序号	27	R^1	R^2	R$_2$Zn	时间/h	产物	收率/%	*ee*/%
1	**27a**	H	Ts	Me$_2$Zn	0. 5	**28a**	80	72
2	**27b**	Me	Ts	Me$_2$Zn	2	28b	79	88
3	**27c**	Me	OTs	Me$_2$Zn	0. 5	**287c**	94	99
4	**27d**	BnO	Ts	Me$_2$Zn	1	**287d**	91	95
5	**27e**	MOMO	Ts	Me$_2$Zn	0. 5	**287e**	88	74
6	**27f**	MeO	PhSO$_2$	Me$_2$Zn	0. 5	**287f**	83	99
7	**27g**	MeO	Ar^{1}SO$_2$	Me$_2$Zn	0. 5	**287g**	74	99
8	**27h**	MeO	Ar^{2}SO$_2$	Me$_2$Zn	4. 5	**287h**	66	26
9	**27i**	MeO	Ms	Me$_2$Zn	0. 5	**287i**	75	98
10	**27c**	MeO	Ts	Et$_2$Zn	24	**287j**	72	80
11	**27d**	BnO	Ts	Et$_2$Zn	24	**287k**	70	91

注：BnO，苄氧基；MOMO，氯甲基甲醚。

基于前面的研究，同年，Akira Yanagisawa 课题组[16]报道了一种不对称催化剂的筛选方法。首先，钯催化二烷基锌试剂与氮杂苯并降冰片烯化合物 **29** 的不对称开环反应得到光学活性产物 **30**，该光学活性产物在芳香醛 **31** 与二烷基锌试剂的不对称加成反应中可作为手性催化剂，得到的产物**32**的收率和对映选择性均令人满意。研究发现，带有不同取代基的氮杂苯并降冰片烯化合物均能以很好的收率及对映选择性合成具有光学活性的产物**30**，该条件对氧杂苯并降冰片烯化合物同样适用。值得一提的是，由氧杂苯并降冰片烯化合物出发所合成的光学活性产物对芳香醛**31**与二烷基锌试剂的不对称加成反应的催化活性很低。该体系所用催化剂的快速制备和即时测试方法大大减少了条件筛选所需的时间（表1-9）。

表1-9 钯催化二烷基锌试剂与氮杂苯并降冰片烯29的不对称开环反应及应用

$[PdCl_2(\mathbf{23})]$ (3mol%)
R_2Zn (3.3equiv.)
甲苯, 90℃, 6h

R^1 R^1 X **29**　　R^1 R^2 R^2Zn X R^1 **30**

PhCHO **31** (34equiv.)　Et_2Zn (69equiv.)　OH Ph * **32**

序号	X	R^1	R^2	**30**	**32**的收率/%	**32**的*ee*/%
1	CH_3SO_2N	MeO	Me	**30a**	84	47（*R*）
2	$C_6H_5SO_2N$	MeO	Me	**30b**	59	57（*R*）
3	TsN	MeO	Me	**30c**	63	70（*R*）
4	TsN	H	Me	**30d**	80	68（*R*）
5	TsN	EtO	Me	**30e**	>99	67（*R*）
6	TsN	BnO	Me	**30f**	68	80（*R*）
7	TsN	BnO	Et	**30g**	49	78（*R*）
8	TsN	$C_{10}H_{21}O$	Me	**30h**	58	16（*R*）
9	TsN	MOMO	Me	**30i**	51	80（*R*）
10	$C_6H_5SO_2N$	MOMO	Me	**30j**	74	80（*R*）

2011年，Kohei Endo及其合作者[17]报道了多核钯/锌复合物催化二甲基锌试剂与氧杂苯并降冰片烯化合物**33**的不对称开环反应，在最优条件下合成了带有不同取代基的反式结构产物**34**，其收率和对映选择性均令人满意。研究发现，双膦和二酚的结构显著提高了催化剂的催化活性和立体选择性，相应的单膦或酚羟基保护的衍生物只具有较低的催化活性或对映选择性（图1-6）。

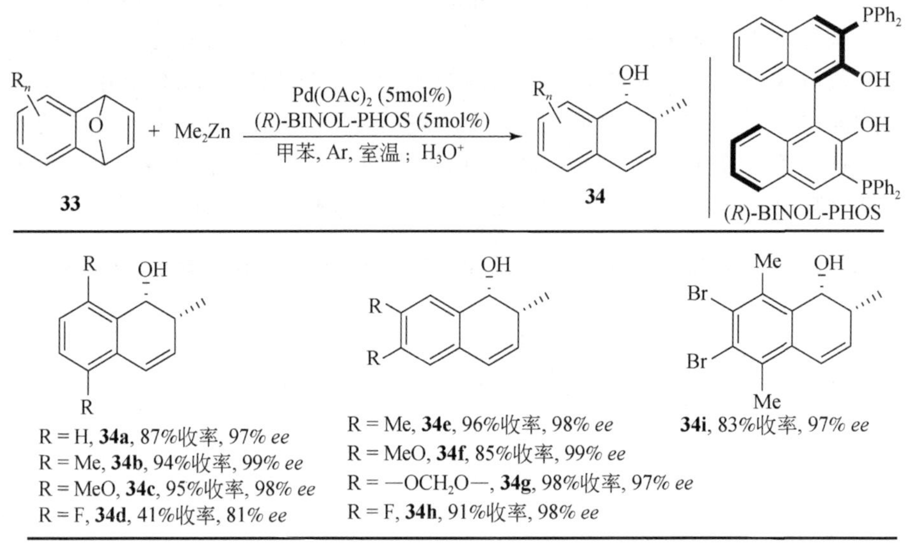

R_n
O
+ Me_2Zn
$Pd(OAc)_2$ (5mol%)
(*R*)-BINOL-PHOS (5mol%)
甲苯, Ar, 室温；H_3O^+
OH
33
34
PPh_2
OH
OH
PPh_2
(*R*)-BINOL-PHOS
R
OH
R
R = H, **34a**, 87%收率, 97% *ee*
R = Me, **34b**, 94%收率, 99% *ee*
R = MeO, **34c**, 95%收率, 98% *ee*
R = F, **34d**, 41%收率, 81% *ee*
R = Me, **34e**, 96%收率, 98% *ee*
R = MeO, **34f**, 85%收率, 99% *ee*
R = —OCH_2O—, **34g**, 98%收率, 97% *ee*
R = F, **34h**, 91%收率, 98% *ee*
Me
Br
Br
Me
34i, 83%收率, 97% *ee*

图 1-6　钯/锌共催化二甲基锌试剂与氧杂苯并降冰片烯化合物的不对称开环反应

1.3　铜催化有机锌试剂与氧杂苯并降冰片烯类化合物的不对称开环反应

2002 年，Bertozzi 等[18]首次报道了铜催化的二烷基锌试剂与氧杂苯并降冰片烯化合物 **35** 的不对称开环反应（图 1-7）。该反应显示出良好的区域选择性和对映选择性，在最优条件下成功合成了一系列产物 **36**，以反式构型为主，且对映

R^1
R^2
R^2
R^1
O
35
Et_2Zn, Cu(Ⅱ)/**L***
$Zn(OTf)_2$
甲苯, 室温
OH
Et
36-*anti*
+
36-*syn*
L* =
O
P
N
O
Ph
Ph
F
F
MeO
MeO
OMe
OMe
36a 58%收率, 80% *ee*
anti/*syn*: 83/17
36b 65%收率, 88% *ee*
anti/*syn*: 90/10
36c 90%收率, >99% *ee*
anti/*syn*: 99/1
36d 82%收率, 97% *ee*
anti/*syn*: 90/10
36d 82%收率, 92% *ee*
anti/*syn*: 90/10

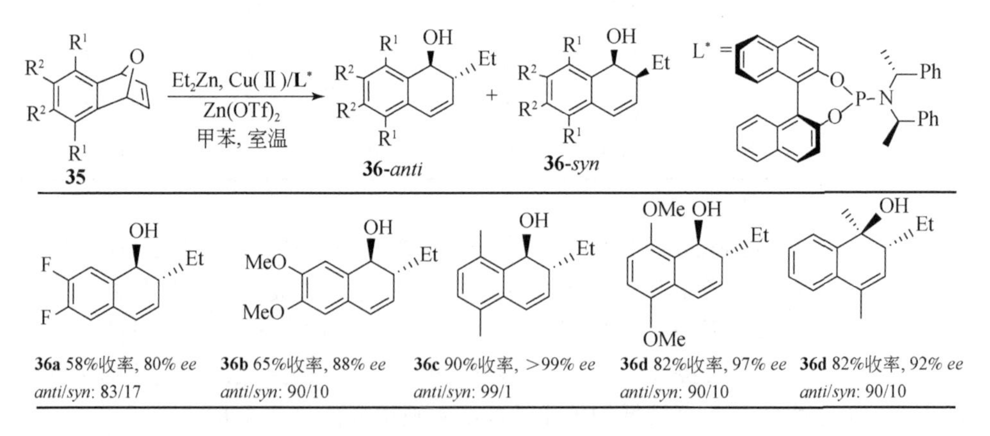

图 1-7　铜催化的二烷基锌试剂与氧杂苯并降冰片烯化合物 **35** 的不对称开环反应

选择性高达99%。但是，该反应所需要的时间较长，大部分都在40h以上。研究发现，当反应体系中无手性配体存在时，反应也可以很好地进行，然而得到的产物**36**以*syn*构型为主。

1.4 钴催化有机锌试剂与氧杂苯并降冰片烯类化合物的不对称开环反应

2018年，本书作者课题组[19]首次提出用钴作为催化剂、BDPP作为手性配体也实现了类似的反应，有机卤代锌试剂可通过原位制备而使反应无须分两步进行，且烯丙基卤代化合物、苄基溴代化合物和苄基碘代化合物都适用，但苄基氯代化合物不适用于该反应。值得一提的是，该催化体系仅对氧杂苯并降冰片烯化合物**2**发生开环反应。在最优条件下，研究了有机卤代锌试剂及带有不同取代基的氧杂苯并降冰片烯化合物对产物收率的影响，成功合成了一系列带有不同取代基的开环产物**37**，其收率高达96%，对映选择性高达97%（表1-10和表1-11）。进一步研究发现，当使用氮杂苯并降冰片烯化合物**38**为底物时，双键会发生氢化烷基化反应，而不是生成开环产物，对应产物**39**的收率仅达61%，而对映选择性可达86%。值得一提的是，当卤化物为烯丙基溴化合物时，对应产物收率仅为40%，且对映选择性仅为2%（图1-8）。

表1-10 钴催化现制备的卤代锌试剂与氧杂苯并降冰片烯的不对称开环反应

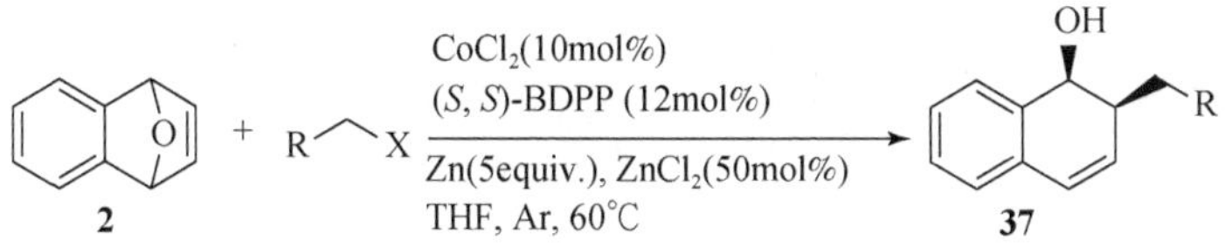

2 + R⌒X →（$CoCl_2$(10mol%)，(*S*, *S*)-BDPP (12mol%)，Zn(5equiv.)，$ZnCl_2$(50mol%)，THF，Ar，60℃）→ **37**（OH，R）

序号	有机卤化物	产物**37**	时间/h	收率/%	*ee*/%
1	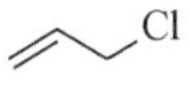 ⁄⁀Cl	**37a**	3	86	97
2	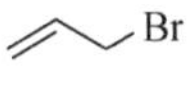 ⁄⁀Br	**37b**	1	81	90
3	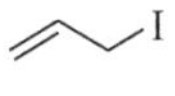 ⁄⁀I	**37c**	0.5	64	84
4	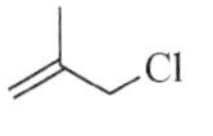 ⁄⁀Cl	**37d**	9	19	92
5	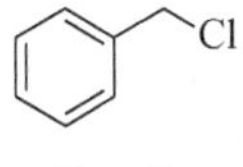 PhCH₂Cl	**37e**	13	不反应	—
6	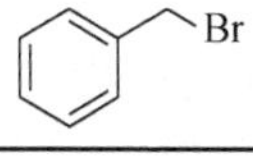 PhCH₂Br	**37f**	0.5	85	97

续表

序号	有机卤化物	产物 37	时间/h	收率/%	*ee*/%
7	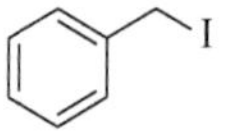 (苄基碘结构式)	**37g**	0.5	58	94

表 1-11　钴催化现制备的卤代锌试剂与氧杂苯并降冰片烯衍生物的不对称开环反应

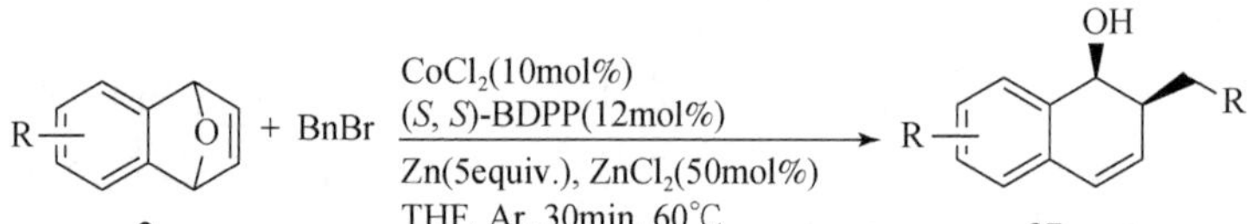

2 + BnBr → **37**（$CoCl_2$(10mol%), (*S*, *S*)-BDPP(12mol%), Zn(5equiv.), $ZnCl_2$(50mol%), THF, Ar, 30min, 60℃）

序号	2	产物 37	收率/%	*ee*/%
1	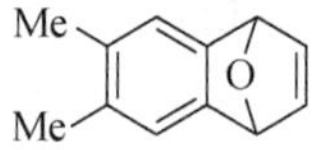 (Me, Me 取代)	**37h**	80	96
2	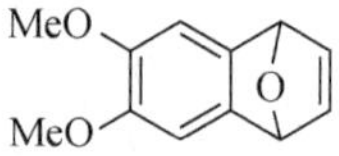 (MeO, MeO 取代)	**37i**	93	96
3	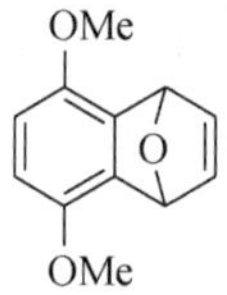 (OMe, OMe 取代)	**37j**	94	97
4	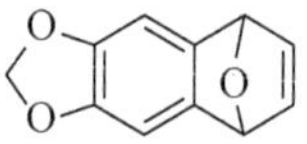 (亚甲二氧基取代)	**37k**	67	95
5	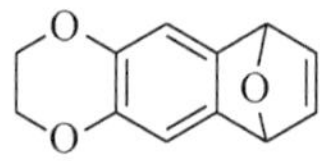 (亚乙二氧基取代)	**37l**	96	97
6	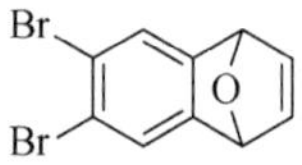 (Br, Br 取代)	**37m**	61	95

通过研究，进一步提出了可能的反应机理如下：首先钴催化剂与配体（*S*, *S*）-BDPP 形成具有催化活性的催化剂 **A**，其与氧/氮杂苯并降冰片烯和苄基溴代锌试剂形成中间体 **B**，随后转化为钴中间体 **C**，当使用氧杂苯并降冰片烯作为反应物时，中间物 **C** 经过 β 消除和重排，得到开环产物 **37**；当使用氮杂苯并降冰片烯作为反应物时，中间体 **C** 通过阳离子交换得到加成产物 **39**（图 1-9）[19]。

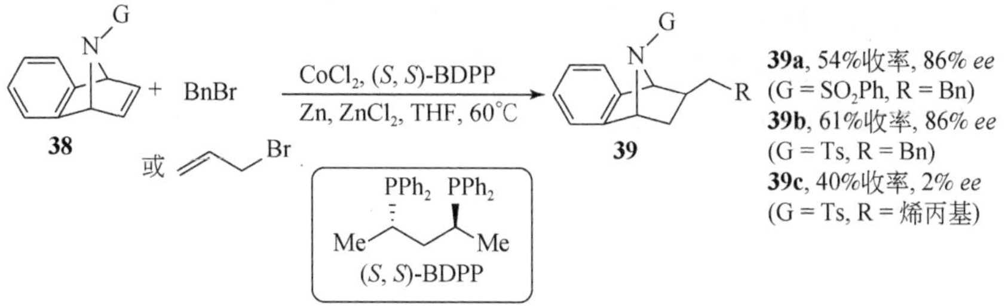

图 1-8　钴催化现制备的卤代锌试剂与氮杂苯并降冰片烯的不对称氢化烷基化反应

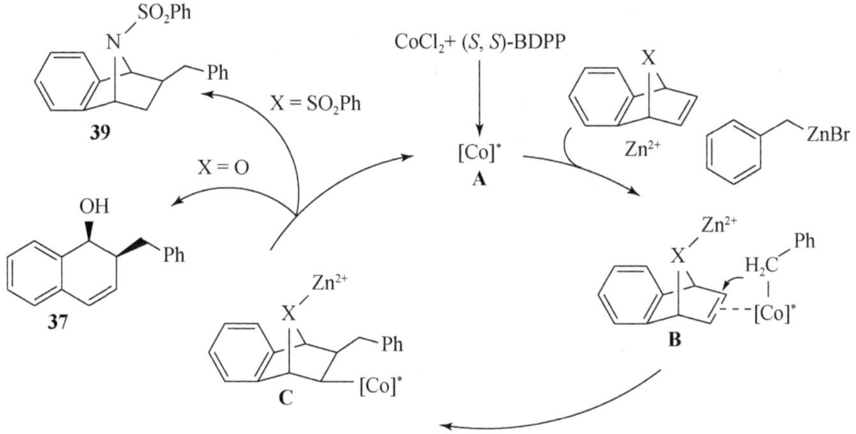

图 1-9　可能的反应机理

1.5　镍催化有机锌试剂与氧杂苯并降冰片烯类化合物的不对称开环反应

2019 年，杨定乔课题组[20]报道了镍催化二烷基锌试剂与氧杂及氮杂苯并降冰片烯化合物 **40** 的开环反应，其在温和条件下以中等至优异的收率得到了相应的顺式-2-烷基-1,2-二氢萘-1-醇 **41** 和 1,2-烷基酰胺衍生物 **42**。值得一提的是，该反应温度对产物收率存在一定的影响，当反应物是氧杂苯并降冰片烯时，需要在较低温度（−40℃）下进行反应，其产物 **41** 收率高达 99%；当反应物是氮杂苯并降冰片烯时，反应在 0℃至常温下就能顺利进行，其以 66% 的收率得到产物 **42**。在一系列研究的基础上，他们提出了镍催化氧杂苯并降冰片烯 **40** 的开环反应的机理：首先，催化剂镍与烷基锌试剂发生金属交换形成具有催化活性的有机镍中间体 **A**，随后与氧杂苯并降冰片烯发生氧化加成得到两个关键的（烷基-π-

烯丙基)-镍中间体 **B** 和 **C**，后者进一步与烷基锌试剂形成镍的中间体 **D** 和 **E**，最后发生还原消除和进一步质子分解得到对应的开环产物，并再生镍物种中间体 **A** 以完成下一个催化循环（图 1-10）。

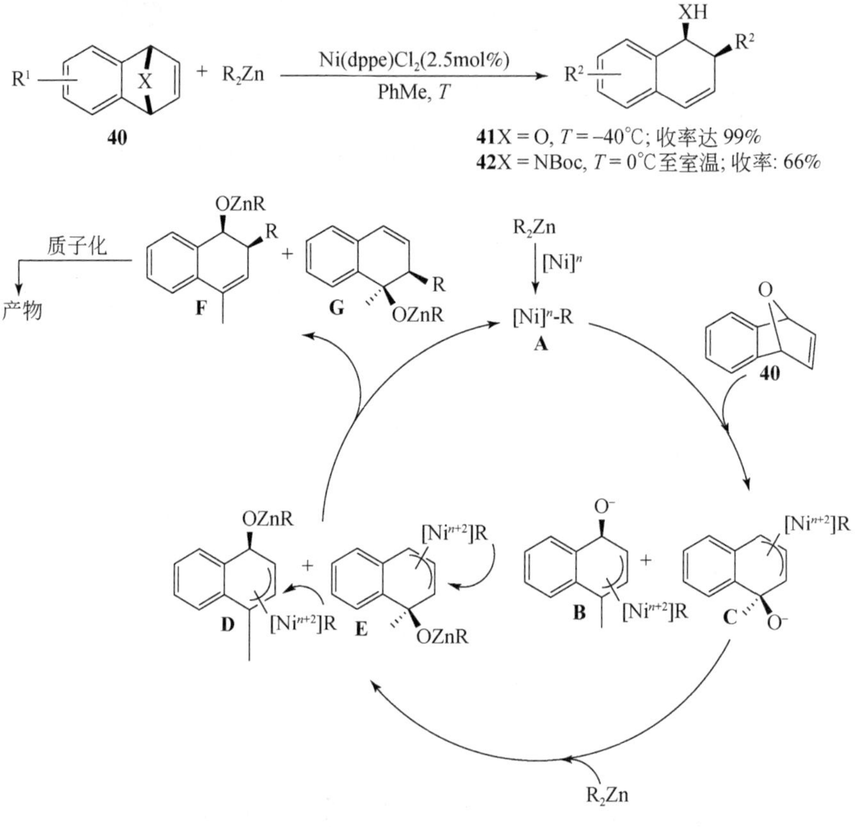

图 1-10　镍催化二烷基锌试剂与氧杂及氮杂苯并降冰片烯化合物 **40** 的开环反应及可能的反应机理

1.6　结　　语

过渡金属催化氧/氮杂苯并降冰片烯的开环反应能够形成氢化萘结构单元，该结构广泛存在于具有生物活性的天然产物及药物分子中。本章主要综述了近十多年来过渡金属催化有机锌试剂对氧/氮杂苯并降冰片烯的（不对称）开环反应的研究进展。有机锌亲核试剂的开发和应用在一定程度上扩大了开环反应的发展历程，同时也使不对称开环反应所适用的亲核试剂得到了补充与完善。在各类有机锌作为亲核试剂、不同催化体系的建立及完善的探索过程中，研究者对于不对称开环反应的各种催化体系有了更深入的研究，使反应条件更趋于温和、高效。在这一领域，已经有大量的有机化学家做出了实质性的贡献，得到了可喜的研究结果，但仍旧需要对此投入更多的精力，进行更深入的研究。

参考文献

[1] (a) Renshaw R R, Greenlaw C E. The preparation of zinc methyl. J Am Chem Soc, 1920, 42: 1472-1474; (b) Thompson W J, Tucker T J, Schwering J E, et al. A stereocontrolled synthesis of *trans*-allylic amines. Tetrahedron Lett, 1990, 31: 6819-6822; (c) Knochel R, Singer D. Preparation and reactions of polyfunctional organozinc reagents in organic synthesis. Chem Rev, 1993, 93: 2117-2188.

[2] Tarui A, Shinohara S, Sato K, et al. Nickel-catalyzed Negishi cross-coupling of bromodifluoroacetamides. Org Lett, 2016, 18: 1128-1131.

[3] Li J, Jin L, Liu C, et al. Transmetalation of Ar^1ZnX with [Ar^2—Pd—X] is the rate-limiting step: kinetic insights from a live Pd-catalyzed Negishi coupling. Org Chem Front, 2014, 1: 50-53.

[4] Lautens M, Renaud J L, Hiebert S. Palladium-catalyzed enantioselective alkylative ring opening. J Am Chem Soc, 2000, 122: 1804-1805.

[5] Lautens M, Hiebert S, Renaud J L. Enantioselective ring opening of aza and oxabicyclic alkenes with dimethylzinc. Org Lett, 2000, 2: 1971-1973.

[6] Lautens M, Hiebert S, Renaud J L. Mechanistic studies of the palladium-catalyzed ring opening of oxabicyclic alkenes with dialkylzinc. J Am Chem Soc, 2001, 123: 6834-6839.

[7] Lautens M, Hiebert S. Scope of palladium-catalyzed alkylative ring opening. J Am Chem Soc, 2004, 126: 1437-1447.

[8] Julián P O, García M, Silvia C, et al. 1-Phosphino-2-sulfenylferrocenes: efficient ligands in enantioselective palladium-catalyzed allylic substitutions and ring opening of 7-oxabenzonorbornadienes. Chem Commun, 2002, 21: 2512-2513.

[9] (a) Silvia C, Ramón G A, Juan C C. Cationic planar chiral palladium *P*, *S* complexes as highly efficient catalysts in the enantioselective ring opening of oxa- and azabicyclic alkenes. Angew Chem Int Ed, 2004, 43: 3944-3947; (b) Silvia C, Ramón G A, Inés A, et al. Fesulphos-palladium (Ⅱ) complexes as well-defined catalysts for enantioselective ring opening of meso heterobicyclic alkenes with organozinc reagents. J Am Chem Soc, 2005, 127: 17938-17947.

[10] Li M, Yan X X, Hong W, et al. Palladium-catalyzed enantioselective ring opening of oxabicyclic alkenes with organozinc halides. Org Lett, 2004, 6: 2833-2835.

[11] Zhang T K, Yuan K, Hou X L. Palladacycle as highly efficient catalyst for ring opening of oxabicyclic alkenes with organozinc halides. J Organomet Chem, 2007, 692: 1912-1919.

[12] Tsuneo I, Keitaro S, Kazuhiro Y. An air-stable P-chiral phosphine ligand for highly enantioselective transition-metal-catalyzed reactions. J Am Chem Soc, 2005, 127: 11934-

11935.

[13] Tsuneo I, Atsushi K, Kazuhiro Y. Air-stable P-chiral bidentate phosphine ligand with (1-adamantyl) methylphosphino group. Chem Lett, 2007, 36: 500-501.

[14] Tsuneo I, Youichi S, Aya K, et al. Synthesis and enantioselectivity of P-chiral phosphine ligands with alkynyl groups. Angew Chem Int Ed, 2007, 46: 8636-8639.

[15] Tomokazu O, Kazuhiro Y, Akira Y, et al. Optically active dinuclear palladium complexes containing a Pd—Pd bond: preparation and enantioinduction ability in asymmetric ring-opening reactions. Org Lett, 2009, 11: 2245-2248.

[16] Kazuhiro Y, Takeharu T, Naohisa A, et al. Rapid screening for asymmetric catalysts: the efficient connection of two different catalytic asymmetric reactions. Chem Commun, 2009, 20: 2923-2925.

[17] Kohei E, Keisuke T, Mika O, et al. Multinuclear Pd/Zn complex-catalyzed asymmetric alkylative ring-opening reaction of oxabicyclic alkenes. Org Lett, 2011, 13: 868-871.

[18] Bertozzi F, Pineschi M, Macchia F, et al. Copper phosphoramidite catalyzed enantioselective ring-opening of oxabicyclic alkenes: remarkable reversal of stereocontrol. Org Lett, 2002, 4: 2703-2705.

[19] Li Y, Chen J, He Z, et al. Cobalt-catalyzed asymmetric reactions of heterobicyclic alkenes with *in situ* generated organozinc halides. Org Chem Front, 2018, 5: 1108-1112.

[20] Deng Y, Yang W, Yao Y, et al. Nickel-catalyzed *syn*-stereocontrolled ring-opening of oxa-and azabicyclic alkenes with dialkylzinc reagents. Org Biomol Chem, 2019, 17: 703-711.

第 2 章　格氏试剂与氧/氮杂苯并降冰片烯类化合物的不对称开环反应

2.1　引　　言

格氏试剂是由法国化学家维克多·格林尼亚于 1901 年发现的一种镁的有机金属化合物，可以和多种反应物发生加成、取代、偶联等反应，在有机合成、药物和食品工业中都有广泛应用。格氏试剂一般是由卤代烃和金属镁在无水乙醚或者四氢呋喃中反应得到，其亲核性极强，对各种亲核电子试剂都表现出优异的反应性（图 2-1），可与碳碳双键和碳氧双键等发生反应，是有机化学中最经典的试剂之一。与其他有机金属试剂相比，格氏试剂具有：①更广泛的商业可用性；②更高的反应性；③更高的可调控性；④更高的原子利用率。

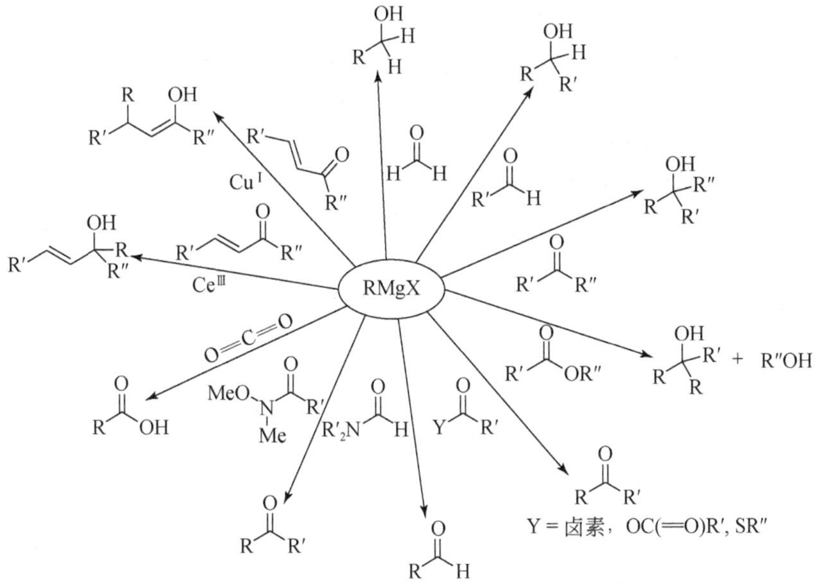

图 2-1　格氏试剂与各种有机化合物的反应

近年来，格氏试剂作为一种高效且多用途的有机金属试剂，在立体选择性、区域选择性和对映选择性等方面得到了迅速发展。本章主要描述的是利用格氏试剂与氧/氮杂苯并降冰片烯进行不对称开环反应。

2.2　铁催化格氏试剂与氧杂苯并降冰片烯类化合物的不对称开环反应

2003 年，Nakamura 课题组[1]研究发现，在用三氯化铁作为催化剂的情况下成功实现了格氏试剂对氧杂环烯烃的区域选择性和立体选择性开环（图 2-2）。

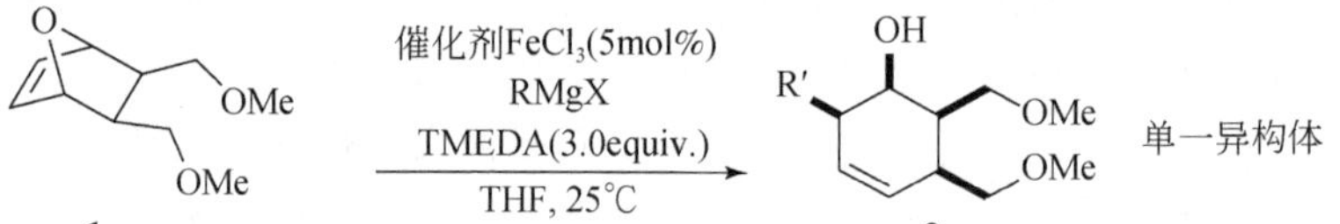

催化剂$FeCl_3$(5mol%)
RMgX
TMEDA(3.0equiv.)
THF, 25℃
OMe
OMe
1
OH
R′
OMe
OMe
2
单一异构体
R = aryl, alkenyl, 1°alkyl, 2°alkyl; R′=aryl,alkenyl, H

图 2-2　三氯化铁催化格氏试剂与氧杂环烯烃的不对称开环反应

在建立了最优的反应条件后，对不同的格氏试剂进行了探索研究。氧杂环烯烃与各种格氏试剂的开环反应结果如表 2-1 所示。**1** 与（对甲氧基）溴化镁或对甲基溴化镁反应得到单一的区域和立体异构体 **3** 或 **4**，收率约为 70%（表 2-1，序号 1 和序号 2）。在相同的催化条件下，乙烯基溴化镁和 2-甲基-1-丙烯基溴化镁也与 **1** 的反应良好（表 2-1，序号 4 和序号 5）。令人惊讶的是，乙基溴化镁将乙烯基产物 **6** 作为唯一的有机基团转移产物（表 2-1，序号6），这可能是由于在 C—C 成键之前，一个乙基铁中间体 **9** 的 *α*-氢化物消除。更令人惊讶的是 n-$C_{14}H_{29}MgBr$的反应，它得到了 2-十四烯基转移产物 **8**（表 2-1，序号 7）。

表 2-1　不同格氏试剂与［2.2.1］氧二环烯烃或［3.2.1］氧二环烯烃的开环反应

序号	RMgX	温度/℃	反应时间/h	产物（收率）
1	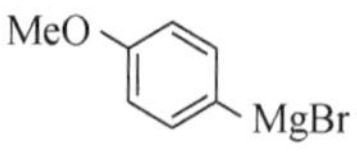 MeO　MgBr	25	3	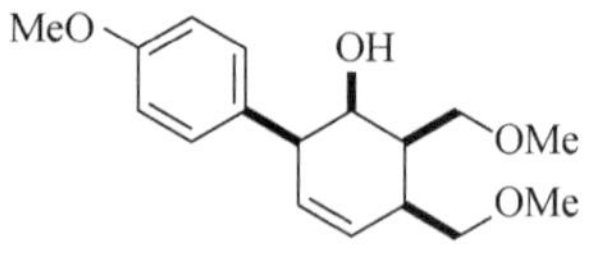 MeO　OH　OMe　OMe **3**(69%)

续表

序号	RMgX	温度/℃	反应时间/h	产物（收率）
2	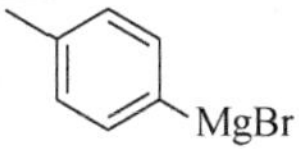 MgBr	25	5	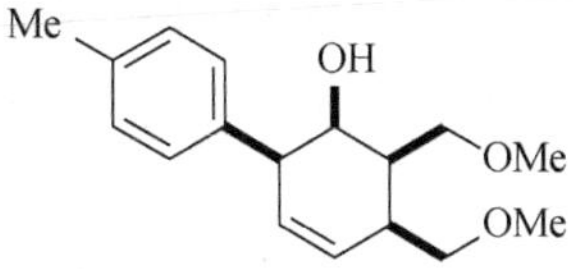 Me OH OMe OMe **4**(72%)
3	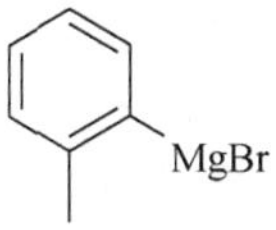 MgBr	65	1	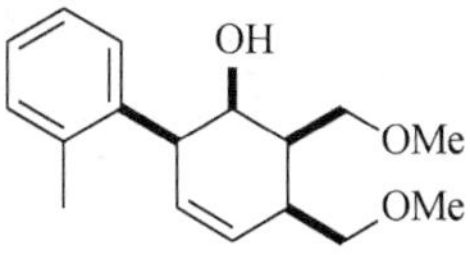 OH OMe OMe **5**(75%)
4	 MgBr	65	13	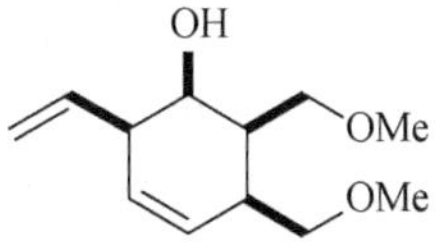 OH OMe OMe **6**(41%)
5	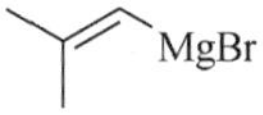 MgBr	65	5	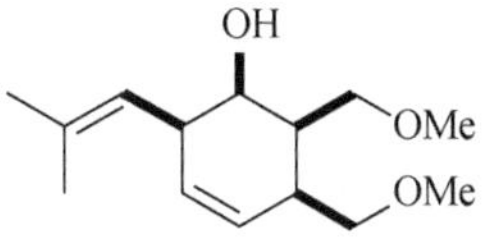 OH OMe OMe **7**(40%)
6	EtMgBr	25	1	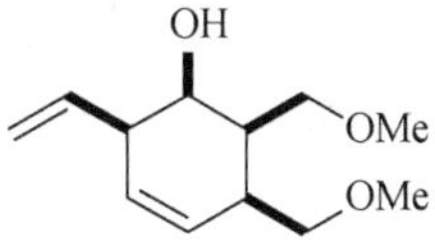 OH OMe OMe **6**(24%)
7	*n*-$C_{14}H_{29}$MgBr	25	1	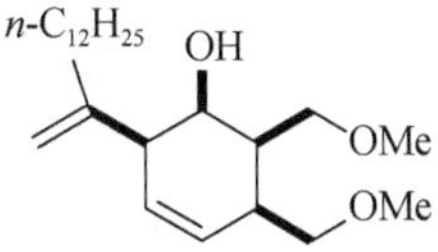 *n*-$C_{12}H_{25}$ OH OMe OMe **8**(54%)
8	*i*-PrMgBr	25	1	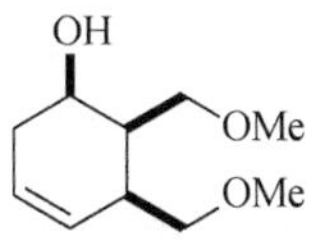 OH OMe OMe **9**(92%)

他们还对烯烃底物进行了拓展，如表 2-2 所示。在桥头有取代的底物 **10** 的反应中，以 80% 的收率得到产物 **11**（表 2-2，序号 1）。用苯基溴化镁对氧杂环［3.2.1］辛烯 **12** 开环得到相应的环庚烯醇 **13**，收率为 67%（表 2-2，序号 2）。**14** 的反应得到了苯并环己烯醇 **15**，收率为 54%。虽然萘的形成伴随着开环反应（28% 的收率），但区域选择性和非对映选择性足够高，可以得到一个单一的立体异构体（表 2-2，序号 3）。

表 2-2 各种氧杂环烯烃与苯基溴化镁的开环反应

序号	底物	温度/℃	反应时间/h	产物（收率）
1	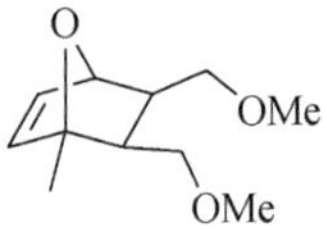 **10**	25	3	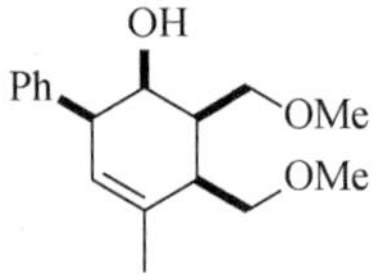 **11**(80%)
2	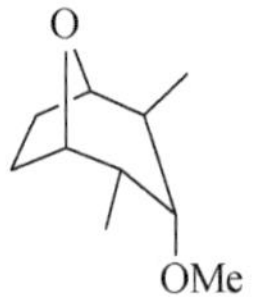 **12**	25	9	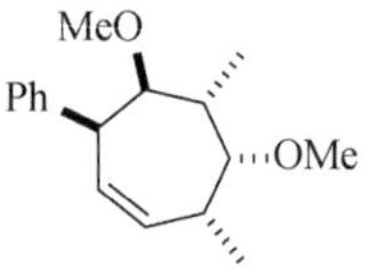 **13**(67%)
3	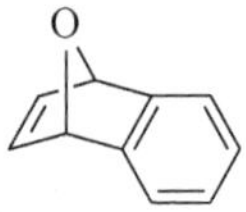 **14**	25	2	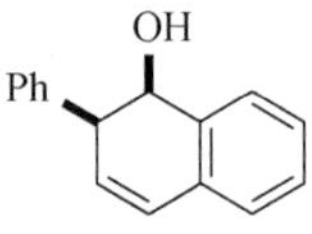 **15**(54%)

2.3 铜催化格氏试剂与氧杂苯并降冰片烯类化合物的反立体控制开环反应

2003 年，Carretero 课题组报道了格氏试剂与氧杂苯并降冰片烯类化合物的开环反应[2]，介绍了一种用格氏试剂进行［2.2.1］-氧杂二环烯烃立体选择性开环的铜催化方法。在 CuCl/PPh_3 催化剂存在的情况下，该反应在所有情况下都具有非常高的反选择性（图 2-3）。

在建立了最优的催化条件后，对不同的氧杂苯并降冰片烯和格氏试剂进行了拓展研究，如表 2-3 所示。

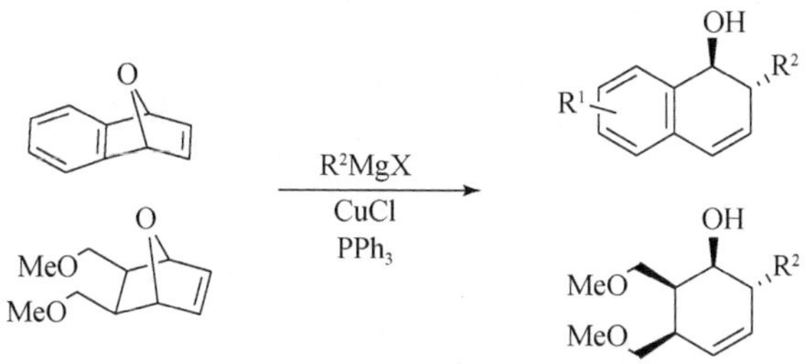

图2-3　铜催化氧杂苯并降冰片烯烃反应立体控制开环反应

表2-3　铜催化格氏试剂与氧杂苯并降冰片烯类化合物的不对称开环反应

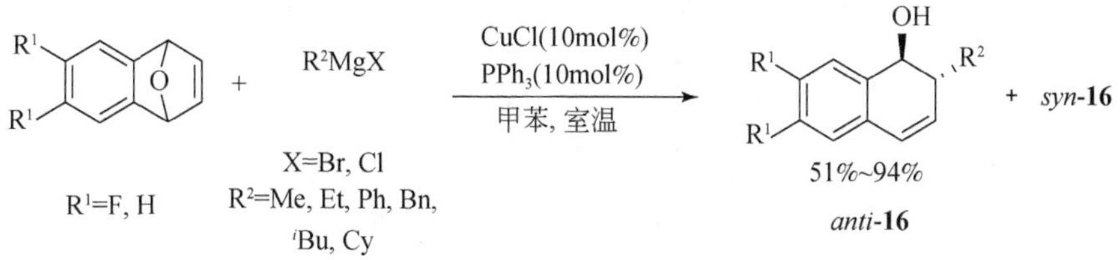

序号	X	R	产物	时间/h	anti/syn	收率/%
1	Br	Me	**16a**	6	>98 : <2	92
2	Br	Et	**16b**	0.3	97 : 3	76
3	Br	Et	**16b**	0.3	95 : 5	83
4	Br	^{i}Bu	**16c**	3	>98 : <2	89
5	Cl	decyl	**16d**	4	90 : 10	66
6	Cl	Cy	**16e**	2	>98 : <2	51
7	Cl	Cy	**16e**	1	>98 : <2	64
8	Br	Bn	**16f**	12	>98 : <2	47
9	Br	Ph	**16g**	2	>98 : <2	90
10	Br	Ph	**16g**	4	>98 : <2	84
11	Br	$(p\text{-OMe})C_6H_4$	**16h**	12	>98 : <2	92
12	Br	$(p\text{-F})C_6H_4$	**16i**	1.5	>98 : <2	94

2005年，周其林课题组[3]将自主研发出来的一类螺环配体成功应用到格氏试剂与氧杂苯并降冰片烯的不对称开环反应中（表2-4）。

表 2-4　螺环配体参与的有机镁试剂与氧杂苯并降冰片烯的开环反应

19:R^1=Me, R^2=H, R^3=H
20:R^1=H, R^2=Me, R^3=H
21:R^1=H, R^2=H, R^3=Me
22:R^1=H, R^2=MeO, R^3=H
23:R^1=H, R^2=MeO, R^3=Me

+ RMgBr → Cu(OTf)$_2$(3mol%), **L***(6.3mol%), 甲苯, −20℃ → *anti*-**24**~*anti*-**28** + *syn*-**24**~*syn*-**28**

L*=(*Sa*, *S*, *S*)-SIPHOS-PE

序号	底物	R	产物	时间/h	*anti/syn*	收率/%	*ee*/%
1	**17**	Et	**18a**	15	97∶3	85	56
2	**19**	Et	**24a**	15	95∶5	89	42
3	**20**	Et	**25a**	15	99∶1	60	65
4	**21**	Et	**26a**	12	99∶1	87	88
5	**21**	Me	**26b**	8	99∶1	85	43
6	**21**	^{n}Bu	**26c**	12	99∶1	81	65
7	**22**	Et	**27a**	18	94∶6	66	72
8	**22**	^{n}Bu	**27c**	24	99∶1	81	70
9	**23**	Et	**28a**	9	99∶1	90	87
10	**23**	Me	**28b**	40	99∶1	54	55
11	**23**	^{n}Bu	**12c**	15	99∶1	80	70

2008 年，该课题组再次利用手性螺环膦配体制备了一种高效铜催化的格氏试剂与氧杂苯并降冰片烯的对映选择性开环[4]（图 2-4）。在温和的反应条件下，获得了良好的收率和高的对映选择性。该催化剂体系反应活性非常高，在其他铜催化的不对称转化中也具有广泛的应用前景。

R^2-氧杂苯并降冰片烯 + R^1MgX → CuCl(0.01mol%), (*R*)-**29b**(0.021mol%), NaBArF(0.011mol%), DCE, 10℃, **48h** →

(*R*)-**29d**

图 2-4　铜催化格氏试剂与氧杂苯并降冰片烯类化合物的不对称开环反应

在手性 Cu 和 NaBArF 的催化下，成功实现了氧杂苯并降冰片烯类化合物 **30** ~ **34** 与典型的烷基格氏试剂的不对称开环反应（表 2-5）。该反应效率很高，具有良好的收率及优良的非对映和对映选择性。氧杂苯并降冰片烯类化合物的电子效应对该反应的反应活性和对映选择性有明显的影响。对于底物 **30** 和 **31** 的反应，产物 **35** ~ **44** 的收率为 78%~94%，*ee* 为 90%~99.6%（表 2-5，序号 1 ~ 10）。底物 **32** 的开环反应需要在 0℃ 下进行，其对映选择性（86%~92% *ee*）略低于其他氧杂苯并降冰片烯类底物（表 2-5，序号 11 ~ 15）。对于含有两个甲基的底物 **33** 和 **34**，使用氯化亚铜代替 $Cu(OTf)_2$ 提高了反应活性。在最佳反应条件下，即在 1.0mol% 氯化亚铜、2.1mol% 配体和 2.1mol% NaBArF 的催化剂存在下，**33** 和 **34** 反应顺畅（方法 B）。相应的开环产物 **50** ~ **59** 的收率为 76%~91%，*ee* 为 86%~97%（表 2-5，序号16 ~ 25）。

表 2-5　氧杂苯并降冰片烯类底物适用性拓展

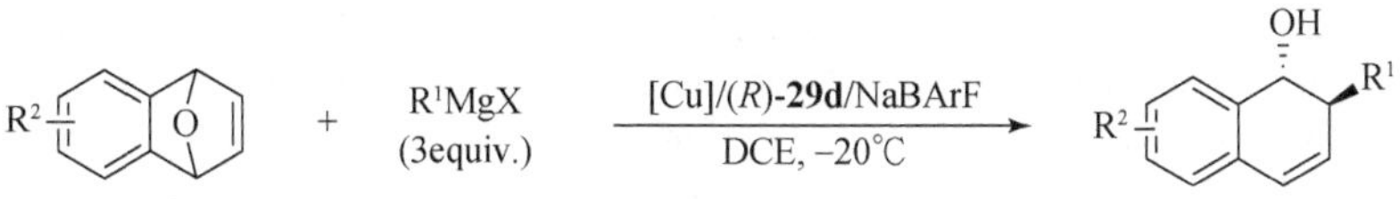

R^2（O）**30~34** + R^1MgX (3equiv.) —[Cu]/(*R*)-**29d**/NaBArF, DCE, −20℃→ R^2, OH, R^1 **35~59**

序号	X	方法[a]	底物	产物	R^1	收率/%[b]	*ee*/%[c]
1	Br	A	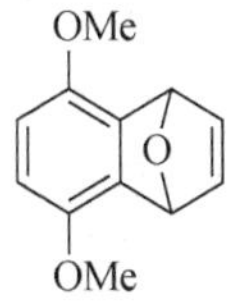 OMe, O, OMe **30**	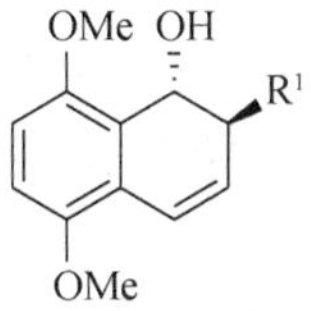 OMe, OH, R^1, OMe	Et（**35**）	94	94
2	Br				^{n}Bu（**36**）	93	91
3	Br				^{i}Bu（**37**）	93	92
4	Br				^{i}Pr（**38**）	93	96
5	Cl				^{t}Bu（**39**）	78	98
6	Br	A	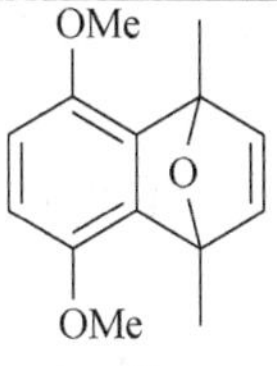 OMe, O, OMe **31**	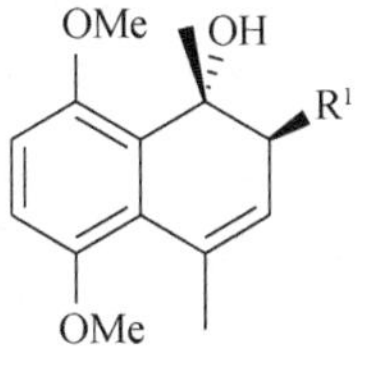 OMe, OH, R^1, OMe	Et（**40**）	85	96
7	Br				^{n}Bu（**41**）	91	94
8	Br				^{i}Bu（**42**）	85	90
9	Br				^{i}Pr（**43**）	79	98
10	Cl				^{t}Bu（**44**）	80	99.6
11	Br	A	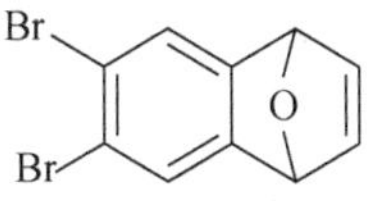 Br, Br, O **32**	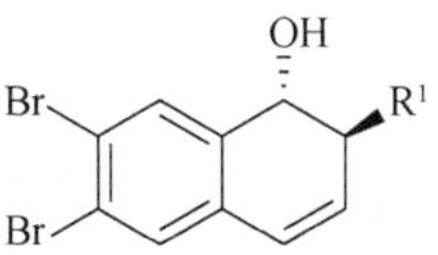 Br, Br, OH, R^1	Et（**45**）	83	86
12	Br				^{n}Bu（**46**）	95	87
13	Br				^{i}Bu（**47**）	83	88
14	Br				^{i}Pr（**48**）	89	88
15	Cl				^{t}Bu（**49**）	72	92

续表

序号	X	方法[a]	底物	产物	R^1	收率/%[b]	*ee*/%[c]
16	Br	B	33		Et (**50**)	83	93
17	Br				^{n}Bu (**51**)	82	91
18	Br		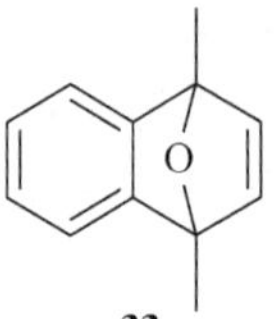	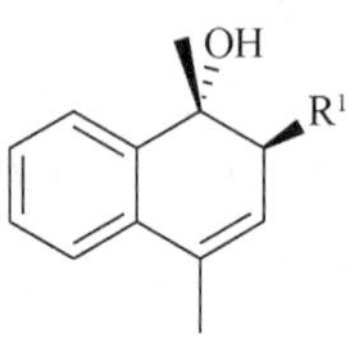	^{i}Bu (**52**)	78	86
19	Br				^{i}Pr (**53**)	82	92
20	Cl				^{t}Bu (**54**)	76	97
21	Br	B	34		Et (**55**)	86	91
22	Br				^{n}Bu (**56**)	89	90
23	Br		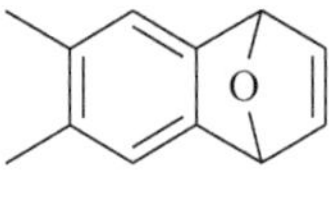	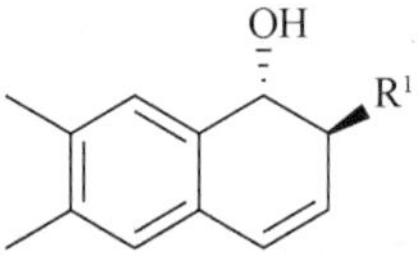	^{i}Bu (**57**)	91	91
24	Br				^{i}Pr (**58**)	77	93
25	Cl				^{t}Bu (**59**)	76	97

a. 实验条件：A：底物**30**、**31**和**32**，1.0mol% $Cu(OTf)_2$，2.1mol% (*R*)-**29d**，2.5mol% NaBArF，1～12h；B：底物**33**、**34**，1.0mol% CuCl，2.1mol% (*R*)-**29d**，2.1mol% NaBArF，0.5～12h。b. 收率：在所有条件下 *trans/cis*≥99/1。c. 反式产物的 *ee* 值由高效液相色谱(HPLC)确定在0℃下。

图2-5为铜催化氧苯并氮或硼二烯开环的机理。虽然NaBArF的确切作用尚不清楚，但是推测它将交换配合物**A**的阴离子形成催化剂**B**，阳离子铜催化剂**B**与底物形成络合物**C**，络合物**C**与格氏试剂快速反应生成中间体**D**，其中镁原子与氧配合，激活底物的C—O键。络合物**D**经过分子内重排得到络合物**E**。这一步是不可逆的，也是一个对映体的鉴别步骤。R^1基团攻击中间体**E**中铜背面的碳，这解释了反应的反式选择。

2009年，Tsuneo Imamoto[5]使用改变铜金属前体的策略，成功实现了格氏试剂与氧杂苯并降冰片烯类化合物的不对称开环反应（图2-6）。而且，开环产物的收率最高达90%，且对映选择性最高能达83%。

2009年，Alexakis课题组证明了Simple Phos配体是用格氏试剂进行脱氮反应的有效配体[6]（图2-7）。但是这种反应受到底物的限制，因为芳环的修饰或使用非苄基底物对反应非常不利。然而，由于铝试剂具有足够的路易斯酸性，在不添加任何添加剂的情况下，反应收率高、对映选择性好，因此该课题组研究了一种铜催化的以铝试剂和Simple Phos为手性配体的氮杂苯并降冰片烯的不对称开环反应方法。

2005年，Arrayás课题组[7]报道了铜催化下的格氏试剂与氮杂苯并降冰片烯的不对称开环反应（图2-8）。将（2-吡啶基）磺基部分作为氮的激活基，CuCN作为铜催化剂，格氏试剂作为亲核试剂，实现了格氏试剂对氮杂苯并降冰片烯的不对称开环。该方法适用范围广，且耐脂肪族和芳香族格氏试剂。

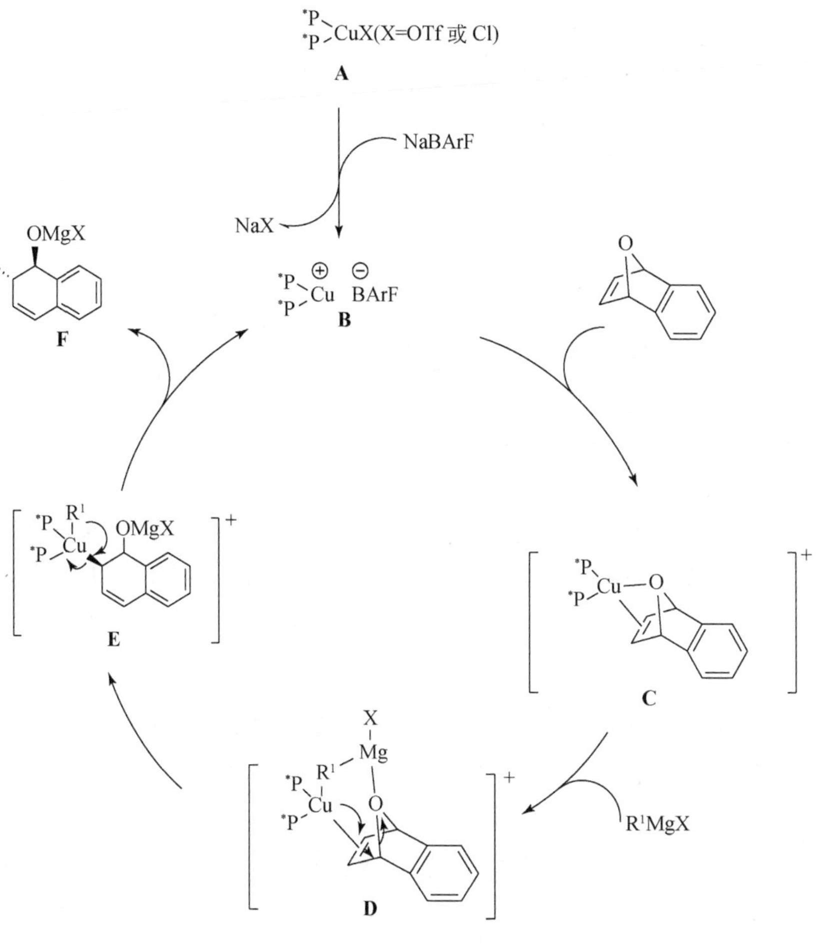

图 2-5　可能的反应机理

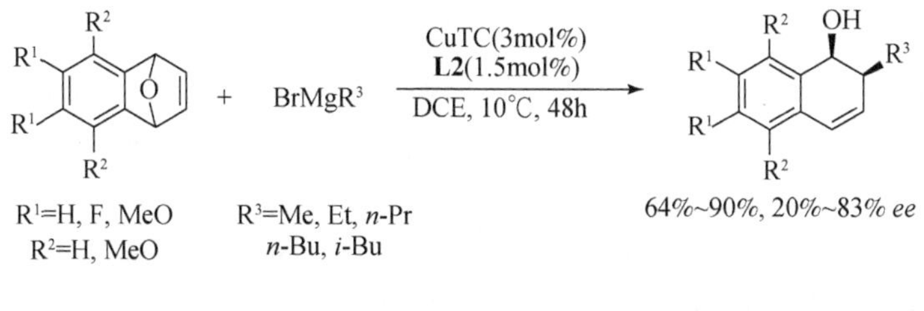

图 2-6　铜催化格氏试剂与氧杂苯并降冰片烯的开环反应

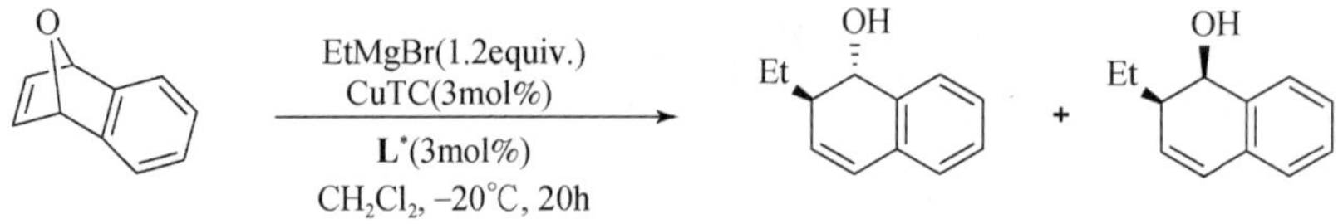

图 2-7　铜催化的以铝试剂和 Simple PHOS 为手性配体的氧杂苯并降冰片烯的不对称开环反应

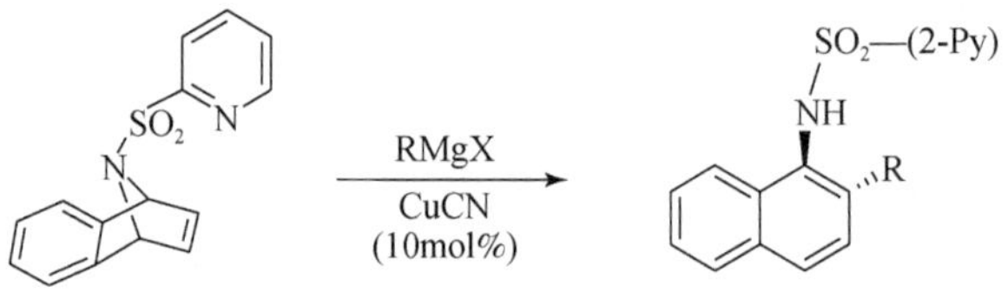

图 2-8　铜催化格氏试剂对氮杂苯并降冰片烯的不对称开环

该反应结果有不错的区域选择性，发生的主要是反式开环。在对氮杂底物筛选的过程中可以很明显地观察到，该反应的开环效果在很大程度上与连接在 N 上的取代基团有关，当 CuCN 作为催化剂参与的情况下，可以提升反应活性。他们还拓展了不同的有机镁试剂，研究其对反应结果的影响（表 2-6）。

表 2-6　铜催化有机镁试剂与氮杂苯并降冰片烯的不对称开环反应

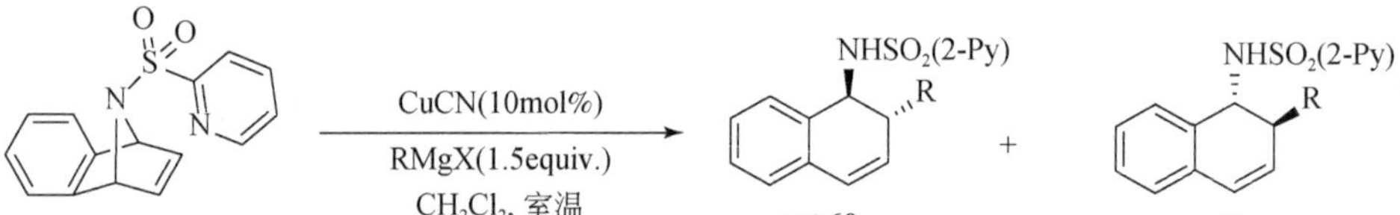

序号	X	R	产物	时间/h	*anti/syn*	收率/%
1	Br	Me	**60a**	120	98 : 2	89
2	Br	$TMSCH_2$	**60b**	95	93 : 7	73
3	Cl	Et	**60c**	20	>98 : <2	65
4	Cl	$PhCH_2$	**60d**	20	>98 : <2	53
5	Cl	decyl	**60e**	20	85 : 15	74
6	Br	Ph	**60f**	15	>98 : <2	93
7	Cl	tol	**60g**	10	>98 : <2	91
8	Cl	(p-MeO)C_6H_4	**60h**	10	>98 : <2	98
9	Cl	(p-F)C_6H_4	**60i**	20	>98 : <2	92
10	Br	3,5-[bis(CF_3)]C_6H_4	**60j**	15	>98 : <2	97

续表

序号	X	R	产物	时间/h	*anti/syn*	收率/%
11	Br	1-萘基	**60k**	30	>98 : <2	91
12	Br	异亚丙基丙酮	**60l**	480	>98 : <2	87
13	Br	2-噻吩基	**60m**	120	>98 : <2	88

2006 年，该课题组再次用铜催化剂研究了氮杂苯并降冰片烯的不对称开环反应[8]（图 2-9），但没有实质性的研究进展。

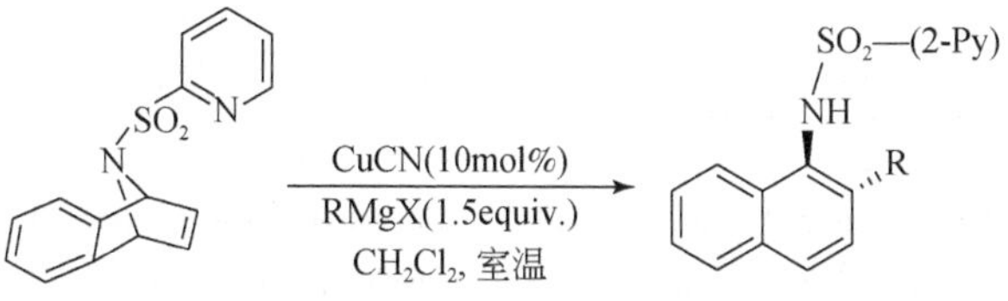

图 2-9　铜催化有机镁试剂对氮杂苯并降冰片烯的不对称开环反应

2.4　铂催化格氏试剂与氧杂苯并降冰片烯类化合物的不对称开环反应

2014 年，杨定乔课题组报道了一种新的铂催化格氏试剂与氧杂苯并降冰片烯的不对称开环反应[9]，在温和的条件下，催化剂用量为 2.5mol% 时，得到了相应的开环产物。

在优化的反应条件，即在 DCE 中 55℃下，$Pt(PPh_3)_4$的浓度为 2.5mol%，为评价反应范围，进一步考察了在最佳反应条件下，用不同的格氏试剂对氧杂苯并降冰片烯的开环情况进行了研究，并在表 2-7 总结了实验结果。从表 2-7 可以看出，格氏试剂的立体结构对反应收率有显著影响（表 2-7，序号 2 ~ 5）。甲基格氏试剂能使反应达到较高的收率（表 2-7，序号 1）。此外，烷基格氏试剂的反应

表 2-7　不同格氏试剂对氧杂苯并降冰片烯的不对称开环反应[a]

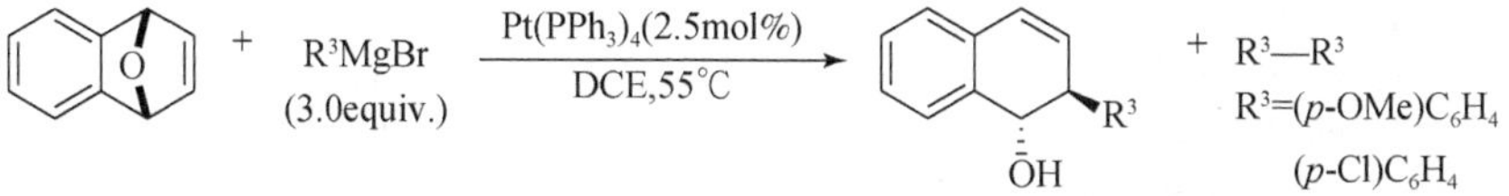

序号	R^3	产物	时间/h	收率[e]/%
1	CH_3	**62a**	14	71

续表

序号	R^3	产物	时间/h	收率[e]/%
2	$(CH_2)_4CH_3$	**62b**	1.3	54
3	环己基	**62c**	0.7	57
4	$CH_2CH=CH_2$	**62d**	2	74
5	Ph	**62e**	17	90
6[b]	$(p\text{-MeO})C_6H_4$	**62f**	10	—
7[b,c]	$(p\text{-MeO})C_6H_4$	**62f**	10	47
8[d]	$(p\text{-Cl})C_6H_4$	**62g**	5	31

a. 反应用 **61a**（0.2mmol）和 3.0equiv. 的格氏试剂（0.6mmol）在 1,2-二氯乙烷（1.0mL）中有 $Pt(PPh_3)_4$（2.5mol%）存在的条件下进行。b. 检测到 **62f**（4,4-dimethoxybiphenyl，4,4-二甲氧基联苯）的收率为 67%。c. 反应在正己烷中进行。d. **62g**（4,4′-dimethoxybiphenyl，4,4′-二甲氧基联苯）的收率为 70%。e. 收率为硅胶柱层析后的分离收率。

活性优于芳基格氏试剂（表 2-7，序号 6 和序号 8）。幸运的是，用芳基格氏试剂开环可以在正己烷中进行，获得比 DCE 更高的收率（表 2-7，序号 7）。由此看来，溶剂可能在平衡开环反应和偶联反应之间的竞争反应中起着关键作用。

在优化的条件下，评价了氧杂类底物的适用范围，结果汇总见表 2-8。结果表明，氧杂苯并降冰片烯的结构对其反应活性有显著影响。富电子底物 **61b** 与苯环上含有 3,6-二甲氧基的格氏试剂，苯环上含有 4,5-二溴的缺电子底物 **61d**，收率适中（表 2-8，序号 1 ~ 6 和序号 9 ~ 13）。值得注意的是，底物 **61c** 脱水形成副产物，以更高的产量取代了萘（表 2-8，序号 7 和序号 8）。此外，底物 **61e** 由于空间位阻，反应活性较低（表 2-8，序号 14 和序号 15）。

表 2-8 氧杂苯并降冰片烯类底物适用性拓展[a]

R^3MgBr (3.0equiv.)，$Pt(PPh_3)_4$(2.5mol%)，DCE, 55℃

61b: $R^1=CH_3O$, $R^2=H$
61c: $R^1=H$, $R^2=CH_3O$
61d: $R^1=H$, $R^2=Br$
61e: $R^1+R^2=$ 苯环

63a~63f
64a, **64e**
65a, **65i**, **65d**, **65e**, **65f**
66a, **66e**

序号	底物	R^3	产物	时间/h	收率[d]/%
1	**61b**	CH_3	**63a**	5.5	62
2	**61b**	$(CH_2)_4CH_3$	**63b**	1	46
3	**61b**		**63c**	0.7	54
4	**61b**	$CH_2CH{=}CH_2$	**63d**	1.7	62
5	**61b**	Ph	**63e**	3	75
6[b]	**61b**	$(p\text{-OMe})C_6H_4$	**63f**	14	41
7[c]	**61c**	CH_3	**64a**	6	24
8	**61c**	Ph	**64e**	3.5	27
9	**61d**	CH_3	**65a**	3.5	56
10	**61d**	$CH(CH_3)_2$	**65i**	6	37
11	**61d**	$CH_2CH{=}CH_2$	**65d**	2.5	45
12	**61d**	Ph	**65e**	4	72
13	**61d**	$(p\text{-OMe})C_6H_4$	**65f**	3	62
14	**61e**	CH_3	**66a**	5.5	39
15	**61e**	Ph	**66e**	5.5	41

a. 反应采用底物 **61b**～**e**(0.2mmol) 和3.0equiv. 进行，$Pt(PPh_3)_4$ 2.5mol%，格氏试剂0.6mmol，DCE 1.0mL。b. 反应在室温下正己烷中进行。c. 2,3-dimethoxy-6-methylnaphthalene（2,3-二甲氧基-6-甲基萘）收率为64%。d. 硅胶柱层析后的分离收率。

2.5　结　　语

近几十年来，各国化学家和化学工作者通过格氏试剂与不同化合物的反应，合成了许多非常重要的化合物，该方法已经成为一种构造C—C键结构化合物最有效的方法之一。并且随着过渡金属有机化合物的制备、反应与应用的发展，众多化学家研究了在过渡金属催化剂催化下格氏试剂的反应，合成了大量立体选择性好的化合物，为有机合成提供了新的方法。本章主要描述的是在过渡金属催化下格氏试剂与氧/氮杂苯并降冰片烯的不对称开环反应的研究，在这一领域也已经有大量的有机化学家做出了重要贡献，取得了一定进展。然而，由于格氏试剂亲核性强，反应易发生、反应速度快，反应过程中手性金属催化剂的控制能力弱，反应的立体选择性不高，仍需要进一步深入研究，开发更为高效的催化剂或催化体系。

参考文献

[1] Nakamura M, Matsuo K, Inoue T, et al. Iron-catalyzed regio-and stereoselective ring opening of [2.2.1] -and [3.2.1] oxabicyclic alkenes with a Grignard reagent. Org Lett, 2003, 5: 1373-1375.

[2] Arrayás R G, Cabrera S, Carretero J C. Copper-catalyzed *anti*-stereocontrolled ring opening of oxabicyclic alkenes with Grignard reagents. Org Lett, 2003, 5: 1333-1336.

[3] Zhang W, Wang L X, Shi W J, et al. Copper-catalyzed asymmetric ring opening of oxabicyclic alkenes with Grignard reagents. J Org Chem, 2005, 70: 3734-3736.

[4] Zhang W, Zhu S F, Qiao X C, et al. Highly enantioselective copper-catalyzed ring opening of oxabicyclic alkenes with Grignard reagents. Chem Asian J, 2008, 3: 2105-2111.

[5] Ogura T, Yoshida K, Yanagisawa A, et al. Optically active dinuclear palladium complexes containing a Pd—Pd bond: preparation and enantioinduction ability in asymmetric ring-opening reactions. Org Lett, 2009, 11: 2245-2248.

[6] Millet R, Gremaud L, Bernardez T, et al. Copper-catalyzed asymmetric ring-opening reaction of oxabenzonorbornadienes with Grignard and aluminum reagents. Synthesis, 2009, 12: 2101-2112.

[7] Arrayás R G, Cabrera S, Carreterro J C. Copper-catalyzed *anti*-stereocontrolled ring-opening of azabicyclic alkenes with Grignard reagents. Org Lett, 2005, 7: 219-221.

[8] Arrayás R G, Cabrera S, Carretero J C. Copper-catalyzed ring-opening of heterobicyclic alkenes with Grignard reagents: remarkably high *anti*-stereocontrol. Synthesis, 2006, 7: 1205-1219.

[9] Yang D Q, Liang N. Platinum-catalyzed *anti*-stereocontrolled ring-opening of oxabicyclic alkenes with Grignard reagents. Org Biomol Chem, 2014, 12: 2080-2086.

第3章　烯烃/炔烃与氧/氮杂苯并降冰片烯类化合物的不对称开环反应

3.1　引　　言

氧/氮杂苯并降冰片烯开环反应的产物可作为有机合成的基本原料，且反应具有原子经济性，因而引起了人们的广泛关注。过渡金属催化的对氧/氮杂苯并降冰片烯的开环反应是合成氢化萘衍生物的有效方法之一。其中镍催化的氧/氮杂苯并降冰片烯的开环反应引起了研究者的广泛兴趣。氧/氮杂苯并降冰片烯衍生物与末端炔烃的反应非常广泛，可以代表有机反应的多样性。多种氧/氮杂苯并降冰片烯和末端炔烃均可进行开环反应，包括加成反应、［2+1］环加成反应、［2+2］环加成反应、其他环加成反应等，得相应的环状产物。

3.2　钯/银协同催化炔烃与氧/氮杂苯并降冰片烯类化合物的不对称开环反应

本书作者课题组研究了钯/银协同催化氧/氮杂苯并降冰片烯与芳基乙炔的开环反应，可以选择性地得到1,2-二芳基乙酮和1,2-二芳基乙炔[1]（图3-1）。1,2-二芳基乙酮是一种具有特定生物活性化合物的共同骨架，包括蛋白质酪氨酸磷酸酶抑制活性和抗微生物活性。1,2-二芳基乙酮可通过钯/银助催化剂体系下氧杂苯硼烷与取代的芳基乙炔的串联反应制备。此外，还利用邻位/对位给电子基团（EDG）取代的氧杂苯并降冰片烯制备了1,2-二芳基乙炔，该类化合物可广泛用作聚合物和液晶材料。

首先测试膦氢配体用于氧杂苯并降冰片烯与苯乙炔的串联反应（表3-1）。尝试了氧杂苯并降冰片烯**1a**与苯乙炔**2a**在乙酸钯（Ⅱ）和膦配体配合物中的串联反应。结果表明，(*rac*)-Binap、Xantphos和DPEphos的收率良好（62%~79%），而DPPF、DPPB和PPh_3在该反应中收率较低。在相同条件下，大多数钯前体能促进反应，得到中等收率（54%~78%），因此，发现$Pd(OAc)_2$是最有效的钯前体。其后，研究了溶剂和温度的影响。在测试溶剂中，二甲氧基乙烷（DME）、二氧六环和甲苯比DCE和DCM更有效（收率为79%~86%）。甲苯是最合适的溶剂。配体的用量对收率有较大的影响。例如，使用3mol%（*rac*）-

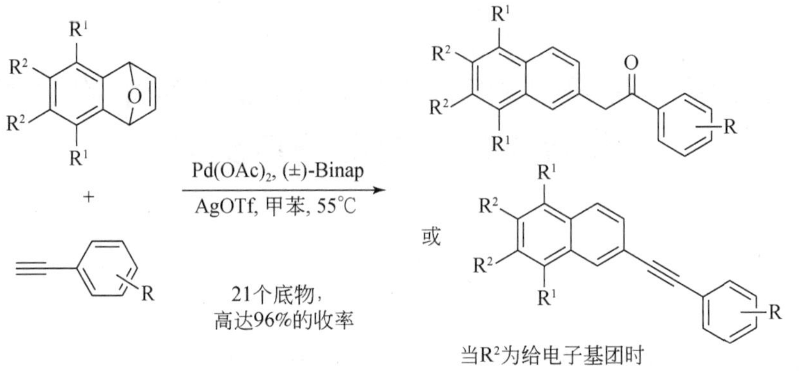

图 3-1　钯/银协同催化氧/氮杂苯并降冰片烯与芳基乙炔的开环反应

Binap 在 1h 内获得 92% 的收率。然而，当将(*rac*)-Binap 增加到 9mol% 时，产物收率下降到 70%。温度实验表明，55℃为最佳反应温度。

表 3-1　氧杂苯并降冰片烯与苯乙炔的开环反应条件筛选[a]

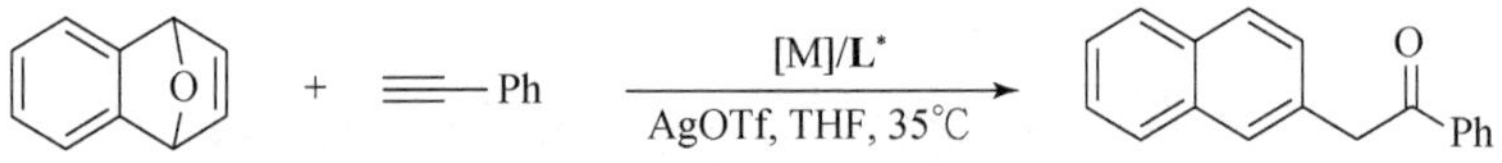

序号	[M]	配体	时间/h	收率[b]/%
1	$Pd(OAc)_2$	(±)-Binap	22	79
2	$Pd(OAc)_2$	Xantphos	27	75
3	$Pd(OAc)_2$	DPEphos	4	62
4	$Pd(OAc)_2$	Dppf	48	痕量
5	$Pd(OAc)_2$	Dppb	48	痕量
6	$Pd(OAc)_2$	PPh_3	48	痕量
7	$Pd(acac)_2$	(±)-Binap	22	78
8	$PdBr_2$	(±)-Binap	36	63
9	$(CF_3CO_2)_2Pd$	(±)-Binap	5	54
10	$Pd(C_5HF_6O_2)_2$	(±)-Binap	22	67
11	$PdCl_2$	(±)-Binap	36	65
12	PdI_2	(±)-Binap	17	71

续表

序号	[M]	配体	时间/h	收率[b]/%
13	$C_6H_{10}Pd_2Cl_2$	(±)-Binap	46	27

a. 反应条件：**2a**（0.9mmol），**2a**：**1a**：［Pd］：配体：［Ag］（3：1：0.015：0.018：0.03）在2mL四氢呋喃溶液中，在35℃，氩气环境条件下反应指定的时间。b. 柱层析分离收率。

注：$Pd(C_5HF_6O_2)_2$代表六氟乙酰丙酮钯（Ⅱ）；$C_6H_{10}Pd_2Cl_2$代表烯丙基钯（Ⅱ）氯二聚体。

课题组研究得到了各种末端炔烃和氧杂苯并降冰片烯**1a**在55℃甲苯中，$Pd(OAc)_2$(1.5mol%)/AgOTf(3.0mol%)，(*rac*)-Binap(0.9mol%)存在下串联反应的结果（表3-2）。总体上，所有末端芳烃与**1a**反应良好，均能得到相应的产物，收率较高。具有不同电子性质的取代基的芳基乙炔也能得到相应的产物。特别是，芳环上带有—CH_2OH的末端炔烃在当前反应中适用。

表3-2 各种末端炔烃和氧杂苯并降冰片烯类化合物的开环反应[a]

1a + ≡—Ar (**2a~2m**) —[$Pd(OAc)_2$,(±)-Binap; AgOTf, 甲苯, 55℃]→ **3aa~3am**

序号	芳烃基团	2	时间/h	收率[b]/%
1	Ph	**2a**	1	96
2	4-$MeOC_6H_4$	**2b**	1	91
3	2-$MeOC_6H_4$	**2c**	1	90
4	3-$MeOC_6H_4$	**2d**	1	96
5	3，5-di$MeOC_6H_3$	**2e**	0.3	92
6	4-FC_6H_4	**2f**	0.5	95
7	4-$PhOC_6H_4$	**2g**	1	95
8	4-$CF_3OC_6H_4$	**2h**	0.5	90
9	4-BrC_6H_4	**2i**	1	96
10	4-MeC_6H_4	**2j**	1	92
11	4-$OHCH_2C_6H_4$	**2k**	1	90
12	4-$CF_3C_6H_4$	**2l**	0.5	93
13	4-CNC_6H_4	**2m**	13	94

a. 反应条件：**2a**(0.6mmol)，**2a**：**1a**：[Pd]：Binap：[Ag](3：1：0.015：0.009：0.03)在2mL甲苯溶液中，在55℃，氩气环境条件下反应指定的时间。b. 柱层析分离收率。

为了进一步研究底物的适用范围，测试了取代的氧杂苯并降冰片烯衍生物的反应情况。除具有电子供给基团的反应收率中等以外，大多数氧杂苯并降冰片烯衍生物与苯乙炔的串联反应进展顺利，以良好的收率获得相应的产物（表 3-3）。

表 3-3　炔烃和氧杂苯并降冰片烯类化合物的开环反应[a]

1a~1f + 2a —Pd(OAc)$_2$, (±)-Binap / AgOTf, 甲苯, 55℃→ 3aa~3fa

序号	氧杂苯并降冰片烯	时间/h	收率[b]/%
1	1a	1	96
2	1b	0. 5	56
3	1c	3	93
4	1d	3	91
5	1e	0. 5	89
6	1f	5	83

a. 反应条件：**2a**（0. 6mmol），**2a**：**1a**：［Pd］：Binap：［Ag］（3：1：0. 015：0. 009：0. 03）在 2mL 甲苯溶液中，在 55℃，氩气环境条件下反应指定的时间。b. 柱层析分离收率。

通过测试邻/对位具有给电子取代基的氧杂苯并降冰片烯衍生物，发现可以获得产物 1,2-二芳基乙炔产物（表 3-4）。

表 3-4　炔烃和给电子取代基的氧杂苯并降冰片烯衍生物的开环反应[a]

1g~1i + **2a** $\xrightarrow[\text{AgOTf, 甲苯, 55℃}]{\text{Pd(OAc)}_2\text{, (±)-Binap}}$ **3ga~3ia**

序号	氧杂苯并降冰片烯	时间/h	收率[b]/%
1	**1g**	1	90
2	**1h**	0.5	77
3	**1i**	0.5	85

a. 反应条件：**2a**（0.6mmol），**2a**：（**1g~1i**）：［Pd］：Binap：［Ag］（3：1：0.015：0.009：0.03）在 2mL 甲苯溶液中，在 55℃，氩气环境条件下反应指定的时间。b. 柱层析分离收率。

为了研究反应机理，制备了一种可能的反应中间体 **4** 并探讨了其转化为 **3ab** 的反应条件。研究发现这种转变在没有催化剂的情况下不会进行。然而，当使用 $Pd(OAc)_2$、(±)-Binap 和 AgOTf 的混合物作为催化剂时，以高收率得到产物 **3ab**。然而，当使用 $Pd(OAc)_2$ 和(±)-Binap 时，在没有 AgOTf 的情况下没有检测到所需的产物 **3ab**。有趣的是，当 AgOTf 单独使用时，转换进展顺利（表 3-5，序号 4）。因此，这一结果表明，AgOTf 在当前转化中起到了不可或缺的催化剂作用。

表 3-5　底物的转化条件探索[a]

4 $\xrightarrow{\text{条件}}$ **3ab**

序号	条件	温度/℃	时间/h	收率[e]/%
1	—	70	60	不反应
2[b]	$Pd(OAc)_2$/(±)-Binap，AgOTf	35	3	93
3[c]	$Pd(OAc)_2$/(±)-Binap	70	60	未检测到
4[d]	AgOTf	55	2	98

a. 反应在 2mL 甲苯溶液中，氩气存在的条件下进行。b. 使用 3mol% $Pd(OAc)_2$、0.9mol%（±）-Binap 和 3mol% AgOTf。c. 使用 3mol% $Pd(OAc)_2$ 和 0.9mol%（±）-Binap。d. 使用 3mol% AgOTf。e. 柱层析分离收率。

基于上述实验，他们对这种新型串联反应的合理机理进行了推测（图 3-2）。苯乙炔与 $Pd(OAc)_2$和(±)-Binap 的络合物反应生成钯乙酰炔 **B**，其与银活化的氧杂苯并降冰片烯配位，得到 **D**。通过将苯乙炔基迁移到碳–碳双键上，形成中间体 **E**。在β-氮消除之后，C—O 键断裂，产生中间体 **F**。在简单的阳离子交换之后，副产物 **G** 生成。接下来，在氧杂苯并降冰片烯邻位/对位有供电子基团取代时，通过羟基的解离（路径 A）从 **F** 中产生相对有利的中间体 **H**。然后，质子消除得到 1,2-二芳基乙炔 **I**。然而，在大多数情况下，**F** 通过分子内亲核加成（路径 B）得到银中间体 **K**，再通过质子消除和阳离子交换得到 1,2-二芳基乙酮 **M**。

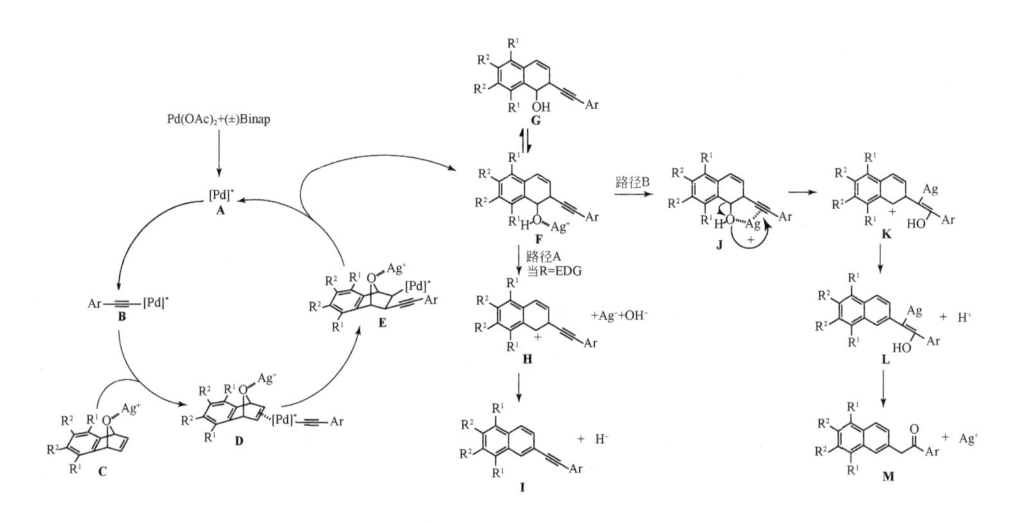

图 3-2　反应可能的机理

氧/氮杂苯并降冰片烯与碳亲核试剂的不对称开环反应是构筑碳立体手性中心最高效的碳–碳成键反应之一。数十年，手性过渡金属催化剂催化的有机金属试剂，如有机金属试剂、有机锂试剂、有机铝试剂、格氏试剂、硼烷等为开环反应中常用亲核试剂，并且该类反应可用于生物活性分子的合成，但不对称开环反应中使用末炔烃等中性有机化合物作为有效碳亲核试剂的例子较少。

本书作者课题组在 2014 年发展了钯/银催化氧杂苯并降冰片烯与炔烃的开环反应（图 3-3）[3]。

课题组首先将钯/铜协同催化体系用于炔烃对氧杂苯并降冰片烯的不对称开环，然而反应结果并不如意，仅得到微量开环产物。在加入了路易斯酸（表 3-6）以后，反应的活性和对映选择性均得到了大幅提高。除二甲氧基乙烷（DME）外，其他常用溶剂，如甲苯、二氯乙烷、*N*,*N*-二甲基甲酰胺、四氢呋喃

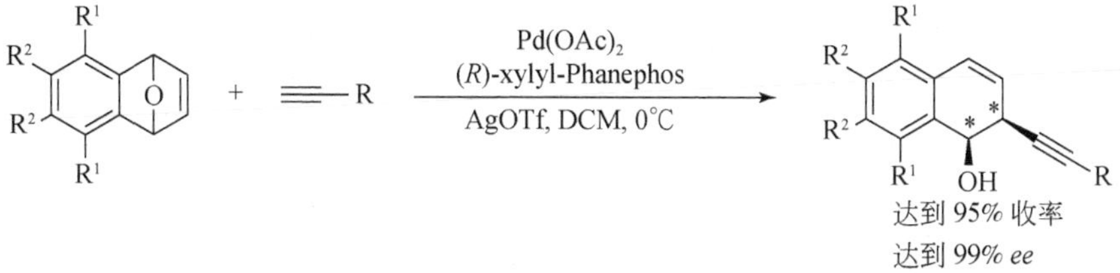

$Pd(OAc)_2$
(*R*)-xylyl-Phanephos
AgOTf, DCM, 0℃
达到95%收率
达到99% *ee*

图3-3 钯/银催化氧杂苯并降冰片烯与炔烃的不对称开环反应

等在当前催化反应中效果欠佳。

表3-6 路易斯酸的筛选[a]

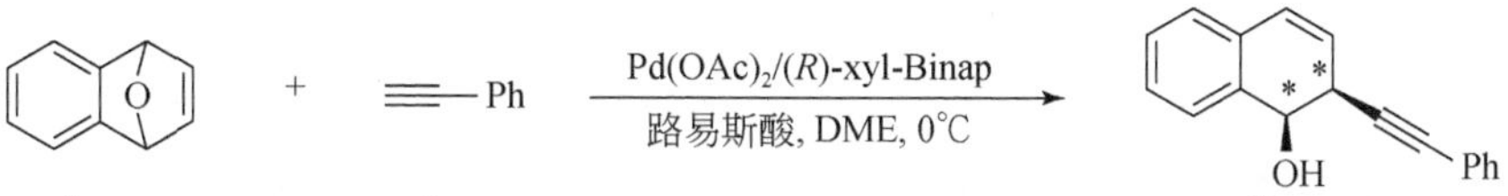

$Pd(OAc)_2$/(*R*)-xyl-Binap
路易斯酸, DME, 0℃

1a **2a** **3aa**

序号	路易斯酸	时间/h	收率/%[b]	*ee*/%[c]
1[d]	CuOTf	72	42	83
2	AgOTf	42	65	88
3	$AgBF_4$	65	70	82
4[d]	$AgSbF_6$	72	33	60
5[d]	$AgPF_6$	72	30	69
6	$Cu(OTf)_2$	72	27	81
7[d]	$Zn(OTf)_2$	72	53	35

a. 反应条件：**2a**（0.6mmol），**2a**：**1a**：［Pd］：配体：［LA］（2：1：0.5：0.06：0.10）在2mL二甲醚溶液中，0℃及氩气环境条件下持续反应规定的时间。b. 柱层析分离收率。c. 采用Chiralcel OJ-H柱的手性高效液相色谱法测定*ee*值。d. 反应不完全。

以AgOTf为路易斯酸前体，对手性二膦化合物在当前反应中的效果进行了研究（表3-7）。（*R*）-Binap、（*R*）-tol-Binap不如（*R*）-xyl-Binap有效。当使用（*R*）-二甲酰基-苯丙基膦为手性配体时，催化活性较高。进一步分析表明，生成的烷基化开环产物**3aa**与酮**4**作为主要副产物，收率70%。当AgOTf的加入量为7mol%时，反应时间延长至5h；而**3aa**的收率提高到60%，只有少量酮**4**生成，并保持高对映体纯度。然而，5mol%的AgOTf被发现是最佳装载量，产物收率为75%，*ee*为98%，而酮**4**的生成则完全被抑制。进一步降低AgOTf的装载量没有得到更高的收率或更好的对映选择性。例如，当将3mol%的AgOTf添加到催化体系时，即使搅拌72h后，**3aa**收率仅为15%。

表 3-7　手性配体的筛选[a]

1a + 2a (Ph) → Pd(OAc)2/**L***, AgOTf, DME, 0℃ → 3aa + 4

(*R*)-Binap, Ar=Ph
(*R*)-tol-Binap, Ar=4-MeC_6H_4
(*R*)-xyl-Binap, Ar=3,5-diMeC_6H_3
(*R*)-MeO-Biphep
(*R*)-Synphos
(*R*)-Phanephos, Ar=Ph_2
(*R*)-xylyl-Phanephos
Ar=3,5-diMeC_6H_3

序号	路易斯酸	时间/h	收率/%[b]	*ee*/%[c]
1	(*R*)-xyl-Binap	42	65	83
2	(*R*)-Binap	45	66	56
3[d]	(*R*)-tol-Binap	72	43	38
4	(*R*)-MeO-Biphep	36	54	44
5	(*R*)-Synphos	40	81	4
6	(*R*)-Phanephos	72	未反应	—
7[e]	(*R*)-xylyl-Phanephos	1.5	19	98
8[f]	(*R*)-xylyl-Phanephos	5	60	98
9[g]	(*R*)-xylyl-Phanephos	7	75	98
10[h]	(*R*)-xylyl-Phanephos	72	15	96

a. 反应条件：**2a**(0.6mmol)，**2a**：**1a**：[Pd]：配体：[Ag](2：1：0.5：0.06：0.10)，在2mL二甲醚溶液中，0℃及氩气环境条件下持续反应指定的时间。b. 柱层析分离收率。c. 采用Chiralcel OJ-H柱的手性高效液相色谱法测定*ee*值。d. 反应未完成。e. 酮**4**分离收率为70%。f. 添加7mol% AgOTf。g. 添加5mol% AgOTf。h. 添加3mol% AgOTf。

为了验证该手性钯/银协同催化体系的有效性，研究了一系列末端炔与氧杂苯并降冰片烯**1a**的反应（表3-8）。研究发现，对于所有取代芳基乙炔均适用，能与**1a**顺利反应生成目标产物，并具有高对映选择性。然而，电子效应和取代基效应产生了一些不利的影响。甲氧基在苯环对位或邻位时对映选择性降低，空间受阻的芳香族炔烃导致反应速率较低。吸电子取代基烷基化开环反应以苯环对位为主，收率高，可以同时获得高对映选择性。三甲基硅基乙炔也可以作为一种合适的碳亲核试剂，生成相应的炔基开环产物，收率和对映选择性都较高。

表3-8　与不同端炔的不对称开环反应[a]

1a + ≡—Ph (**2a~2l**) →[$Pd(OAc)_2$, (*R*)-xylyl-Phanephos, AgOTf, DCM, 0℃] **3aa~3al**

序号	2	R	时间/h	收率/%[b]	*ee*/%[c]
1	**2a**	Ph	7	75	98
2[d]	**2b**	4-MeO-C_6H_4	3	66	90
3[e]	**2c**	2-MeO-C_6H_4	120	63	90
4	**2d**	3-MeO-C_6H_4	75	72	98
5	**2e**	3,5-diMeO-C_6H_3	103	54	96
6	**2f**	4-Me-C_6H_4	24	74	97
7	**2g**	4-F-C_6H_4	9	68	98
8	**2h**	4-CF_3O-C_6H_4	5	87	99
9	**2i**	4-Br-C_6H_4	6	93	95
10	**2j**	4-CN-C_6H_4	22	95	96
11	**2k**	4-CF_3-C_6H_4	4	94	99
12	**2l**	$Si(Me)_3$	19	74	97
13	**2m**	*n*-hexyl	72	—	—
14	**2n**	$PhCH_2CH_2$	72	—	—

a. 反应条件：**2a**(0.6mmol)，**2a**：**1a**：[Pd]：配体：[Ag](2：1：0.5：0.06：0.05)，在2mL二甲醚溶液中，0℃和氩气环境条件下反应指定的时间。b. 柱层析分离收率。c. 采用Chiralcel OJ-H、OD-H、AD-H或AS-H柱的手性高效液相色谱法测定*ee*值。d. 使用10mol% $Pd(OAc)_2$。e. 反应未完成。

其后，研究组以末端炔烃为亲核试剂，在钯/银协同催化的不对称开环反应中研究了一系列氧杂苯并降冰片烯衍生物在当前反应中的适用性。虽然在大多数反应中都获得了优异的对映选择性，但具有吸电子基团和苯环上体积较大的取代基的氧杂苯并降冰片烯衍生物需要更长的反应时间（表3-9）。在某些情况下，需要双倍的催化剂负载来达到可接受的反应速率。

表 3-9　取代的氧杂苯并降冰片烯作为底物的应用[a]

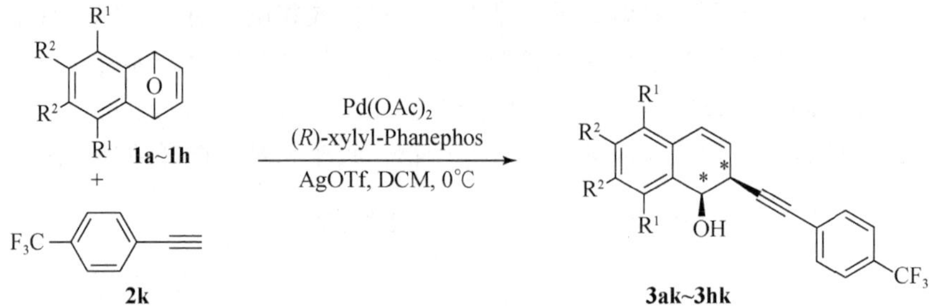

1a~1h + **2k** —— $Pd(OAc)_2$, (*R*)-xylyl-Phanephos, AgOTf, DCM, 0℃ ——→ **3ak~3hk**

序号	路易斯酸	时间/h	收率/%[b]	*ee*/%[c]
1	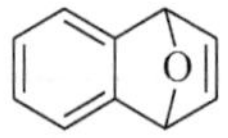	7	75	98
2	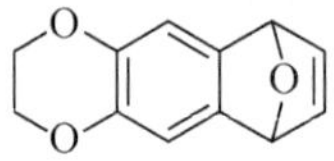	2	91	99
3	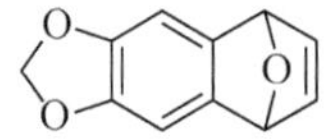	2	80	98
4	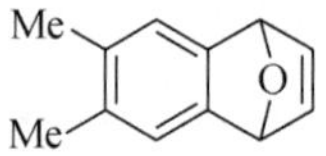 Me, Me	3	94	98
5	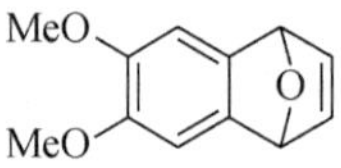 MeO, MeO	1	81	99
6[d]	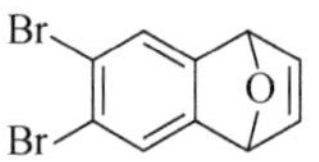 Br, Br	5	59	96
7	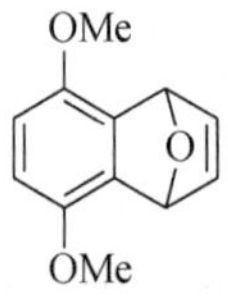 OMe, OMe	31	61	95
8[d]	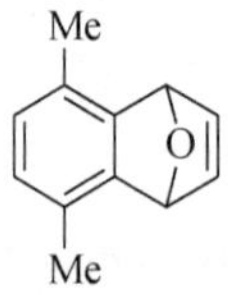 Me, Me	22	90	96

a. 反应条件：**2a**（0.6mmol），**2a**：**1a**：［Pd］：配体：［Ag］（2：1：0.5：0.06：0.05），在2mL二甲醚溶液中，0℃和氩气环境条件下反应指定的时间。b. 柱层析分离收率。c. 采用Chiralcel OJ-H、AS-H或AD-H柱的手性高效液相色谱法测定*ee*值。d. 使用10mol% $Pd(OAc)_2$。

3.3　铑催化炔烃与氧/氮杂苯并降冰片烯类化合物的不对称开环反应

Hayashi 课题组发展了铑/（*R*）- DTBM- segphos 催化剂，并将其用于氮杂苯并降冰片烯与（三异丙基硅基）乙炔的高对映选择性开环反应（图 3-4）[2]。

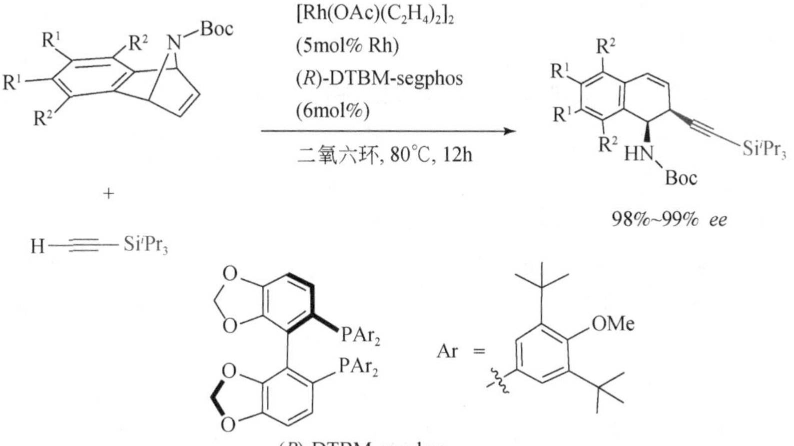

图 3-4　铑催化氮杂苯并降冰片烯与（三异丙基硅基）乙炔的不对称开环反应

他们研究了当前反应的适用范围后发现（表 3-10），苯环上含取代基（Me、MeO、F、Br）的氮杂苯并降冰片烯都能以高对映选择性反应得到目标产物（98%~99% *ee*）。此外，还通过产物的衍生化，引入了 Br 原子，测得了产物的绝对构型。

表 3-10　炔烃与氮杂苯并降冰片烯不对称开环反应底物拓展[a]

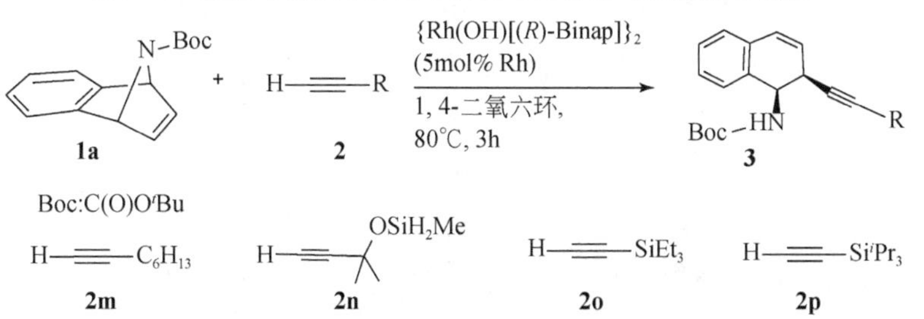

序号	炔烃	产物 3	收率/%[b]	*ee*/%[c]
1	**2m**	**3am**	15	3

续表

序号	炔烃	产物 3	收率/%[b]	ee/%[c]
2	**2n**	**3an**	58	36
3	**2o**	**3ao**	67	82
4	**2p**	**3ap**	81	86

a. 反应条件：**1a**(0.40mmol)，炔烃 **2**(0.20mmol)，{Rh(OH)[(*R*)-Binap]}$_2$(5mol% Rh)在 0.4mL 1,4-二氧六环中，80℃的条件下反应3h。b. 分离收率。c. 用手性固定相柱高效液相色谱法测定，手性固定相柱为 Chiralcel OD-H。

课题组还研究了一系列与 Binap 相关的轴性手性双芳基膦，以找到能够带来更高对映选择性的催化剂（表 3-11）。该反应由原位生成的 5mol% 铑催化剂催化，所得 **3ap** 收率高（87%~94%），对映选择性在 77%~89% *ee*。空间上位阻较大的双膦配体(*R*)-DTBM-segphos 表现出非常高的对映选择性（98% *ee*），尽管收率适中（49% 收率）。采用[Rh(OAc)(C_2H_4)$_2$]$_2$作为催化剂前体与(*R*)-DTBM-segphos 结合，获得了更高的收率（93%）和对映选择性（99%）*ee*。通过对四氢萘胺 **4** 进行 X 射线分析，确定 **3ap** 的相对和绝对构型为（1*R*，2*S*），这是通过 **3ap** 与 *N*-溴代丁二酰亚胺（NBS）在甲醇中反应而获得的。用四丁基氟化铵（TBAF）处理容易除去 **4** 的甲硅烷基，得到末端炔烃 **5** 而不降低对映体纯度。

表 3-11　配体的筛选[a]

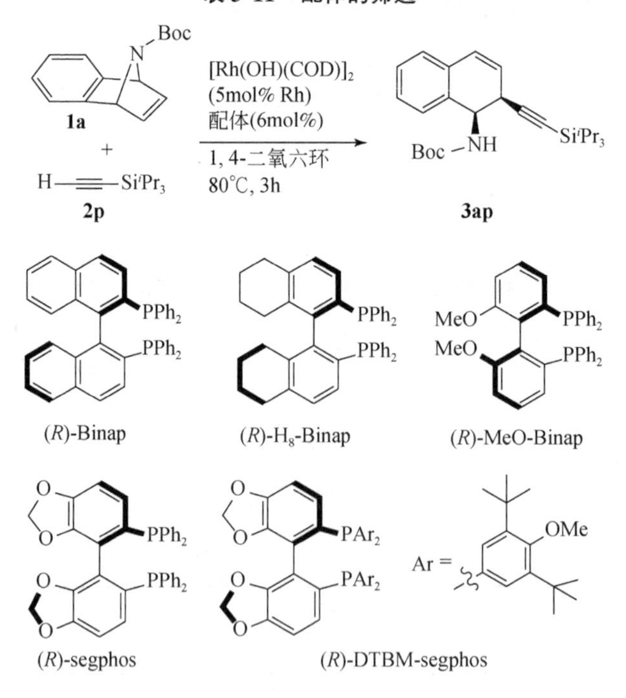

NBS, CH_3OH, 室温, 4h　TBAF, THF, 0℃, 1h

3ap: 99% *ee*　**4**: 72%, 99% *ee*　**5**: 83%, 99% *ee*

序号	配体	收率/%	*ee*/%[b]
1[c]	(*R*)-Binap	81	86(-)
2	(*R*)-H_8-Binap	87	89(-)
3	(*R*)-MeO-Biphep	94	77(-)
4	(*R*)-segphos	90	80(-)
5	(*R*)-DTBM-segphos	49	98(-)
6[d]	(*R*)-DTBM-segphos	93	99(-)

a. 反应条件：**1a**(0.40mmol)，炔烃**2p**(0.20mmol)，$[Rh(OH)(COD)]_2$(5mol% Rh)，配体(6mol% Rh)在0.4mL 1,4-二氧六环中，80℃条件下反应3h。b. 用手性固定相柱高效液相色谱法测定，手性固定相柱为Chiralcel OD-H。c. 使用$\{Rh(OH)[(R)\text{-Binap}]\}_2$(5mol% Rh)。d. 采用$[Rh(OAc)(C_2H_4)_2]_2$作为催化剂。

表3-12总结了几种氮杂苯并降冰片烯**1**与（三异丙基硅基）乙炔**2p**的反应结果，该反应是在铑/(*R*)-DTBM-segphos作为催化剂（5mol% Rh）条件下进行的。苯环上含有Me、MeO、F和Br的氮杂苯并降冰片烯能得到相应的二氢萘胺**3bp**～**3fp**，收率高（83%～94%），对映选择性优异（98%～99% *ee*）。

表3-12　氮杂苯并降冰片烯1与（三异丙基硅基）乙炔2p的不对称开环烷基化[a]

$[Rh(OAc)(C_2H_4)_2]_2$ (5mol% Rh), (*R*)-DTBM-segphos (6mol%), 二氧六环, 80℃, 12h

1a: R^1 = H, R^2 = H　**1b**: R^1 = Me, R^2 = H　**1c**: R^1 = OMe, R^2 = H

1d: R^1 = F, R^2 = H　**1e**: R^1 = Br, R^2 = H　**1f**: R^1 = Br, R^2 = Me

序号	1	产物	收率/%	*ee*/%[b]
1[c]	**1a**	**3ap**	93	99
2	**1b**	**3bp**	94	99
3	**1c**	**3cp**	91	99
4	**1d**	**3dp**	90	99

续表

序号	1	产物	收率/%	ee/%[b]
5	**1e**	**3ep**	83	98
6	**1f**	**3fp**	88	99

a. 反应条件：**1**(0.40mmol)，炔烃 **2p**(0.20mmol)，[$Rh(OAc)(C_2H_4)_2$]$_2$(5mol% Rh)，(*R*)-DTBM-segphos(6mol% Rh)在0.4mL 1,4-二氧六环中，80℃条件下反应12h。b. 通过高效液相色谱法测定。c. 反应3h。

3.4 铑催化烯醇硅醚与氧/氮杂苯并降冰片烯类化合物的不对称开环反应

尽管在氧/氮杂苯并降冰片烯不对称开环反应的发展上投入了大量的精力，关于张力较低的非苯并融合氧杂环烯烃［2.2.1］庚烷和杂环烯烃的不对称开环的报道仍然很少。克服这些具有挑战性的双环烯烃的反应性不足是我们所希望的，因为这将提供高度取代的手性环己烯和氨基二氢化萘。虽然有机金属试剂已在氧/氮杂苯并降冰片烯不对称开环反应被高效利用，但氧杂双环［2.2.1］庚烷和杂双环烯烃的对映选择性烷基开环仅有二甲基锌和二乙基锌实现。一般，由于有机金属试剂不稳定且不易获得，其在当前反应中的作用范围有限。因此，只有不含官能团的简单烷基金属试剂被成功使用。为了解决烷基化的这些局限性，Lautens课题组开发了一种铑催化方法[4]。对铑催化剂的筛选表明（表3-13），阳离子的［$Rh(COD)_2OTf$］(COD＝环丁二烯）比中性的铑前体更有效。由于开环产物极性较小，产物的对映异构体比例只能在脱除硅基保护基团后测定。

表3-13 反应条件优化[a]

1 + OTBS / OEt 2 → [Rh] (5mol%), (*R*, *S*)-PPF-PtBu$_2$ (6mol%), 溶剂, 70℃, 15h → OTBS, CO_2Et **3a**

(*R*, *S*)-PPF-P^{t}Bu$_2$ Josiphos (P^{t}Bu$_2$, PPh$_2$, Fe)

序号	[Rh]	溶剂	**2** 的当量	收率/%	对映异构体比例
1	[$Rh(COD)Cl$]$_2$	THF	1.5	0	—

续表

序号	[Rh]	溶剂	**2** 的当量	收率/%	对映异构体比例
2	$[Rh(CDO)OH]_2$	THF	1.5	0	—
3	$[Rh(CO)_2Cl]_2$	THF	1.5	0	—
4	$[Rh(COD)_2OTf]$	THF	1.5	77	>99 : 1
5[b]	$[Rh(COD)_2OTf]$	THF	1.5	8	n. d.
6[c,d]	$[Rh(COD)_2OTf]$	THF	2.5	95(90)	>99 : 1
7[c]	$[Rh(COD)_2OTf]$	二氧六环	2.5	47	n. d.
8[c]	$[Rh(COD)_2OTf]$	PhMe	2.5	0	—
9[c]	$[Rh(COD)_2OTf]$	MeCN	2.5	0	—

a. 代表性反应条件：在氩气的环境条件下，将 [Rh] 和 Josiphos 加入一个 2×10mL 的小瓶中，再加入 0.5mL 溶剂，搅拌 10min，将 **1** 和 **2** 溶解在 1.5mL 溶剂中并通过注射器注入小瓶。在规定的温度和时间下搅拌混合物，收率用^{1}HNMR 法测定。b. 采用 [Rh] (2.5mol%)、Josiphos (3mol%)。c. 反应在 50℃下进行。d. 反应时间 3h，括号内为分离收率。

在建立了高收率和对映选择性的方法后，该课题组研究了亲核试剂的反应范围（图 3-5）。总体来讲，硅基酮缩醛表现出更高的反应活性，对于硅烯醇醚，发现添加 $Zn(OTf)_2$ 作为助催化剂后效果有所改善。Zn^{2+} 可能作为路易斯酸激活铑氧化插入的桥头氧，也可能激活亲核试剂，形成锌烯酸中间体。不同的芳基硅烯醇醚在较低的催化剂负载和改性条件下反应良好，反应易于放大。硅基脱保护后的对映体的 X 射线晶体结构确定了产物的绝对和相对立体构型。虽然烷基硅烯醇醚开环产物收率较低，但是对映选择性仍较好。

1 + **2** (OSi, R) → **3**

$[Rh(COD)_2OTf]$ (5mol%)
(*R*, *S*)-PPF-P^{t}Bu$_2$ (6mol%)
THF, 50℃, 3h

3a (OTBS, OEt)
90%收率
>99:1 e.r.

3b (TMS–O, OMe)
77%收率
2:1 d.r.
>99:1 e.r.

3c (OTBS, Ph)
85%收率
>99:1 e.r.

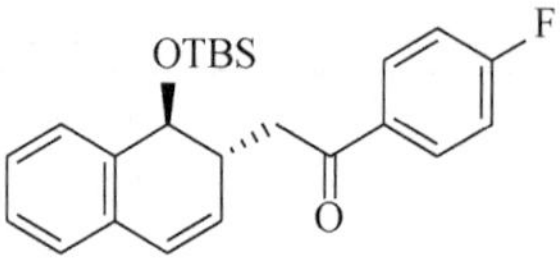

3d
69%收率
>99:1 e.r.

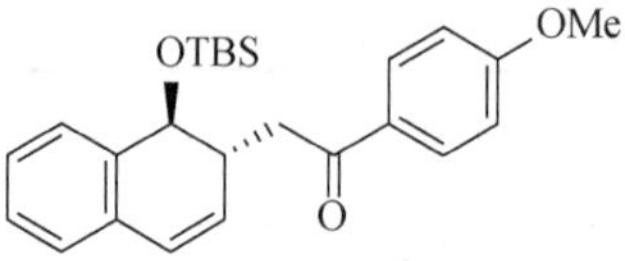

3e
92%收率
>99:1 e.r.
3mmol 用量
2mol%[Rh]

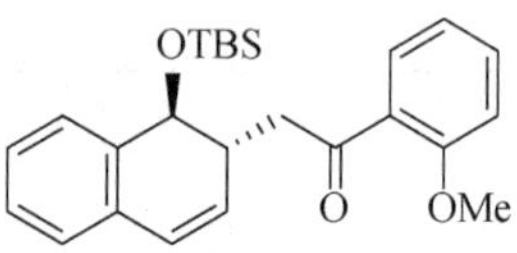

3f
78%收率
>99:1 e.r.

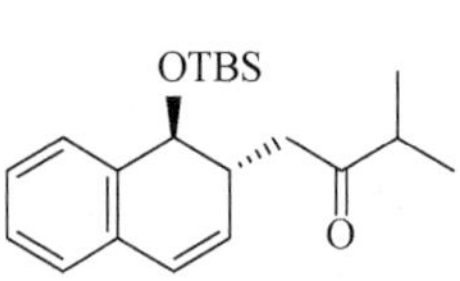

3g
32%收率
>99:1 e.r.

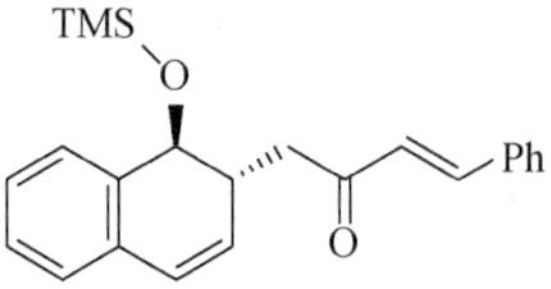

3h
77%收率
>99:1 e.r.

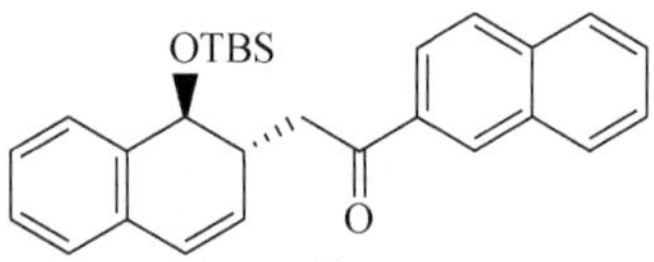

3i
78%收率
>99:1 e.r.

e.r.：对映异构体比例；d.r.：对映异构体过量(后同)

图 3-5　亲核试剂适用范围的探索

多种氧杂苯并降冰片烯类化合物与硅基酮缩醛反应良好（图 3-6），缺电子底物和富电子底物均可在反应中耐受。在较高的温度和催化剂负载下，活性较低的氧杂双环［2.2.1］庚烷在该反应也可以使用。并且，克级反应所用的催化剂负载可以再次减少。在整个过程中保持了良好的收率和对映选择性。

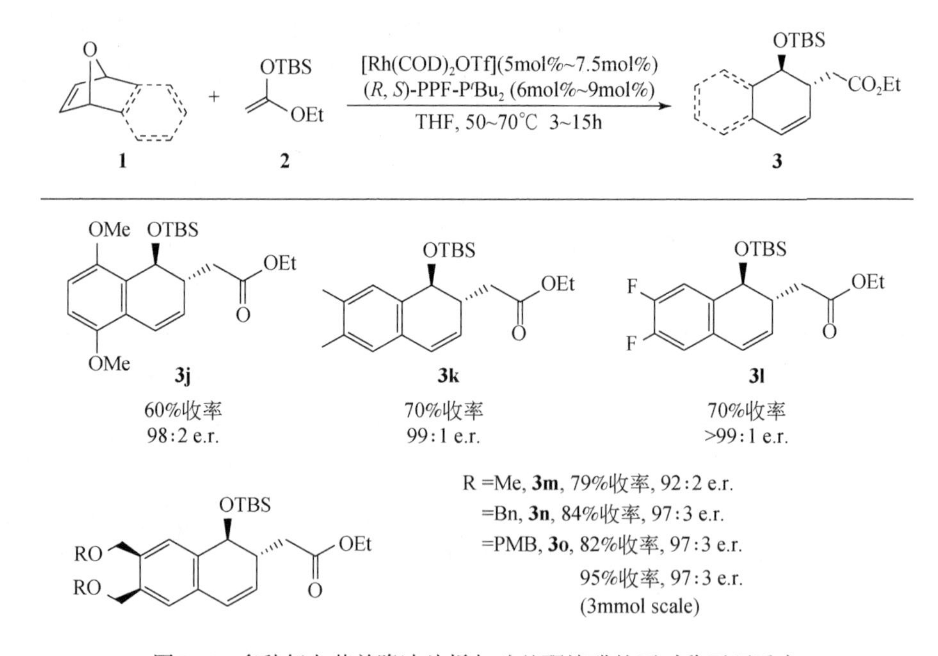

图 3-6　多种氧杂苯并降冰片烯与硅基酮缩醛的不对称开环反应

接下来，研究了氮杂苯并降冰片烯类化合物的反应范围（图 3-7）。在优化的条件下，观察到 MandyPhos 配体具有高收率和对映选择性。与之前的报道类似，催化剂/配体比例对于实现预期的对映选择性很重要，可能是通过催化剂/亲核试剂的相互作用。磺酰芳基氮保护基团表现出最佳的反应活性，*N*-Boc 保护的底物则没有得到预期产物。在 $Zn(OTf)_2$ 助催化剂的作用下，硅基烯醇醚参与开环。虽然在粗产物中观察到硅基迁移，但不稳定的 *N*-硅基化产物经硅胶处理后发生脱保护。

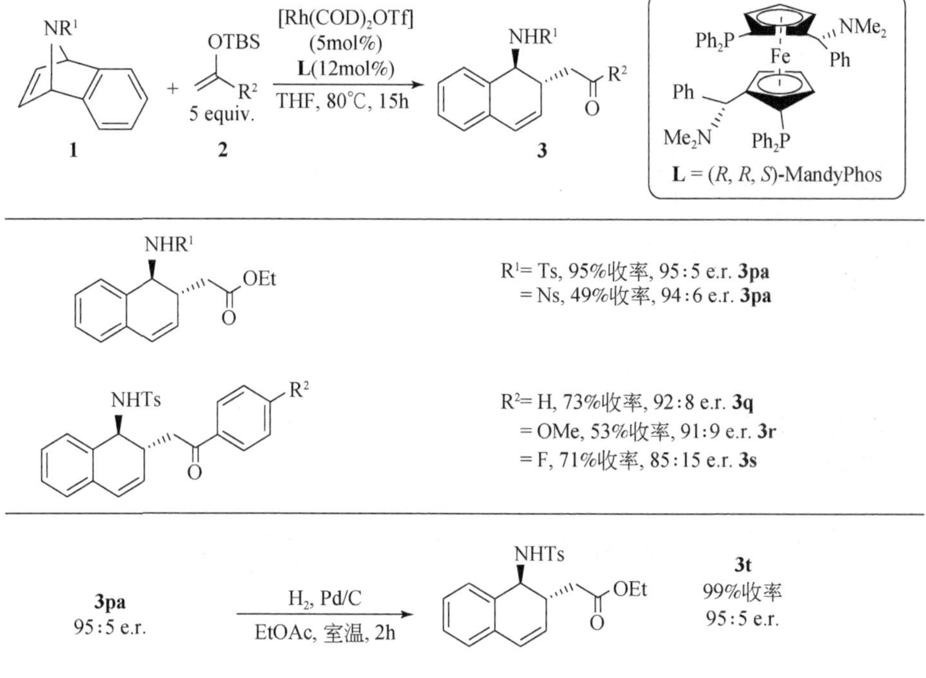

图 3-7　氮杂苯并降冰片烯底物适用性考察

其后，该课题组还研究了开环产物的一些化学转化（图 3-8），这些修饰可以获得不同的产物。对于手性二氢化萘产物，烯烃作为衍生化的一个有用的把手。例如，加合物 **3a** 可以转化为碘内酯 **4** 或环氧化物 **5**。这些产品可能用于合成一类手性萘醌，如糖醌或阿维烯酮 G，它们是鬼叶毒素的同系物，并表现出抗菌和抗增殖的特性。硅基保护基团也可以有效去除，收率高。然而，保留硅氧醚可能是有利的，因为通过皂化和酰胺偶联可以继续反应得到 **8**。此外，开环产物的内酯化可以合成 **7**，其在倍半萜内酯中发现，如 eudesmanolides。

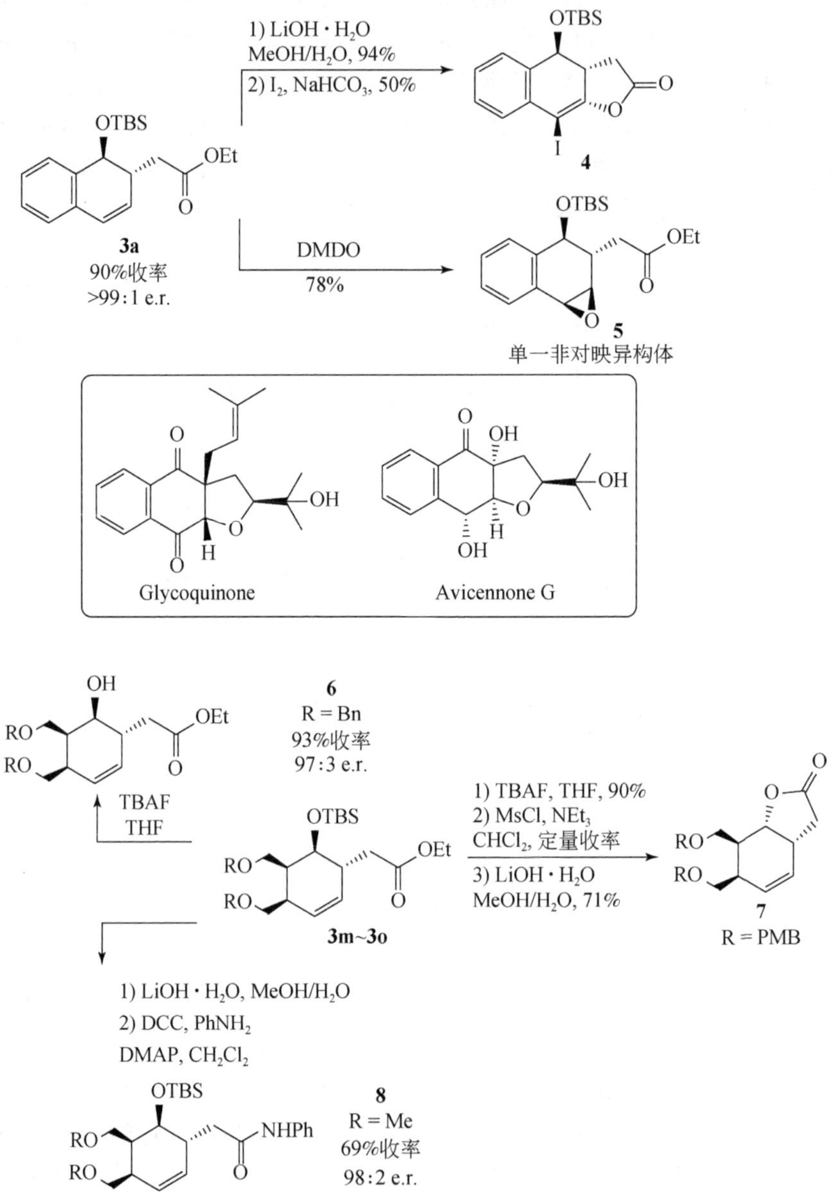

1) $LiOH \cdot H_2O$
$MeOH/H_2O$, 94%
2) I_2, $NaHCO_3$, 50%

OTBS
O
O
I
4

OTBS
OEt
O
3a
90%收率
>99:1 e.r.

DMDO
78%

OTBS
OEt
O
O
5
单一非对映异构体

O
OH
O
O
H
Glycoquinone

O
OH
OH
O
H
OH
Avicennone G

OH
RO
RO
OEt
O

6
R = Bn
93%收率
97:3 e.r.

TBAF
THF

OTBS
RO
RO
OEt
O
3m~3o

1) TBAF, THF, 90%
2) MsCl, NEt_3
$CHCl_3$, 定量收率
3) $LiOH \cdot H_2O$
$MeOH/H_2O$, 71%

O
O
RO
RO
7
R = PMB

1) $LiOH \cdot H_2O$, $MeOH/H_2O$
2) DCC, $PhNH_2$
DMAP, CH_2Cl_2

OTBS
RO
RO
NHPh
O

8
R = Me
69%收率
98:2 e.r.

图 3-8　开环反应产物的进一步转化

3.5　银催化炔烃与氧杂苯并降冰片烯类化合物的加成开环反应

氧杂苯并降冰片烯和末端炔烃之间的反应证明了催化剂在有机合成中的多功能性。通过使用不同的金属配合物作为催化剂，这些反应已经实现了巨大的反应多样性，使产物具有不同的结构。例如，[2+1]、[1，2]、[2+2]、[3-10] 和 [2+2+2] 环加成反应，以及开环反应和氢烷基化反应。尽管已有这些报道的反应，但通过使用新的催化剂来开发苯并苯甲炔和末端炔烃的新催化反应仍然是有趣和有价值的。近年来，本书作者课题组一直致力于研究降冰片二烯衍生物的过渡金属催化的不对称反应，特别是末端炔烃的不对称反应。建立了两种有效的手性铱催化剂，分别用于苯并降冰片烯和末端炔烃的不对称加成反应和不对称 [2+2] 环加成反应。显然，路易斯酸在这些反应的催化过程中发挥了重要作用。值得注意的是，路易斯酸，如 $Fe(OTf)_3$，也已成功用作氧杂苯并降冰片烯衍生物的氢烷基化反应的催化剂。为了更好地理解路易斯酸在这些反应中的作用，有必要探索路易斯酸在苯并降冰片烯与末端炔烃反应中的催化活性。课题组报道了一种 AgOTf 催化的苯并降冰片烯与芳基丙烯的串联异构化反应[6]（图 3-9）。

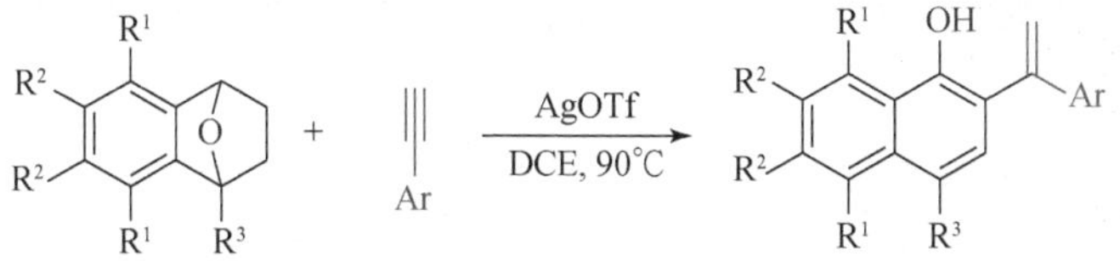

R¹ R² R² R¹ R³ O + Ar AgOTf DCE, 90℃ R¹ OH Ar R² R² R¹ R³

图 3-9　AgOTf 催化的苯并降冰片烯与芳基丙烯的串联异构化反应

最初，课题组选择氧杂苯并降冰片烯 **1b** 在 AgOTf 的催化下与苯乙炔 **2a** 反应。加热搅拌 22h 后，苯乙炔完全被消耗，氢化烷基化产物 **4** 的分离率为 20%。受这一结果的鼓励，采用氧杂苯并降冰片烯 **1b** 作为反应的底物（图 3-10）。有趣的是，生成了 1,1-二芳基乙烯 **3ba**，以及少量的萘酚 **5**，而不是预期的氢化烷基化产物。据观察，在 AgOTf 的催化下，氧杂苯并降冰片烯 **1b** 几乎可以在很短的时间内定量异构化为萘酚 **5**。还观察到，在相同的催化条件下，萘酚 **5** 可以与苯乙炔 **2a** 反应，在 16h 内以 90% 的收率生成氢化产物 **3ba**。因此，可以提出一种银催化氢 **4** 化串联开环异构化作为当前反应历程。

由于在该串联过程中观察到氢芳基化反应是生成 1,1-二芳基乙烯 **3ba** 的速度控制步骤，因此使用萘酚 **5** 和苯乙炔 **2a** 作为标准底物进一步研究了该步骤的催

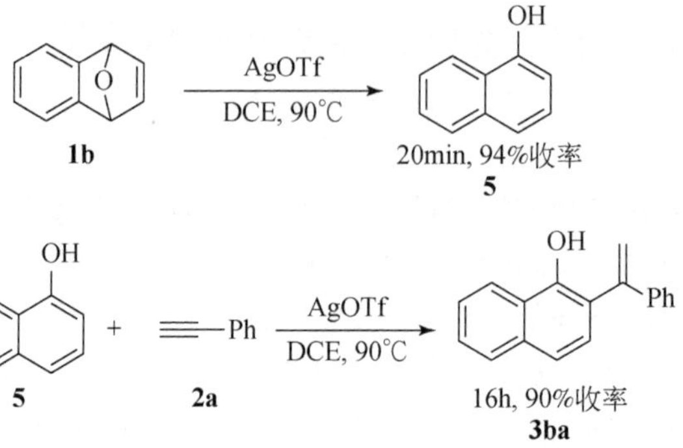

图 3-10　AgOTf 催化的异构化和烯烃氢芳基化反应

化条件。首先，筛选出一系列路易斯酸作为催化剂。观察到 $Zn(OTf)_2$ 和 $Fe(OTf)_2$ 在该反应中无效。$Fe(OTf)_3$ 的催化效果欠佳，经过 42h 的加热和搅拌，得到 **3ba** 的收率仅为 17%。CuOTf 和 $Cu(OTf)_2$ 都可以催化预期反应，后者表现出更高的效率，并以 85% 的收率生成氢芳基化产物。改变银盐的阴离子并没有提高催化剂的效率，AgOTf 被证明是这种转变的最佳催化剂（表 3-14）。

表 3-14　关于萘酚（5）与苯乙炔（2a）加氢芳基化反应中不同路易斯酸催化剂的筛选[a]

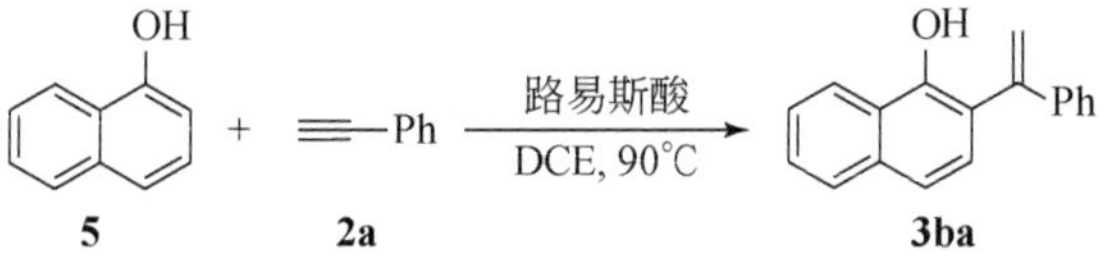

序号	金属催化剂	时间/h	收率/%[b]
1	AgOTf	16	90
2	$Zn(OTf)_2$	24	n. r.
3	$Fe(OTf)_2$	24	n. r.
4	$Fe(OTf)_3$	42	17
5	CuOTf	42	59
6	$Cu(OTf)_2$	28	85
7	$AgSbF_6$	16	<5
8	$AgBF_4$	16	57

a. 试剂和条件：萘酚(**5**；0.2mmol)、芳炔(**2a**；0.4mmol)、金属盐(10mol%)、DCE(2mL)，在回流的条件下进行。b. 分离收率。

为了进一步探讨该方法的适用性，在该银催化串联反应体系中，几种取代的杂乙炔和芳基乙炔被用作底物，结果如表3-15所示。这表明苯基环上取代基的电子特性对反应的收率有明显影响。苯并氮杂炔与苯乙炔反应得到芳基化产物，收率良好。然而，末端炔烃芳环上的供电子基团导致收率较低。末端炔烃芳环上具有吸电子基团的取代基在该串联反应中具有良好的耐受性。应该注意的是，芳环上具有F基团的末端炔烃提供了具有良好收率(83%)的产物。另外，考察了其他几种取代的氧杂苯并降冰片烯衍生物，并证明是合适的。特别是，4-单取代的氧杂苯并降冰片烯也给出了相应的产物，收率为66%。

表3-15　AgOTf催化的氧杂苯并降冰片烯和芳乙炔的串联异构化/加氢芳基化反应[a]

1b~1e + 2a~2e (Ar) —AgOTf, DCE, 90℃→ 3ba~3ee

序号	氧杂苯并降冰片烯	芳基乙炔	时间/h	收率/%[b]
1	1b	2a	72	74
2	1b	2b (Me)	68	25
3	1b	2c (OCF_3)	91	48
4	1b	2d (Br)	72	66
5	1b	2e (F)	48	83
6	1c (Me, Me)	2e (F)	66	62
7	1d (Me)	2e (F)	67	66

续表

序号	氧杂苯并降冰片烯	芳基乙炔	时间/h	收率/%[b]
8	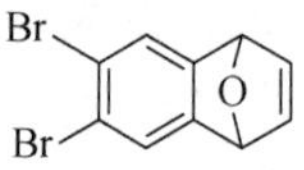 1e	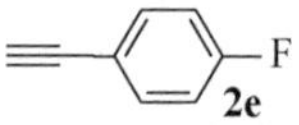 2e	48	38

a. 试剂和条件：氧杂苯并降冰片烯(**1b**～**1e**，0.2mmol)、芳炔(**2a**～**2e**，0.4mmol)、AgOTf(10mol%)、DCE(2mL)。b. 分离收率。

根据文献和相关观察，这种新型串联反应的机理如图3-11所示。催化循环由氧杂苯并降冰片烯与银离子配位引发，生成活性银配合物 **A**，经开环反应得到银醇盐 **B**。随后，中间体 **B** 可能与异构体 **C** 存在互变异构化，异构体 **C** 通过质子消除和随后的阳离子交换从银醇盐 **D** 产生副产物5。然而，随着反应时间的延长，银醇盐 **D** 与芳基丙烯相配位生成络合物 **E**，其通过亲核加成得到中间体 **F**。最后，通过阳离子交换得到串联反应产物 **3ba**。

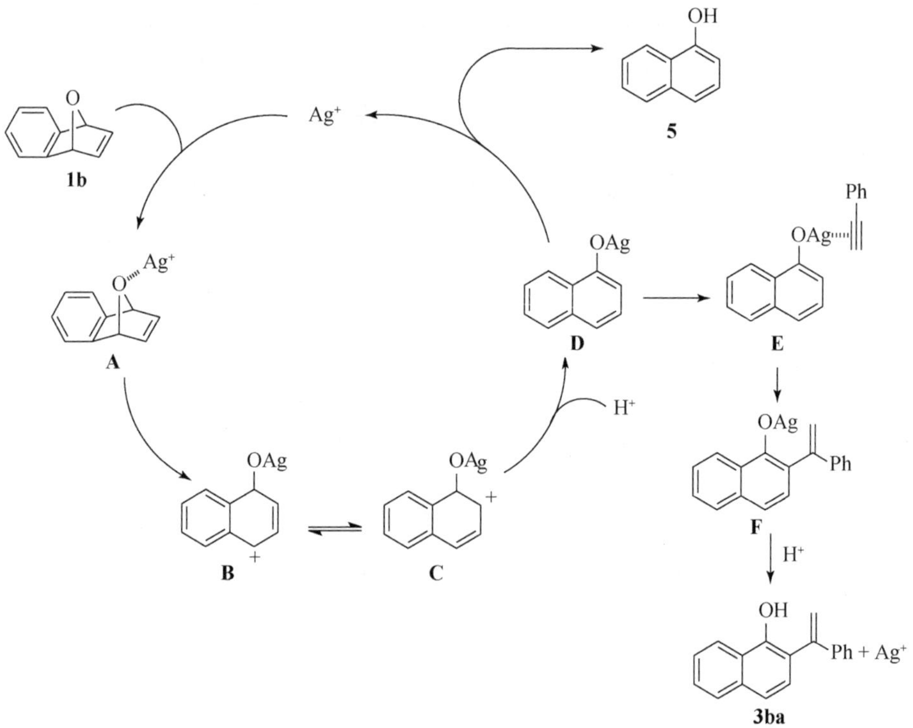

图3-11　AgOTf催化氧杂苯并降冰片烯与芳基乙炔的串联反应机理

3.6　镍催化炔烃与氧杂苯并降冰片烯类化合物的加成开环反应

Cheng 课题组研究了不同的镍催化的氧杂和氮杂苯并苯甲二烯与炔烃的环加成反应(图 3-12)。这些反应对所采用的反应条件和底物高度敏感。以 $Ni(PPh_3)_2Cl_2/PPh_3/Zn$为催化剂，氧杂和氮杂苯并降冰片烯与末端炔烃发生［2+2+2］环加成，得到环己二烯衍生物，以及［2+2］炔烃的环加成，得到外环丁烯衍生物。另外，3-取代的丙酸盐与氧杂苯并降冰片烯的反应在乙腈中 Ni(dppe)Br_2和 Zn 粉末存在下得到苯并香豆素。课题组还报道了一种新的镍催化末端乙炔和氧/氮杂苯并降冰片烯高立体选择性开环反应，以良好至优异的收率获得顺式-2-炔基-1,2-二氢萘衍生物[7]。该加成反应为功能化 1，2-二氢萘衍生物的合成提供了一种简便的方法，具有较高的原子经济性。但催化体系比较复杂，加入过量的锌粉使反应在非均相状态下进行，并给后处理带来麻烦。

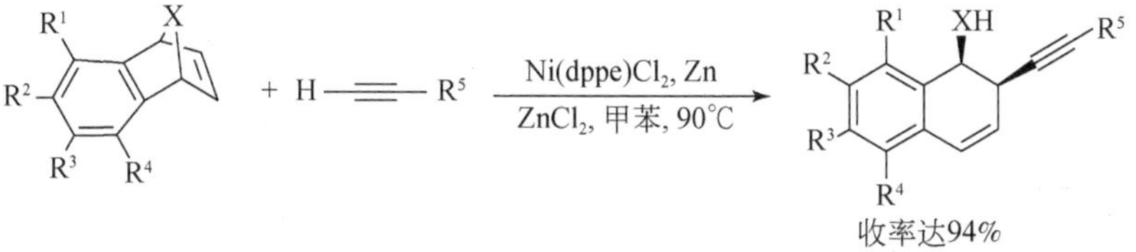

图 3-12　镍催化的芳基乙炔与氧/氮杂苯并降冰片烯的开环反应

将氧杂苯并降冰片烯（1.0mmol）和苯乙炔（2.0mmol）置于 90℃ 甲苯中处理，加入 Ni(dppe)Cl_2和锌粉，得到相应的顺式-2-炔基-1,2-二氢萘-1-醇 **3a**，收率为 54%，以及大量产品 **4a** 和 **4b**，收率分别为 20% 和 4%。添加催化量的 $ZnCl_2$（0.20mL 0.10mol/L 溶液）大大提高了产物 **3a** 的收率（94%），同时产物 **4a** 和 **4b** 的收率降低到 2% 以下。**4a** 和 **4b** 是氧杂苯并降冰片烯与苯乙炔发生［2+2+2］环加成反应的产物。目前的催化反应受所用配体和溶剂的极大影响。Ni(dppp)Br_2提供了高选择性，但产物 **3a** 的收率较低（表 3-16，序号 15）。其他镍配合物要么不能得到所需的产物，要么导致 **3a** 的选择性低。所使用的溶剂对于目前的催化反应至关重要。甲苯似乎是这种催化开环添加物的最佳选择，**3a** 收率为 94%。使用 THF、MeCN 或 DMF 作为溶剂导致 **3a** 的选择性较低，并形成大量［2+2+2］环加成产物（表 3-16）。

表 3-16 催化条件的建立[a]

序号	催化剂	溶剂	路易斯酸	收率/%[b]		
				3a	**4a**	**4b**
1	Zn	甲苯	$ZnCl_2$			
2[c]	Ni(dppe)Cl_2/Zn	甲苯	$ZnCl_2$	54	20	4
3[d]	Ni(dppe)Cl_2	甲苯	$ZnCl_2$	5		
4[e]	Ni(dppe)Cl_2	甲苯	$ZnCl_2$	18		
5	Ni(dppe)Cl_2/Zn	甲苯	$ZnCl_2$	94	2	
6[f]	Ni(dppe)Cl_2/Zn	甲苯	$ZnCl_2$	80		
7	Ni(PPh_3)$_2$$Br_2$/Zn	甲苯	$ZnCl_2$	8	39	10
8[g]	Ni(PPh_3)$_2$$Br_2$/Zn/$PPh_3$	甲苯	$ZnCl_2$		64	16
9	Ni(dppe)Cl_2/Zn	THF	$ZnCl_2$	28	39	17
10	Ni(dppe)Cl_2/Zn	MeCN	$ZnCl_2$	23	12	3
11	Ni(dppe)Cl_2/Zn	DMF	$ZnCl_2$	24	13	5
12	Ni(bipy)Cl_2/Zn	甲苯	$ZnCl_2$			
13	Ni(dppm)Br_2/Zn	甲苯	$ZnCl_2$	16	11	5
14	Ni(dppe)Br_2/Zn	甲苯	$ZnCl_2$	90		
15	Ni(dppp)Br_2/Zn	甲苯	$ZnCl_2$	52		
16	Ni(dppb)Br_2/Zn	甲苯	$ZnCl_2$	25	14	4
17	Ni(dppe)Cl_2/Zn	甲苯	ZnI_2	74		

a. 除特殊说明外，所有反应均使用镍络合物（0.05mmol）、锌（2.75mmol）和 $ZnCl_2$（0.20mL 0.100mol/L THF 溶液）、7-氧杂苯并降冰片烯或 7-氮杂苯并降冰片烯（**1**）(1.00mmol)，苯乙炔（**2**）(2.00mmol）及溶剂（5.0mL）在 90℃下，并且处于 N_2 氛围中进行 16h。b. 使用均三甲苯作为内标，通过 ^{1}H NMR 测定收率。c. 未使用 $ZnCl_2$。d. 5.0mol% Ni 催化剂用于反应。e. 使用 20mol% Ni 催化剂。f. 使用的金属锌为 0.200mmol。g. 额外 PPh_3（0.80mmol）。

在当前反应条件下，开环加成反应可以扩展到各种脂肪族和芳香族末端乙炔；结果总结在表 3-17 中。**1a** 与 **2b**～**2i** 顺利反应，其中 R^5 分别为 4-甲苯基、1-萘基、环己烯基、正戊基、正丁基、正丙基、叔丁基、三甲基硅基和三苯基硅基，得到相应的顺式-2-炔基-1,2-二氢萘衍生物 **3b**～**3j**，收率为 44%～94%。以同样的方式，取代的 7-氧杂苯并降冰片烯 **1b** 分别与苯乙炔 **2a** 和 1-庚 **2e** 反应，得到相应的开环产物 **3k** 和 **3l**，收率分别为 74% 和 63%。开环加成可进一步应用于 **1c** 与末端乙炔 **2e** 的反应，得到顺式-2-炔基-1,2-二氢三苯，收率为 81%。与 7-氧杂苯并降冰片烯相似，7-氮杂苯并降冰片烯 **1e** 在甲苯中 Ni(dppe)Cl_2、Zn 粉末和 $ZnCl_2$，90℃下与末端乙炔 **2a**、**2b** 和 **2e** 发生加成反应，得到顺式-2-炔基-1,2-二氢萘基氨基甲酸酯衍生物 **3n**～**3p**，收率分别为 92%、85% 和 69%。

表 3-17 底物适用性拓展[a]

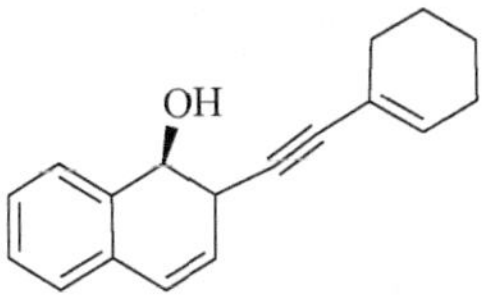

序号	烯烃(1)	炔烃(2)	时间/h	3 收率/%[b]
1	**1a**	**2a**	16	**3a** 86(94)
2[c]	**1a**	**2b**	16	**3b** 80(89)
3	**1a**	**2c**	16	**3c** 55(60)
4	**1a**	**2d**	24	**3d** 63(75)
5	**1a**	**2e**	30	**3e** 61(68)
6	**1a**	**2f**	30	**3f** 59(65)
7	**1a**	**2g**	30	**3g** 50(60)
8	**1a**	**2h**	28	**3h** 64(69)
9	**1a**	**2i**	24	**3i** 41(46)
10	**1a**	**2j**	24	**3j**(44)
11	**1b**	**2a**	16	**3k** 62(74)
12	**1b**	**2e**	28	**3l** 59(63)
13	**1c**	**2e**	28	**3m** 70(81)
14	**1d**	**2a**	16	**3n** 81(92)
15	**1d**	**2b**	16	**3o** 80(85)
16	**1d**	**2e**	24	**3p** 53(69)

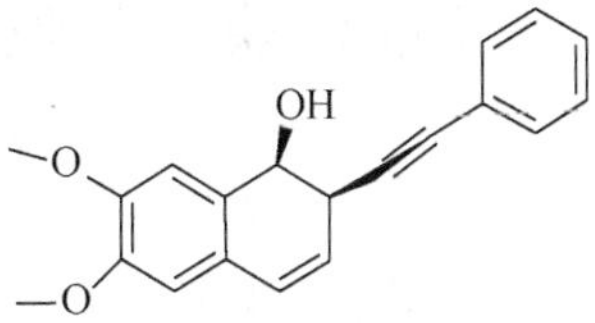

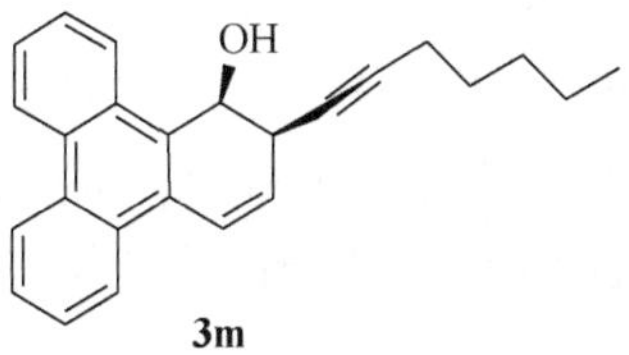

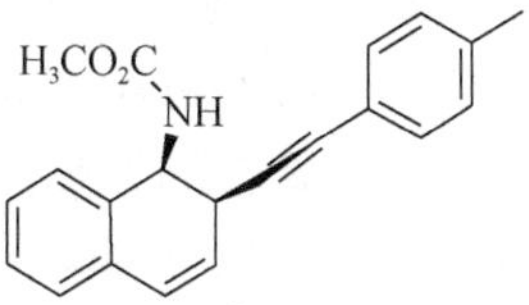

a. 除非另有说明，所有反应均使用 Ni(dppe)Cl_2（0.05mmol）、锌（2.75mmol）和 $ZnCl_2$（0.20mL 0.10mol/L THF 溶液）、7-氧杂苯并降冰片烯或 7-氮杂苯并降冰片烯（**1**）(1.00mmol)，末端乙炔（**2**）（2.00mmol）及甲苯（5.0mL）在90℃下，并在 N_2 氛围中进行，时间如表中所示。b. 括号外为分离收率；括号内为使用均三甲苯作为内标，通过 ^1H NMR 测定所得收率。c. 催化剂用量加倍。

3.7 钌催化炔烃与氮/氧杂苯并降冰片烯类化合物的环加成不对称开环反应

手性环戊二烯基（Cp*）配体在过渡金属对映选择性催化中具有很大的应用潜力。然而，这种配体的简明和实用路线的发展仍处于初级阶段。Cramer 课题组提出了一种方便、高效的两步合成新型手性 Cp* 配体的方法，该配体具有可调的空间结构，可用于络合，得到 Cp* Rh、Cp* Ir 和 Cp* Ru 配合物[5]。这类配体及其配合物在氮杂苯并降冰片烯的对映选择性环化反应中显示了潜力，可生成高达 98 : 2e. r. 的二氢苯并吲哚，明显优于现有的双萘衍生的 Cp* 配体（表 3-18）。

表 3-18 反应条件的优化

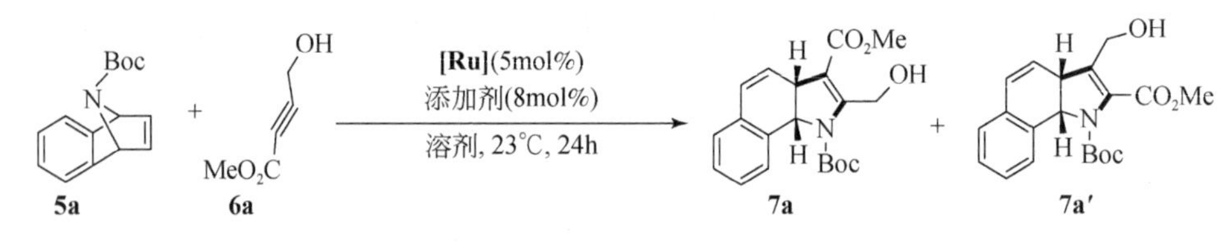

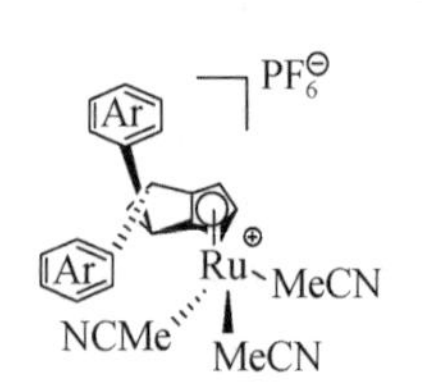

Ru1：Ar=Ph
Ru2：Ar=3,5-Me2-C6H3
Ru3：Ar=2-Me-C6H4
Ru4：Ar=2-MeO-C6H4
Ru5：Ar=4-Ph-C6H4
Ru6：Ar=4-MeO-C6H4
Ru7：Ar=4-iPr-C6H4

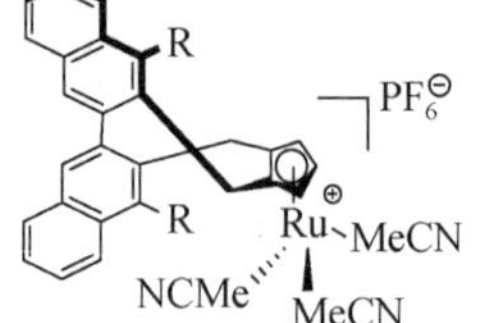

Ru8：R = MeO
Ru9：R = Ph

序号	[Ru]	添加剂	溶剂	7a/7a′[a]	收率/%[b]	e. r.[c]
1	**Ru1**	无	THF	—	6	64 : 36
2	**Ru1**	Bu_4NCl	THF	>15 : 1	63	90 : 10
3	**Ru1**	Bu_4NBr	THF	>20 : 1	63	95 : 5
4	**Ru1**	Bu_4NI	THF	>20 : 1	78	97.5 : 2.5
5	**Ru1**	Bu_4NI	Et_2O	>20 : 1	68	95.5 : 4.5
6	**Ru1**	Bu_4NI	DCM	15 : 1	36	90 : 10
7	**Ru1**	Bu_4NI	PhMe	>20 : 1	26	91 : 9
8	**Ru1**	Bu_4NI	MeCN	18 : 1	65	91.5 : 8.5
9	**Ru8**	Bu_4NI	THF	>20 : 1	21	60 : 40
10	**Ru9**	Bu_4NI	THF	>20 : 1	53	93 : 7

续表

序号	[**Ru**]	添加剂	溶剂	**7a/7a′**[a]	收率/%[b]	e. r.[c]
11	**Ru2**	Bu_4NI	THF	>20 : 1	46	90 : 10
12	**Ru3**	Bu_4NI	THF	>20 : 1	69	96 : 4
13	**Ru4**	Bu_4NI	THF	>20 : 1	74	92. 5 : 7. 5
14	**Ru5**	Bu_4NI	THF	8. 2 : 1	70	94. 5 : 5. 5
15	**Ru6**	Bu_4NI	THF	8. 0 : 1	76	96. 5 : 3. 5
16	**Ru7**	Bu_4NI	THF	>20 : 1	33	90. 5 : 9. 5

a. 通过核磁测定。b. 分离收率。c. 通过手性高效液相色谱测定。

Cp* 配体很容易从广泛存在的环戊二烯和肉桂醛中合成，如图 3-13 所示。受 Hayashi 及其同事研究成果的启发，通过不饱和醛与环戊二烯的有机催化烯型反应和分子内缩合，制备了手性环戊烷 **1a** ~ **1g**，具有优良的对映选择性[(98 : 1) ~ (99 : 1) e. r.]。随后芳基锂的非对映选择性加成产生了 **2a** ~ **2g** 作为烯烃异构体。

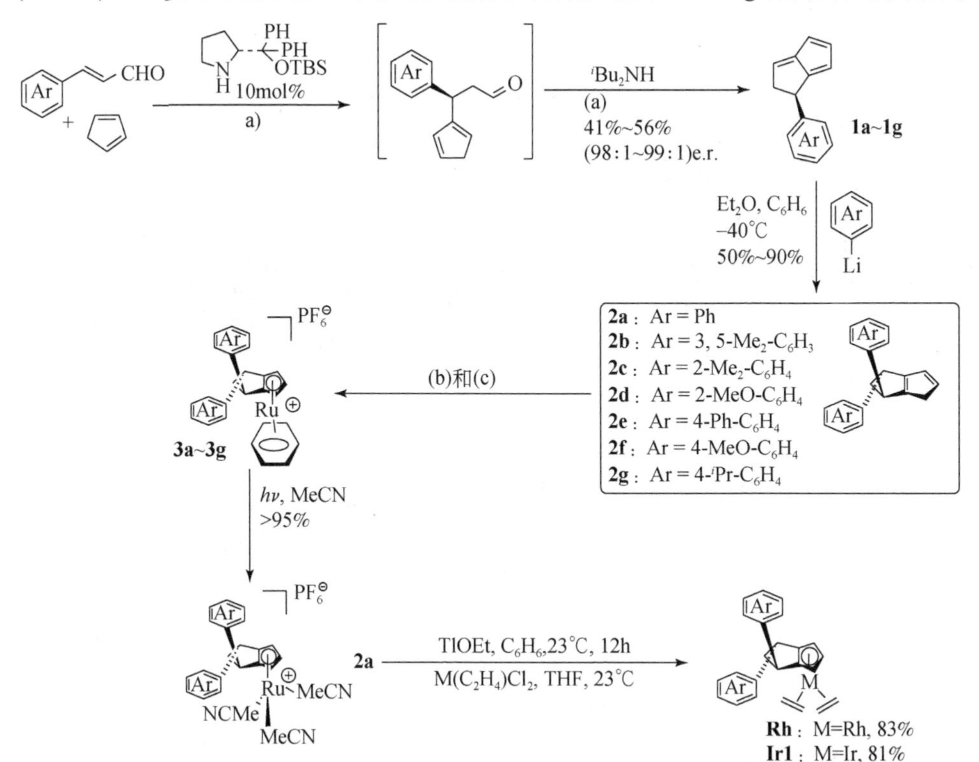

图 3-13　Cp* 的合成步骤

TlOEt 介导的 Ru(C_6H_6) Cl_2 的络合，以及与 $AgPF_6$ 的阳离子交换得到在空气和水分中稳定的络合物 **3**，在乙腈中通过光解反应得到阳离子型 Cp^* Ru 催化剂 **Ru1** ~ **Ru7**。

在优化条件下，课题组下一步探索了环化反应的底物范围（图 3-14）。研究结果表明，各种各样的炔烃都有很好的耐受性，得到二氢苯并吲哚收率较好，区域和对映选择性优良（高达 20 : 1 和 98 : 2e. r. ）。该催化体系具有良好的官能团耐受性。例如，采用不同的酯取代基，可获得预期的合成产物，收率最高可达 20 : 1 和 97. 5 : 2. 5e. r. 。由不同烷基、烯丙基、芳基取代的炔烃，以及含羟基、醚基、硅醚基、碳酸酯基、磷酸盐、氰基等官能团取代的炔烃均顺利转化为相应的产物，其对映选择性在（92 : 8）~（98 : 2） e. r. 之间。值得注意的是，含有烷基氯化物或烷基碘化物的底物也适用于这种转化，以高水平的不对称诱导平稳地得到产物。此外，含有羧基的底物具有良好的耐受性，并保持了反应特性。为了评估该工艺的实用性，在 10 倍的规模下，用 2. 5mol% 的催化剂负载，反应 7h，具有相同的选择性和相当的收率。

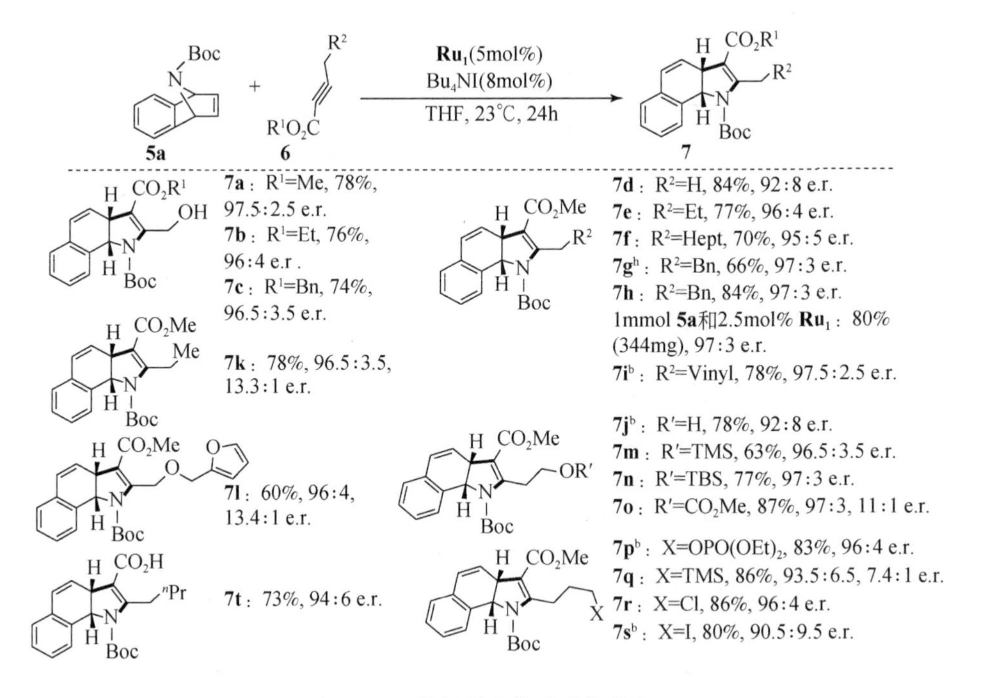

图 3-14　炔烃类底物耐受性考察

在 50℃ 的反应温度下探索了氮杂苯并降冰片烯的适用范围（图 3-15）。该催化体系可以适用于各种底物，包括芳基上带有电子中性取代基、给电子取代基或吸电子取代基。用 *N*-羧甲基或 *N*-Cbz 取代 *N*-Boc 基团，得到的二氢苯并吲哚具有良好的对映选择性。值得注意的是，氨基甲酸的氧原子与铑中心的配位不是这种转变的必要条件，这与以前的观察结果相反。

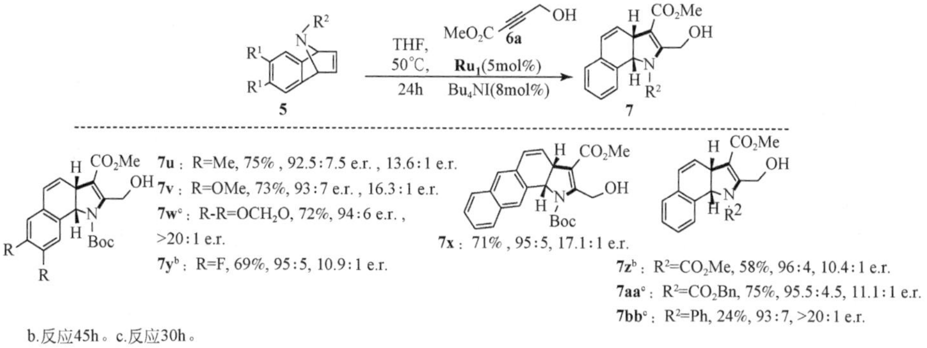

THF, 50°C, 24h; MeO_2C–C≡C–CH_2OH **6a**, **Ru$_1$**(5mol%), Bu_4NI(8mol%); **5** → **7**

7u：R=Me, 75%, 92.5:7.5 e.r., 13.6:1 e.r.
7v：R=OMe, 73%, 93:7 e.r., 16.3:1 e.r.
7w^c：R-R=OCH_2O, 72%, 94:6 e.r., >20:1 e.r.
7y^b：R=F, 69%, 95:5, 10.9:1 e.r.
7x：71%, 95:5, 17.1:1 e.r.
7z^b：R^2=CO_2Me, 58%, 96:4, 10.4:1 e.r.
7aa^c：R^2=CO_2Bn, 75%, 95.5:4.5, 11.1:1 e.r.
7bb^c：R^2=Ph, 24%, 93:7, >20:1 e.r.

b.反应45h。c.反应30h。

图 3-15　氮杂苯并降冰片烯的适用范围探索

对于这种转化，课题组提出了两种可能的机理途径（图 3-16）。根据 Tam 和 Tenaglia 及其同事的建议，该反应可能是由炔烃和烯烃与钌中心的配位引发的（途径 1）。随后的区域和对映体氧化环化构建了钌环戊烯 **B**。然后可以进行 β-N 消除，产生物种 **E**。还原消除形成 C—N 键并释放产物，关闭催化循环。

相反，Mu、Chass 及其同事最近的一项计算研究提出了另一种可能的途径（途径 2）。在最初的氧化环化过程中，还原消除将产生［2+2］产物 **C**。将钌催化剂的区域选择性氧化插入 C—N 键将产生 **D**。研究者独立制备了环丁烯 **10**，并将其置于当前反应条件中，并未发现产物 **7j**，只回收到未反应的起始物料 **10**。这表明途径 2 可能是错误的，**B** 直接转化为 **E**。在氧化环化步骤中产生 **B** 的区域化学结果可能是由于将酯基置于远离钌中心的结果。

Tam 课题组最近研究了涉及氧杂苯并降冰片烯的钌催化反应的不同方面，发现根据反应条件，可以获得几种产物[8]。例如，当在钌催化剂 Cp*Ru(COD)Cl 存在下用炔烃处理氧杂苯并降冰片烯 **1** 时，观察到［2+2］环加成，并生成环丁烯环加成产物 **2**。当氧杂苯并降冰片烯 **1** 在中性钌催化剂 Cp*Ru(COD)Cl 存在下，在 MeOH 中或使用阳离子钌催化剂用炔丙醇 **7** 处理时，形成异构体 **3**。然而，如果在 THF 中用 Cp*Ru(COD)Cl 催化 **1** 和 **7** 进行相同的反应，则产生环丙烷 **4**。最近，我们观察到在没有炔烃的情况下，Cp*Ru(COD)Cl 催化 **1** 异构化为相应的萘氧化物 **5** 或萘酚 **6**，如图 3-17 所示。

当课题组尝试使用氮杂苯并降冰片烯扩大上述反应的范围时，获得了意想不到的结果。当氮杂苯并降冰片烯 **8a** 在存在 Cp*Ru(COD)Cl（5mol%）的 THF 中

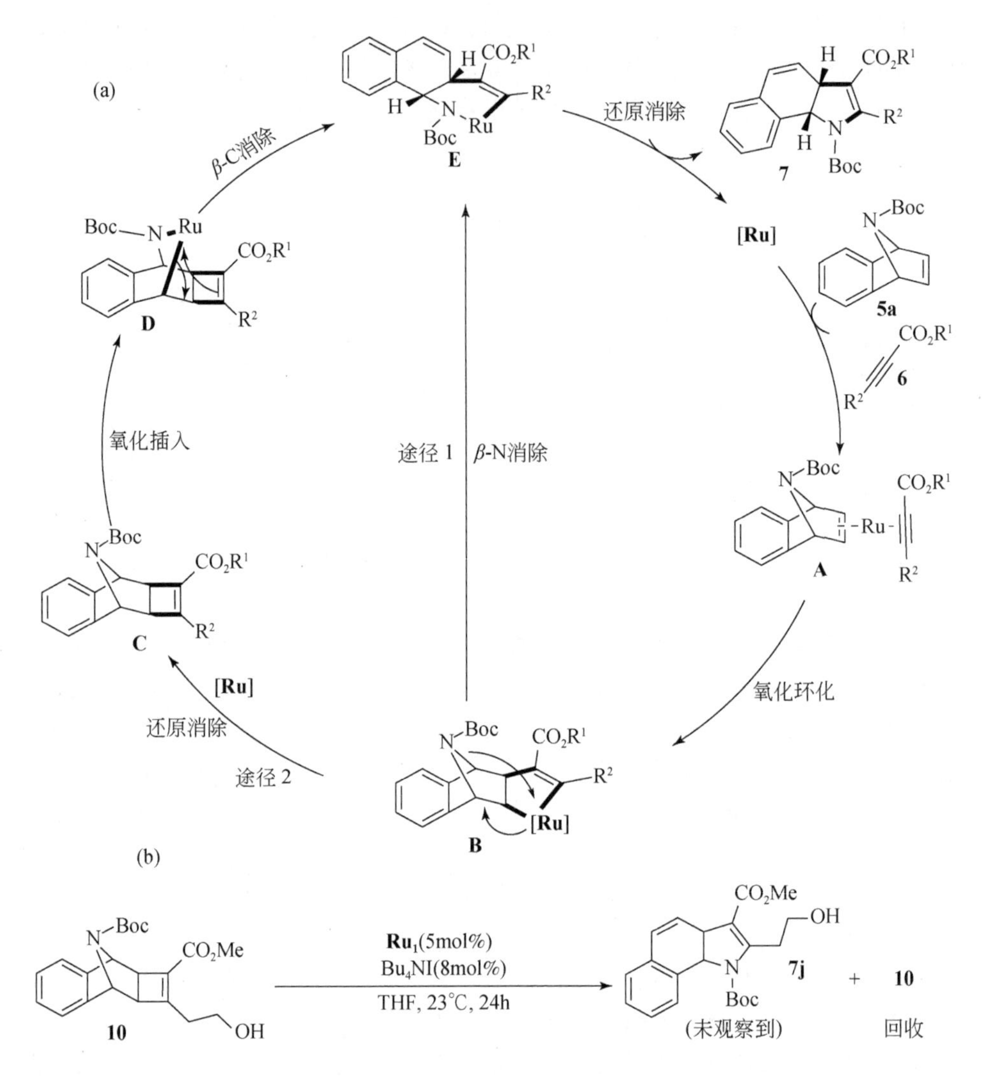

图 3-16　可能的反应机理

时，预计会生成［2+2］环加成产物体 **11a**，然而，得到意外环合产物 **10**，并且没有检测到［2+2］环加成产物 **11a**。这个意想不到的结果非常有趣和令人兴奋，因为这种反应为苯并吲哚骨架的构建提供了一种新颖且非常有效的方法，苯并吲哚骨架存在于许多生物学上重要的化合物中，并且通常需要多步合成才能得到这样的环系统。在这项工作中，报道了关于这种前所未有的钌（Ⅱ）催化的氮杂苯并降冰片烯与炔烃的环合形成二氢苯并［*g*］吲哚骨架的初步结果（表 3-19）。

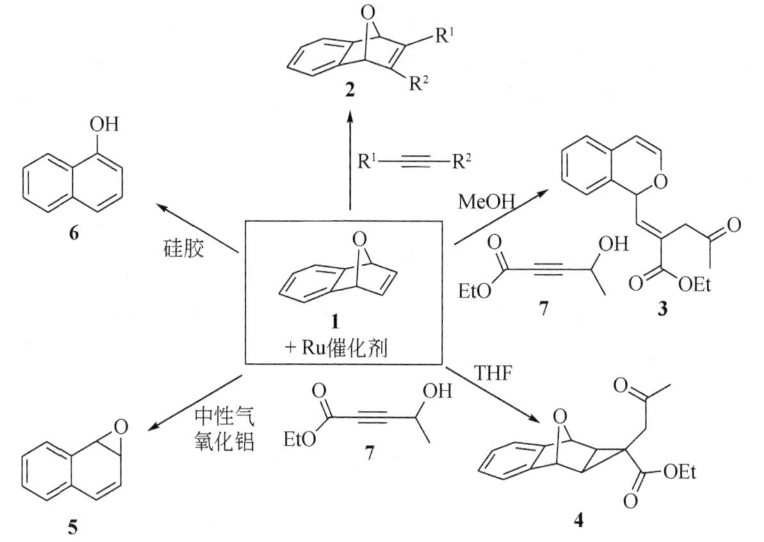

图 3-17　钌催化的氧杂苯并降冰片二烯氧化反应

表 3-19　钌催化氮杂苯并降冰片烯与炔烃的环化反应

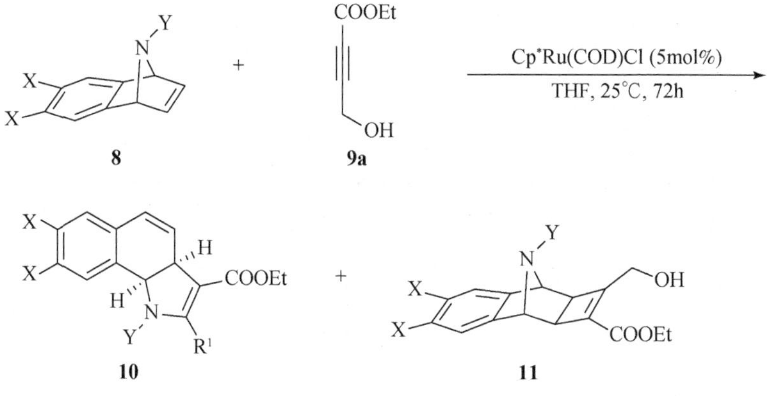

序号	8	Y	X	收率/% [a]	
				10	**11**
1	**8a**	Boc	H	78（**10a**）	0
2	**8b**	Boc	Br	59（**10b**）	0
3	**8c**	COOMe	H	77（**10c**）	0
4	**8d**	COOBn	H	80（**10d**）	0
5	**8e**	C（O）*t*-Bu	H	0	82（**11e**）
6	**8f**	Ts	H	0	微量

a. 柱层析后的分离收率。

课题组进一步研究了钌催化的氮杂苯并降冰片烯 **8a** 与几种不同炔烃的环化反应。先例文献表明，改变某些过渡金属催化剂上的卤化物可以调节其活性和/或选择性。对于炔烃 **9a**，使用 Cp* Ru(COD)Cl 和 Cp* Ru(COD)Br，使二氢苯并［*g*］吲哚 **10a** 作为单一的立体异构体，收率相当。然而，Cp* Ru(COD)I 完全不活跃，只有起始原料被回收。有趣的是，使用阳离子钌（Ⅱ）催化剂得到了化合物 **10a**。而将二氢苯并［*g*］吲哚 **10a** 重新置于反应条件下仅得到 **10a**。对于炔烃 **9b** 和 **9c**（没有炔丙基醇基），当使用 Cp* Ru(COD)Cl 和 Cp* Ru(COD)Br 时，形成二氢苯并［*g*］吲哚 **10** 和［2+2］环加成产物 **11** 的混合物。炔烃 **9d** 和 **9e** 的反应性均低于炔烃 **9a** ~ **9c**，并且无论使用哪种催化剂，反应均未完成（表 3-20）。

表 3-20　Ru 催化的氮杂苯并降冰片烯 8a 与炔烃 9a ~ 9f 的环化反应

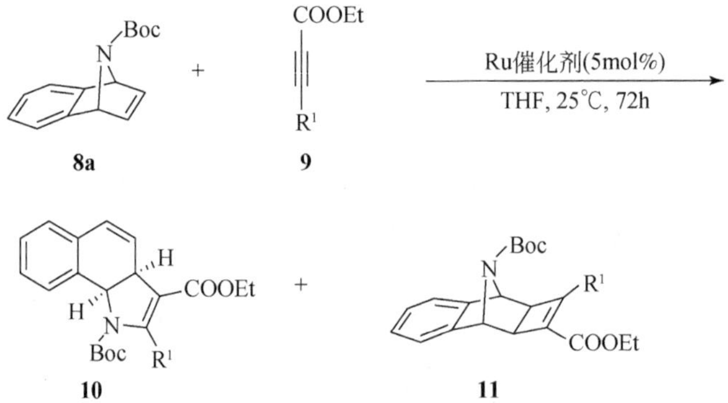

序号	9	R^1	钌催化剂	收率/%[a]	
				10	**11**
1	**9a**	CH_2OH	Cp* Ru(COD)Cl	78	0
2			Cp* Ru(COD)Br	77	0
3			Cp* Ru(COD)I	0[c]	0
4[b]			[Cp* Ru(CH_3CN)$_3$]PF_6	0[d]	0
5	**9b**	Me	Cp* Ru(COD)Cl	35	56
6			Cp* Ru(COD)Br	28	60
7			Cp* Ru(COD)I	0[c]	0
8[b]			[Cp* Ru(CH_3CN)$_3$]PF_6	82[e]	0
9	**9c**	*n*-Bu	Cp* Ru(COD)Cl	32	62
10[b]			Cp* Ru(COD)Cl	19	75
11[b]			[Cp* Ru(CH_3CN)$_3$]PF_6	81[f]	0
12	**9d**	CH_2OTBS	Cp* Ru(COD)Cl	10[g]	0

续表

序号	9	R^1	钌催化剂	收率/%[a]	
				10	**11**
13[b]			$[Cp^*Ru(CH_3CN)_3]PF_6$	35[h,g]	0
14	**9e**	CH_2CH_2OTBS	$Cp^*Ru(COD)Cl$	15[g]	25
15[b]			$[Cp^*Ru(CH_3CN)_3]PF_6$	40[i,g]	0
16	**9f**	CH_2CH_2OH	$Cp^*Ru(COD)Cl$	22	75
17[b]			$[Cp^*Ru(CH_3CN)_3]PF_6$	36[j,k]	29

a. 柱层析后的分离收率。b. 反应在65℃下进行，因为在25℃下观察到很少反应。c. 未观察到反应，仅回收起始原料。d. 生成46%的化合物**10a″**。e. 两种区域异构体的8∶1混合物。f. 两种区域异构体的7∶1混合物。g. 反应未完成，回收了起始原料。h. 两种区域异构体的4∶1混合物。i. 两种区域异构体的6∶1混合物。j. 36%的内酯化产物**10f′**被分离为主要产物而不是**10f**。k. 两种区域异构体的5∶1混合物。

10a″　　**10f′**

课题组为当前二氢苯并［*g*］吲哚**10**的形成设计了一种合理的机理。在氮杂苯并降冰片烯和炔烃与钌催化剂配位后，氧化环合将得到戊烯中间体**A**。**A**的还原消除将得到相应的［2+2］环加成产物**11**。在之前对炔烃的［2+2］环加成的冰片烯与不对称炔烃的研究中已经证明，当炔烃上的一个取代基是酯时，通常在氧化环合步骤中形成的第一个碳-碳键在双环烯烃和连接到酯上的炔基碳（而不是连接到R^1基团的炔基碳）之间。这可以用二氢苯并［*g*］吲哚**10**的化学性质解释，其中R^1基团与二氢吲哚环中的氮相邻。

氧/氮杂苯并降冰片烯的过渡金属催化的烷基开环反应是获得2-取代-1，2-二氢萘酚的有效途径，这是由一个C—O键的裂解引起的。Tenaglia等在研究钌催化的环加成过程中，对氧杂苯并降冰片烯与炔烃的催化反应的发展很感兴趣，特别是那些炔烃可能插入C—O键以形成环膨胀的双环化合物的反应。2011年，该课题组报道了一种原子经济型钌催化的氧杂苯并降冰片烯与炔烃的［2+1］立体选择性环化反应[9]，如图3-18所示。

他们研究了各种炔烃在这种不寻常的偶联反应中的效果，总结了炔烃取代对反应的影响，如表3-21所示。对称炔烃如丁-2-炔-1,4-二醇**2g**和相应的双醚**2b**～**2e**或混合双碳酸盐**2f**转化为预期的产物**3**，作为单一非对映异构体，收率高（表3-21，序号2～7）。反应尽可能在60℃下进行，以防止**1a**至1-萘酚的竞

1a
2
R¹—≡—R²
a
b, R²= H
c, R²= CO₂Me(Et)
OH
R¹
R²
O

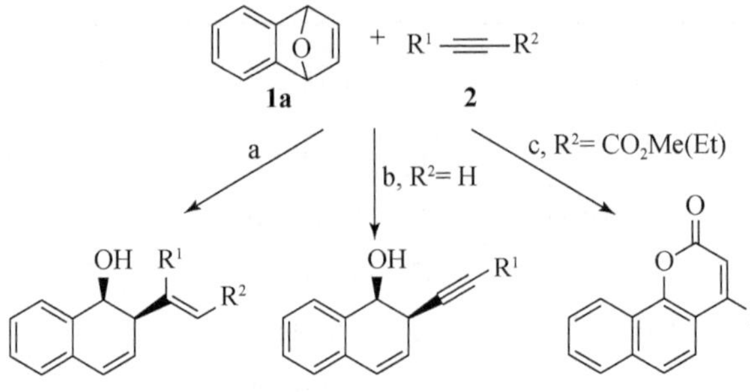

图 3-18　钌催化的氧杂苯并降冰片烯与炔烃的［2+1］立体选择性环化反应

争性异构化。不对称炔烃，如炔丙基醇、**2i** 或乙醚 **2j** 具有优异的区域选择性和立体选择性，2h 分别得到所需的产物 **3h**、**3i** 和 **3j**。炔丙基醇处的氧原子在影响反应途径方面起决定性作用；在氧取代基存在下，有利于通向 **3** 的途径。例如，已-3-炔（**2k**）导致产物 **3** 收率仅为 18%，并生成［2+2］环加成产物 **4**（21%）和难处理的副产物混合物，二苯乙炔仅得到［2+2］环加成产物 **5**，收率为 98%。

表 3-21　炔烃类底物适用性拓展[a]

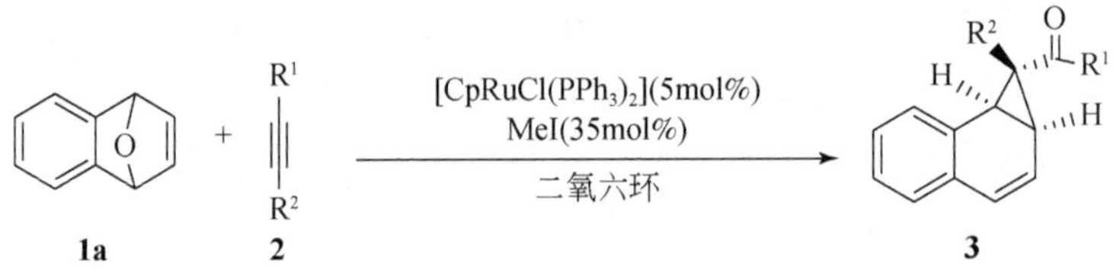

[CpRuCl(PPh3)2](5mol%)
MeI(35mol%)
二氧六环
1a
2
3

序号	炔烃	温度/℃	时间/h	产物	收率/%[b]
1	**2a**R^1，$R^2=CH_2OAc$	60	24	**3a**	49
2	**2b**R^1，$R^2=CH_2OMe$	60	24	**3b**	60
3	**2c**R^1，$R^2=CH_2OMOM$	60	24	**3c**	63
4	**2d**R^1，$R^2=CH_2OBn$	60	48	**3d**	60
5	**2e**R^1，$R^2=CH_2OTBDMS$	60	62	**3e**[c]	30（77）
6	**2f**R^1，$R^2=CH_2OCO_2Me$	60	14	**3f**	81
7	**2g**R^1，$R^2=CH_2OH$	60	24	**3g**	94
8	**2h**$R^1=Me$，$R^2=CH_2OH$	90	2. 5	**3h**	30
9	**2i**$R^1=Bu$，$R^2=CH_2OH$	60	48	**3i**[d]	57

续表

序号	炔烃	温度/℃	时间/h	产物	收率/%[b]
10	**2j**R^1 = Bu，R^2 = CH_2OBn	60	32	**3j**	46
11	**2k**R^1，R^2 = Et	90	60	**3k**	18

a. 反应条件：**1a**∶**2**∶$CpRuCl(PPh_3)_2$∶MeI(0.5∶0.5∶0.025∶0.175，摩尔比)，二氧六环(4mL)。b. 收率经分离后计算，括号中的收率以回收得到炔烃的量计算。c. 形成66%的1-萘酚。d. 形成15%的1-萘酚。

注：Bn代表苄基，MOM代表甲氧基甲基，TBDMS代表叔丁基二甲基甲硅烷基。

3.8 结　　语

烯烃/炔烃分子内含有碳碳不饱和键，这使得其与氮/氧杂苯并降冰片烯类化合物的环加成反应成为可能，该类反应为构筑复杂多环化合物，特别是环张力较高的四元碳环化合物提供了有效方法。此外，末端炔烃与氮/氧杂苯并降冰片烯类化合物的加成开环反应生成了含有炔基的复杂多环化合物，为开发相关含有炔基的活性小分子提供了化学方法。

参考文献

[1] Chen J C, Liu S S, Zhou Y Y, et al. Palladium/silver-cocatalyzed tandem reactions of oxabenzonorbornadienes with substituted arylacetylenes: a simple method for the preparation of 1, 2-diarylethanones and 1, 2-diarylacetylenes. Organometallics, 2015, 34: 4318-4322.

[2] Nishimura T, Tsurumaki E, Kawamoto T, et al. Rhodium-catalyzed asymmetric ring-opening alkynylation of azabenzonorbornadienes. Org Lett, 2008, 10: 4057-4060.

[3] Liu S S, Li S F, Chen H L, et al. Asymmetric alkynylative ring opening reaction of oxabenzonorbornadienes promoted by palladium/silver cocatalytic system. Adv Syn Catal, 2014, 356: 2960-2964.

[4] Zhang L, Le C M, Lautens M. The use of silyl ketene acetals and enol ethers in the catalytic enantioselective alkylative ring opening of oxa/aza bicyclic alkenes. Angew Chem Int Ed, 2014, 53: 5931-5934.

[5] Wang S G, Park S H, Cramer A N. Readily accessible class of chiral Cp ligands and their application in Ru^{II}-catalyzed enantioselective syntheses of dihydrobenzoindoles. Angew Chem Int Ed, 2018, 57: S5459-5462.

[6] Zhou Y Y, Liu S S, Chen H L, et al. AgOTf-catalyzed tandem reaction of oxabenzonorbornadienes with arylacetylenes. Chin J Chem, 2015, 33: 1115-1118.

[7] Rayabarapu D K, Chiou C F, Cheng C H. Highly stereoselective ring-opening addition of terminal acetylenes to bicyclic olefins catalyzed by nickel complexes. Org Lett, 2002, 4:

1679-1682.

[8] Burton R R, Tam W. Ruthenium (Ⅱ)-catalyzed cyclization of azabenzonorbornadienes with alkynes. Org Lett, 2007, 9: 3287-3290.

[9] Tenaglia A, Marc S, Giordano L, et al. Ruthenium-catalyzed coupling of oxabenzonorbornadienes with alkynes bearing a propargylic oxygen atom: access to stereodefined benzonorcaradienes. Angew Chem Int Ed, 2011, 50: 9062-9065.

第4章　基于碳氢键活化的氧/氮杂苯并降冰片烯类化合物的开环反应

4.1 引　　言

有机合成化学在医药工业及材料科学等领域有广泛的应用，金属有机化学作为有机合成化学的基石之一，为国民生产及社会进步作出了重要的贡献。近几十年来，过渡金属催化的交叉偶联反应一直是有机合成化学的研究热点，广泛应用于构筑碳-碳键和碳-杂原子键[1]。钯催化的交叉偶联反应对构筑碳-碳键和碳-杂原子键的贡献最大，至今已涌现出众多人名反应，如 Negishi 反应[2]、Suzuki 反应[3]、Buckwald-Hartwig 反应[4]、Heck 反应[5]、Sonogashira 反应[6]及 Stille 反应[7]等，并已被广泛应用于工业生产中。虽然这些经典人名反应在合成界已经发挥了十分重要的作用，但是仍然存在一定的局限性，如需要对底物进行预官能团化，这不仅增加了合成的步骤和工作量，还会产生各种副产物，不符合原子经济性原则，而且副产物还会对环境造成污染，与绿色化学理念相悖。因此，寻找一种不需要多步合成工艺、反应更加符合绿色环保和原子经济理念的合成方法显得十分重要。

碳-氢键在有机化合物中广泛存在，直接使用碳-氢键作为潜在官能团避免了底物的预官能团化，这可减少反应步数，从而使得反应效率更高，更符合绿色环保的理念，如图4-1所示。因此碳-氢活化反应的研究对于提高有机化合物的合成效率、原子利用率及减少副产物对环境的污染十分重要。高效、普适、绿色的碳-氢活化反应方法学的研究得到了有机化学家的广泛关注。

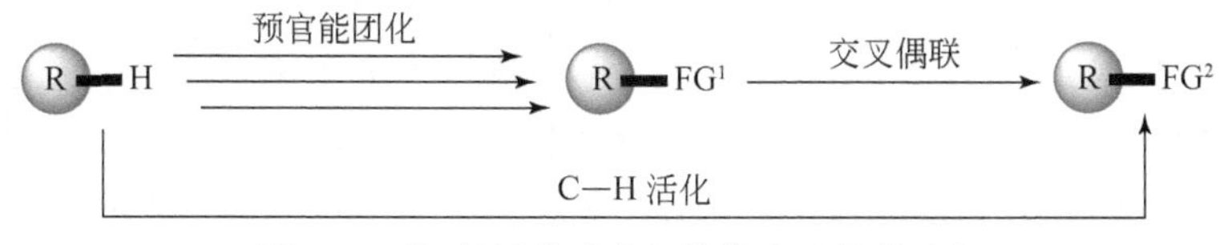

图4-1　碳-氢活化反应与传统交叉偶联反应

碳-氢键具有键能高、极性小的特点，在常规反应条件下表现为惰性。碳-氢活化即在一定条件下使碳-氢键活性增强，进而用于构建其他含碳化学键。直接活化碳-氢键构筑碳-碳键和碳-杂原子键主要面临着两大难题：①碳-氢键的键能通常都非常高，所以大多数的碳-氢键反应活性都较低；②有机化合物结构中碳-氢键的种类通常都比较多，因此选择性地活化某一特定的碳-氢键难度很大。为了解决这两大难题，有机化学家们发展了导向基导向的碳-氢键活化反应（图4-2），即在底物中引入一个具有配位作用的官能团，通过该基团与过渡金属（TM）进行配位，从而实现特定位置的碳-氢键活化[8]。

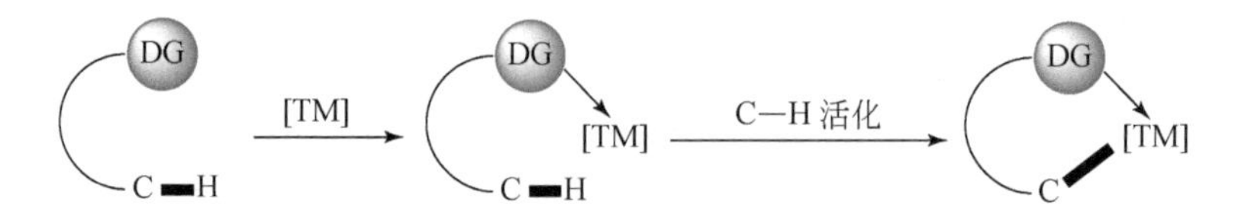

图4-2　导向基导向的碳-氢键活化

杂原子双环烯烃结构单元是许多具有生物活性的化合物中常见的骨架之一[9]。其中，7-氧/氮杂苯并降冰片烯是极其重要的合成中间体，其双键、架桥杂原子（用于协调亲电体、路易斯酸和金属）和环的存在，有利于这类化合物的活化。它们是合成相关药物分子的关键前体，如苯并卡巴唑、舍曲林、二氢雷西丁和阿法诺啡等的合成[10]。7-氧/氮杂苯并降冰片烯还可以进行各种类型的开环反应[11]，如加氢功能化反应[12]、环加成反应[13]及C—H活化反应。本章主要介绍近些年来，过渡金属催化C—H活化引发的7-氮/氧杂苯并降冰片烯开环反应。

4.2　氧杂苯并降冰片烯类化合物通过C—H活化进行开环反应

2013年，李兴伟课题组首次报道了铑催化2-苯基吡啶**1**的C—H活化参与氧杂苯并降冰片烯**2**的开环反应，在含N原子导向基团的作用下，成功在芳环邻位引入萘基。该反应使用［Cp^*RhCl_2］$_2$（5mol%）作为催化剂，$AgSbF_6$（30mol%）作为氧化剂，PivOH（2.0equiv.）作为添加剂，1,4-二氧六环作为溶剂，在130℃下搅拌24h，成功合成了一系列带有不同取代基的萘基化产物**3**（收率为59%~77%）。进一步的研究发现，导向基团决定了单功能化和双功能化的萘基化产物的合成，当导向基团是嘧啶环时，在最优条件下有30%双功能化的萘基化产物**3h**形成（图4-3）。他们还发现，当用氮杂苯并降冰片烯**4**代替氧杂苯并降冰片烯**2**时，在相同的条件下，并未发生反应。当用3equiv.的AgOAc作为氧化剂时，与2-萘化反应类似，该反应具有很好的官能团耐受性，在苯环和吡啶环上带有不同取代基的底物以较高的收率成功合成了环化产物**5a**~**5i**（图4-4）。该反应经历了较为罕见的二次（邻位和间位）碳-氢键的活化，并分离出铑-碳键插入张力环烯烃生成的七元金属环活性中间体，从而对反应机理进行了较为详细的阐述[14]。

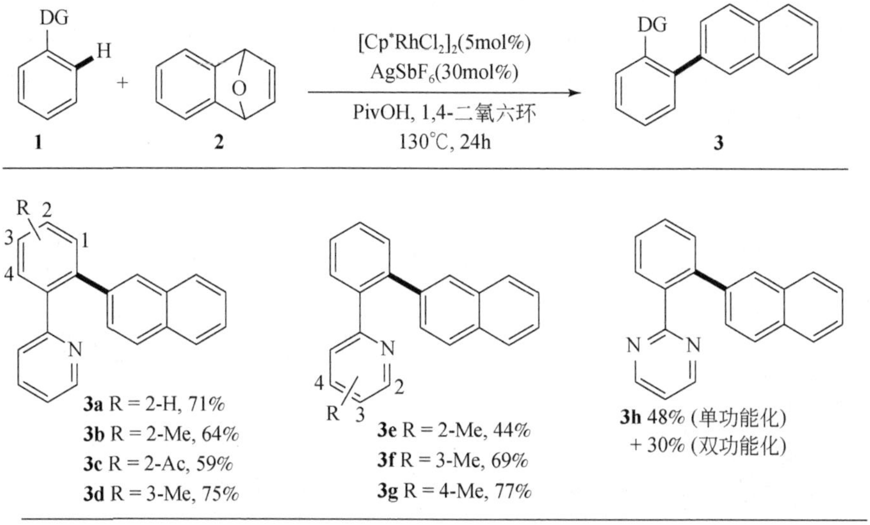

DG H 1 + O 2 $[Cp^*RhCl_2]_2$(5mol%) $AgSbF_6$(30mol%) PivOH, 1,4-二氧六环 130℃, 24h → DG 3

3a R = 2-H, 71%
3b R = 2-Me, 64%
3c R = 2-Ac, 59%
3d R = 3-Me, 75%

3e R = 2-Me, 44%
3f R = 3-Me, 69%
3g R = 4-Me, 77%

3h 48% (单功能化) + 30% (双功能化)

图4-3　铑催化2-苯基吡啶**1**与7-氧杂苯并降冰片烯**2**的脱水偶联反应

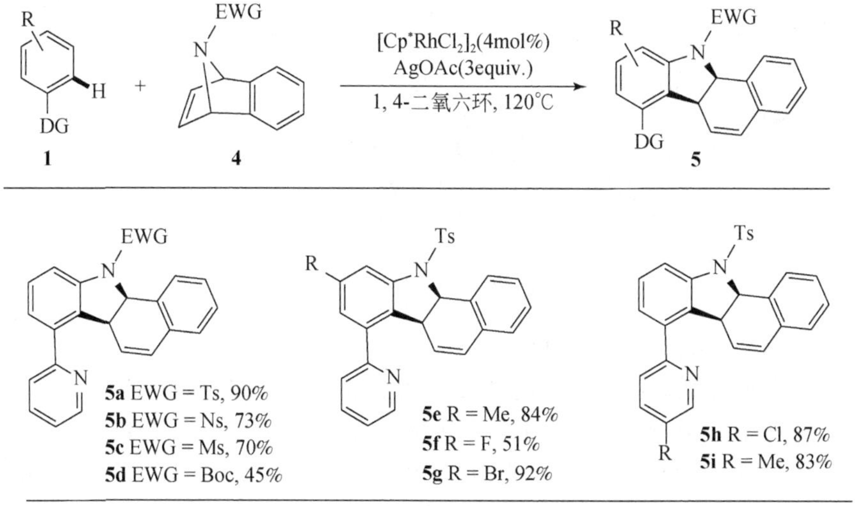

R H DG 1 + EWG N 4 $[Cp^*RhCl_2]_2$(4mol%) AgOAc(3equiv.) 1, 4-二氧六环, 120℃ → R EWG N DG 5

5a EWG = Ts, 90%
5b EWG = Ns, 73%
5c EWG = Ms, 70%
5d EWG = Boc, 45%

5e R = Me, 84%
5f R = F, 51%
5g R = Br, 92%

5h R = Cl, 87%
5i R = Me, 83%

图4-4　铑催化2-苯基吡啶**1**与7-氮杂苯并降冰片烯**4**的氧化偶联反应

在进行了大量的实验研究后，他们提出了可能的反应机理，如图4-5所示，一旦中间体**A**形成，有两种可能的反应途径。在途径1中，β-N消除后得到中间体**B**，它经过环甲氧基化得到六元环铑中间体**D**，随后的还原消除得到产物和铑(Ⅰ)中间体，后者被重新氧化成 Rh(Ⅱ)以完成催化循环。在途径 2 的情况下，中间体 **A** 在消除 *β*-N 之前经历了环金属化反应，产生了相同的中间体 **D**。在烯烃插入后，优先发生 *β*-O 消除，产生中间体 **E**，进一步 Rh—O 键在酸的作用下发生质子化，释放出二氢萘酚中间体，经过脱水得到产物。这些研究为进一步开发和设计新的碳-氢键活化偶联反应提供了新的思路。

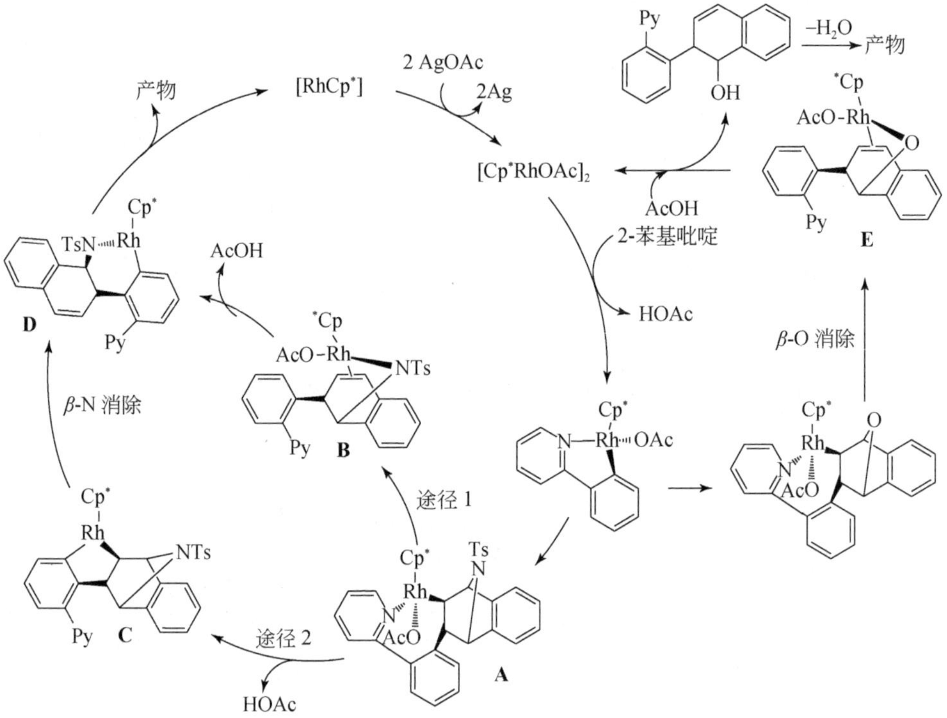

图 4-5　可能的反应机理

此后，该课题组报道了铑催化 *N*-磺酰基-2-氨基苯甲醛 **6** 与 7-氧代苯并降冰片烯 **2** 的氧化还原偶联反应。该反应以 $[Cp^*RhCl_2]_2$（2.5mol%）作为催化剂，2equiv. 的 Ag_2CO_3 作为碱，在 KPF_6 的存在下以 1,2-二氯甲烷（DCE）作为溶剂并加热到 100℃搅拌 16h 即可顺利完成。在条件优化过程中发现，当 Ag_2CO_3 被省略或换成 K_2CO_3 时，偶联反应产物收率较低，这证明了 Ag_2CO_3 作为碱的独特作用，尽管它在偶联反应中是一种典型的氧化剂。该方法具有很好的底物适用范围和官能团耐受性，他们成功合成了一系列带有不同取代基的萘基化产物 7，其产物收率高达 87%（图 4-6）[15]。

2015 年，Miura 课题组对芳基磷衍生物 **8** 与 7-氧杂苯并降冰片烯 **2** 的直接邻位芳基化反应进行了研究，并以较好的收率合成了磷类衍生物 **9**。研究发现，在

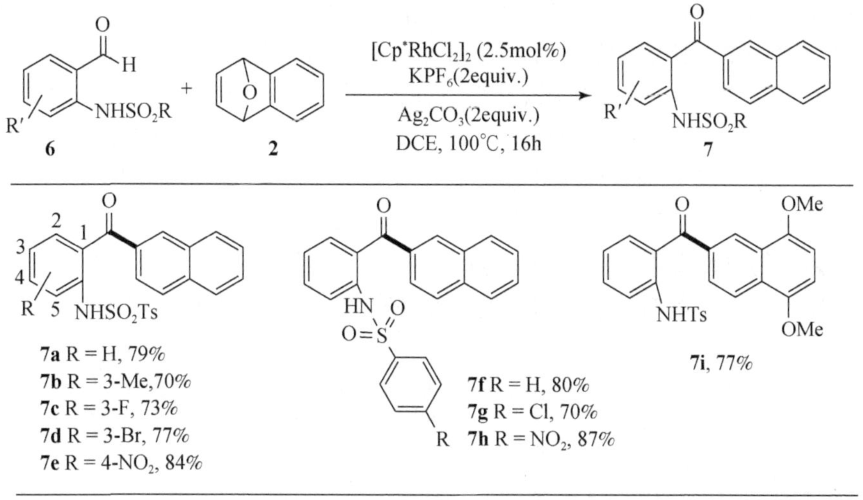

图 4-6　铑催化 *N*-磺酰基-2-氨基苯甲醛 **6** 与 7-氧杂苯并降冰片烯 **2** 的脱水偶联反应

相同的反应条件下，原位生成的阳离子铑催化的开环反应效果没有 [$Cp^*Rh(MeCN)_3$] $(SbF_6)_2$的效果好。进一步研究发现，苯基硫代磷酰胺可以转化为稠环二苯并磷衍生物 **9g**，该过程经历了铑催化与杂双环烯烃的偶联及分子内连续的磷酸-弗里德-克拉夫茨反应的一锅法方式（图 4-7）[16]。

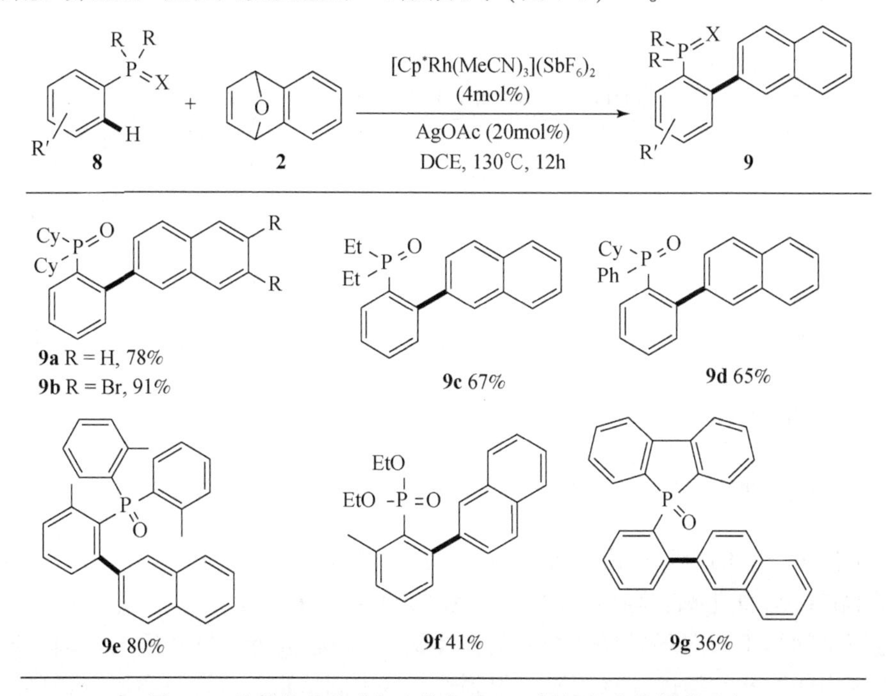

图 4-7　铑催化芳基磷衍生物与杂双环烯烃的直接偶联反应

次年，李兴伟课题组[17]研究报道了钴催化 *N*-嘧啶基吲哚 **10** 的 C—H 萘基化，以 7-氧杂苯并降冰片烯 **2** 作为萘基化试剂，$[Cp^*CoCl_2]_2$（5mol%）作为催化剂，$AgSbF_6$（30mol%）作为氧化剂，DCE 作为溶剂，在 50℃下搅拌 12h 反应即可完成。研究发现，银添加剂的量对反应收率有明显影响，可能是因为过量银的存在激活了 7-氧杂苯并降冰片烯底物。该方法具有较好的官能团兼容性，成功地以良好至中等的收率合成一系列萘基化产物 **11**，收率高达 84%（图 4-8）。通过底物拓展的研究发现，吲哚的 3 号位和 7 号位取代基及嘧啶环上的取代基的存在对该反应基本无影响，这表明此类反应具有很好的立体效应耐受性。

$[Cp^*CoCl_2]_2$ (5mol%)
$AgSbF_6$(30mol%)
HOAc(2equiv.)
DCE, 50°C, 12h

10 + **2** → **11**

11a R = H, 81%
11b R = Me, 77%
11c R = MeO, 70%
11d R = BnO, 83%
11e R = COOMe, 80%
11f R = Br, 84%

11g R = Me, 82%
11h R = MeO, 58%
11i R = COOMe, 75%
11j R = F, 73%
11k R= Cl, 70%

11l R = Me, 62%
11m R = COOMe, 67%
11n R = Cl, 74%

11o 53%

11p 67%
11q 48%
11l 52%

图 4-8 钴催化 *N*-嘧啶基吲哚 **10** 与 7-氧杂苯并降冰片烯 **2** 的碳-氢活化 C—C 偶联

他们进一步的研究提出可能的反应机理：首先，在 $AgSbF_6$ 的存在下形成阳离子 Cp^*CoX_2 催化剂，随后与底物 *N*-嘧啶基吲哚 **10** 通过碳–氢活化形成五元环状金属中间体 **Ⅰ**，双环烯烃 **2** 与中间体 **Ⅰ** 的 Co 中心进行配位并插入烯键后形成七元环中间体 **Ⅱ**，经过 β-O 消除，得到烷氧基中间体 **Ⅲ**，再进行质子分解再生出活性催化剂，并形成二氢萘酚的中间体，最后脱水得到萘基化产物 **11**（图 4-9）。2017 年，Cheng 课题组报道了类似的活化方法，即钴催化各种芳香族体系的芳基化反应，如 *N*-嘧啶基吲哚和 2-芳基吡啶分别与氧代氮杂苯并降冰片烯的芳基化反应[18]。

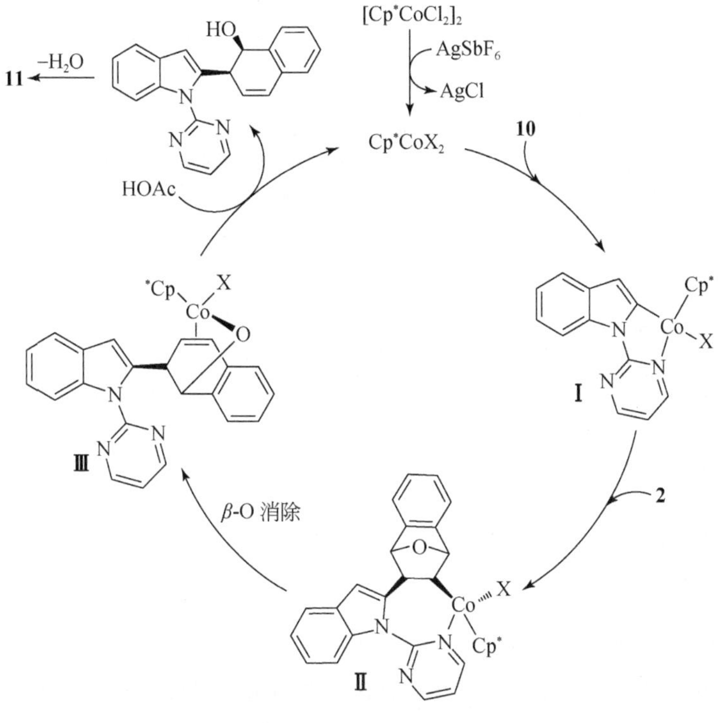

图 4-9　可能的反应机理

2016 年，刘培念课题组[19]报道了铑和钪双金属协同催化的炔醇 **12** 和 7-氧杂苯并降冰片烯 **2** 的反应。该反应以 $[Cp^*RhCl_2]_2$（5mol%）和 $Sc(OTf)_3$（5mol%）作为催化剂，以 AgOAc（0.5equiv.）、PivOH（1.5equiv.）和 H_2O（6equiv.）作为添加剂，在 1，2-二氯乙烷溶剂中加热到 80℃，搅拌反应 18h，以良好的区域选择性和收率合成了螺环状二氢苯并［*a*］芴呋喃衍生物 **13**（图 4-10）。进一步研究发现该方法涉及三个主要步骤：瞬时半缩醛基团定向 C—H 活化、脱水萘基化和分子内 Prins 型环化。进一步机理研究和理论计算均表明 C—H 键活化是该反应的决速步骤。

2018 年，张玉红课题组[20]报道了铑催化苯胺衍生物 **14** 与 7-氮杂苯并降冰片烯 **4** 的氧化还原开环反应，合成了有价值的四氢化萘胺衍生物 **15**。该反应使用［$RhCl_2$（*p*-cymene）$]_2$（5mol%）作为催化剂，$AgSbF_6$（20mol%）作为氧化剂，

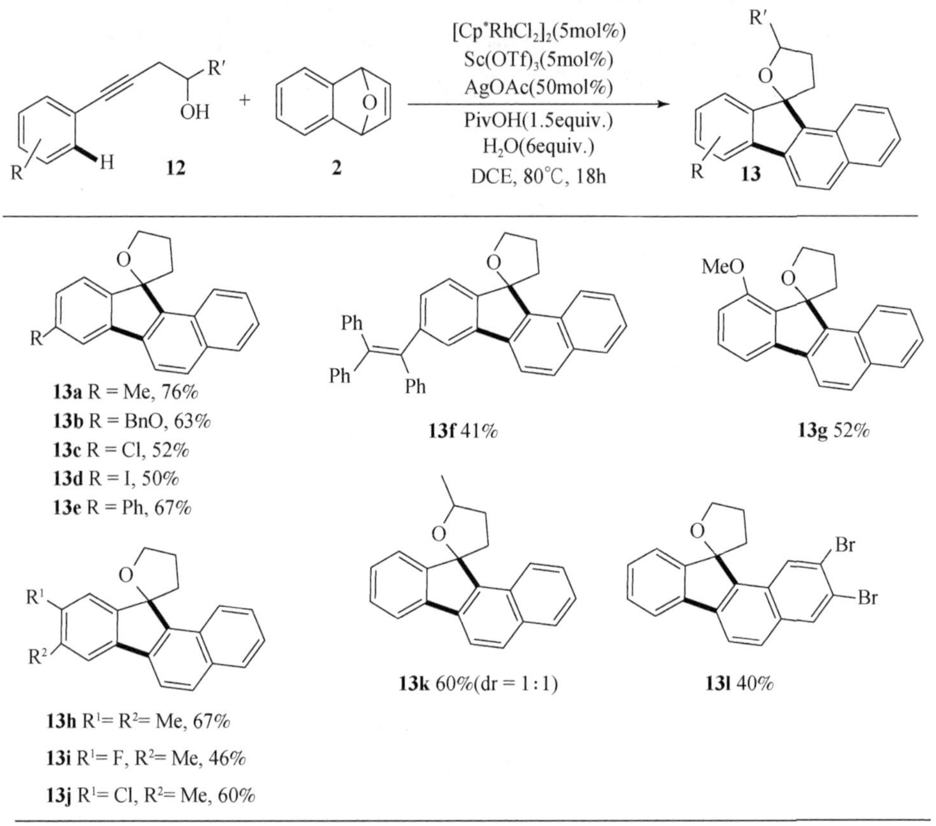

图 4-10　铑和钪协同催化的炔醇 **12** 和 7-氧杂苯并降冰片烯 **2** 的反应

1,2-二氯乙烷作为溶剂，在 NaOAc（50mol%）存在下加热到 100℃搅拌反应 8h，成功以良好至中等的收率合成了一系列四氢化萘胺衍生物 **15**（图 4-11）。该反应具有很好的立体选择性，在优化的条件下成功合成了一系列顺式构型的产物。四氢化萘结构单元是许多具有生物活性的化合物中常见的骨架之一，在许多肾上腺激素、抗生素及中国紫杉醇中的异紫杉脂素、去氧鬼臼素葡萄糖酯苷等化合物中都含有该结构单元[21]。进一步研究发现，7-氧杂苯并降冰片烯 **2** 与该催化系统也兼容，并在修改后的反应条件下得到了一系列功能化的萘衍生物 **16**，收率高达 82%（图 4-12）。机理研究表明，该 C—H 活化是通过协同的金属化去质子化机理发生的。

2019 年，史炳锋小组报道了钯催化联苯基醛 **17** 与氧杂苯并降冰片烯 **2** 的不对称 C—H 萘基化反应，以乙酸钯作为催化剂，左旋亮氨酸（L-*tert*-leucine）作为手性配体，成功合成了一系列萘基化产物，其收率和对映选择性均令人满意，

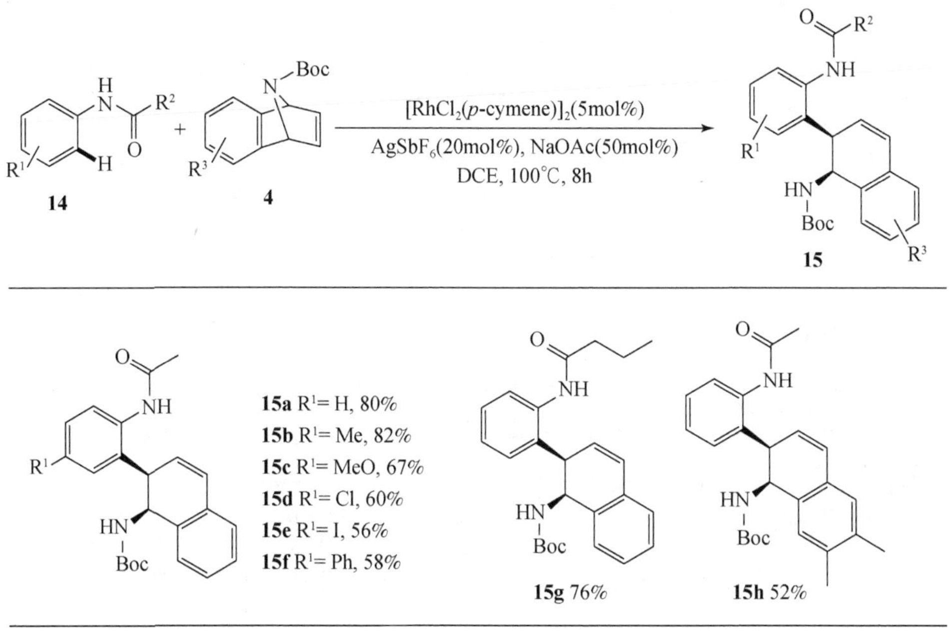

图4-11　铑催化苯胺衍生物**14**与7-氮杂苯并降冰片烯**4**的偶联反应

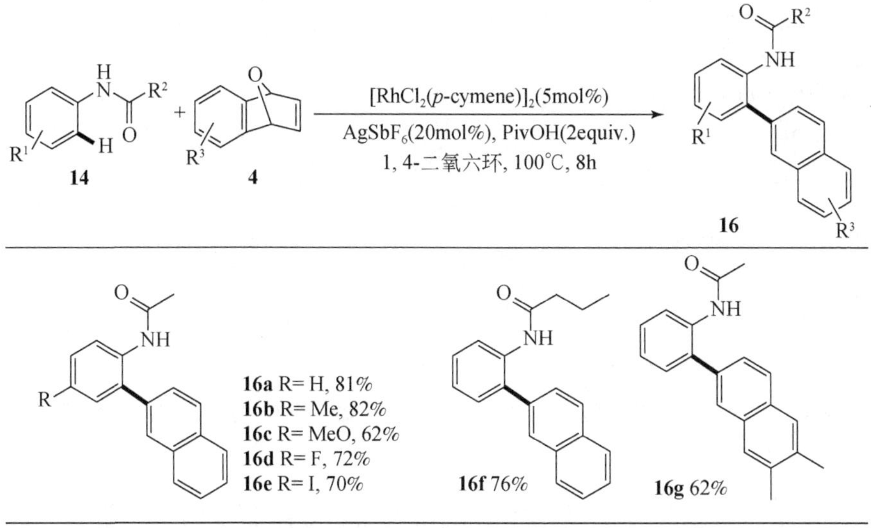

图4-12　铑催化苯胺衍生物**14**与7-氧杂苯并降冰片烯**2**的偶联反应

对映选择性高达99%以上，而且还能实现克级规模的合成。产物轴向手性醛**18**可作为有机催化剂应用于（*E*）-查耳酮与甘氨酸衍生的酰胺和二肽的不对称反应中，并表现出更高的活性和选择性（图 4-13）[22]。

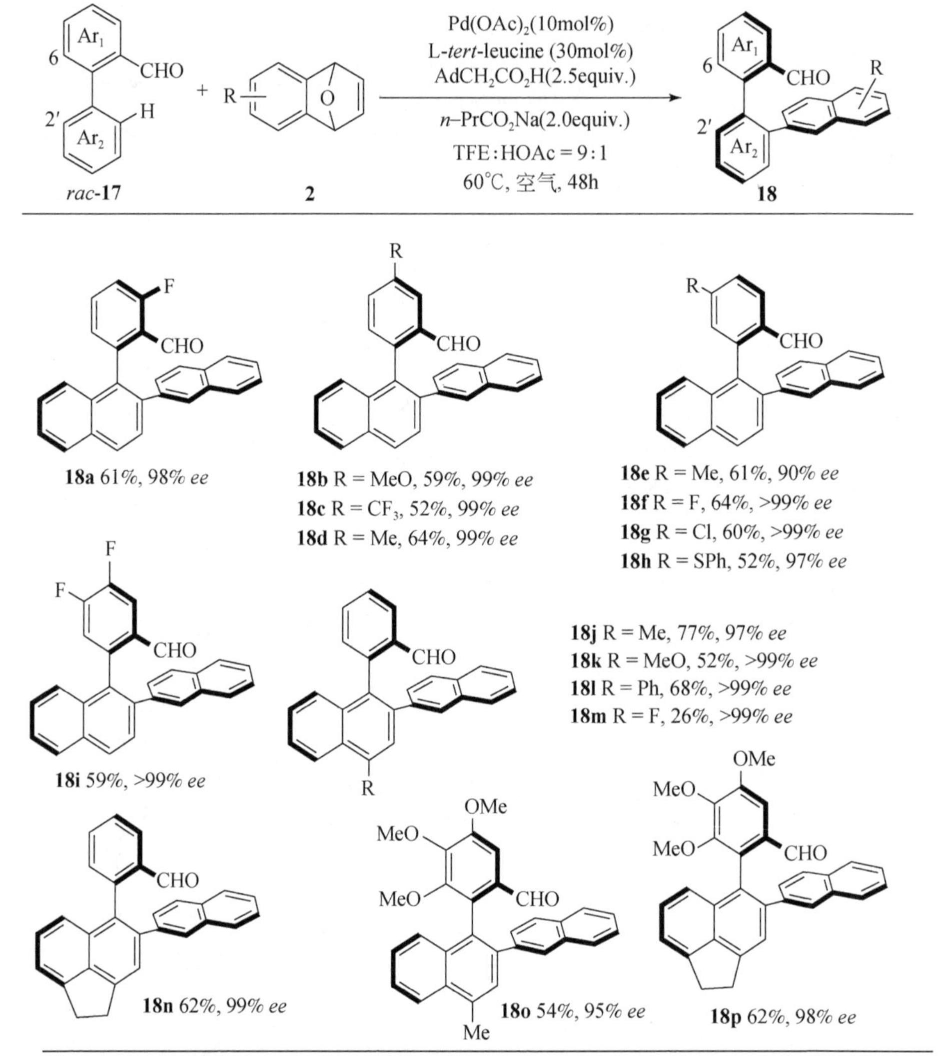

$Pd(OAc)_2$(10mol%)
L-*tert*-leucine (30mol%)
$AdCH_2CO_2H$(2.5equiv.)
n–$PrCO_2Na$(2.0equiv.)
TFE∶HOAc = 9∶1
60℃, 空气, 48h

rac-**17** + **2** → **18**

18a 61%, 98% *ee*

18b R = MeO, 59%, 99% *ee*
18c R = CF_3, 52%, 99% *ee*
18d R = Me, 64%, 99% *ee*

18e R = Me, 61%, 90% *ee*
18f R = F, 64%, >99% *ee*
18g R = Cl, 60%, >99% *ee*
18h R = SPh, 52%, 97% *ee*

18i 59%, >99% *ee*

18j R = Me, 77%, 97% *ee*
18k R = MeO, 52%, >99% *ee*
18l R = Ph, 68%, >99% *ee*
18m R = F, 26%, >99% *ee*

18n 62%, 99% *ee*

18o 54%, 95% *ee*

18p 62%, 98% *ee*

图 4-13　钯催化联苯基醛 **17** 与氧杂苯并降冰片烯 **2** 的不对称 C—H 萘基化反应

4.3　基于碳氢键活化的氮杂苯并降冰片烯类化合物的不对称反应

2019 年，李兴伟课题组[23]报道了铑催化吲哚 **18** 的 C—H 活化及与氮杂苯并降冰片烯的不对称偶联反应，该催化系统对外消旋和对映选择性反应都有很高的效率。在不对称催化体系中，Cramer 型 Cp^*Rh（Ⅲ）催化剂和银添加剂的组合确保了反应具有良好至很好的对映选择性。通过使用（*R*）-**Rh1**/$AgSbF_6$ 将 *N*-取代的吲哚 **19** 与氮杂苯并降冰片烯 **4** 进行对映选择性 C—C 偶联，以中等收率和良好的对映选择性得到二氢萘胺衍生物 **20**。该方法克服了不需要消除过程直接得到萘基化产物的挑战，并通过导向基团和芳烃环之间的空间构造来控制反应的对映选择性（图 4-14）。

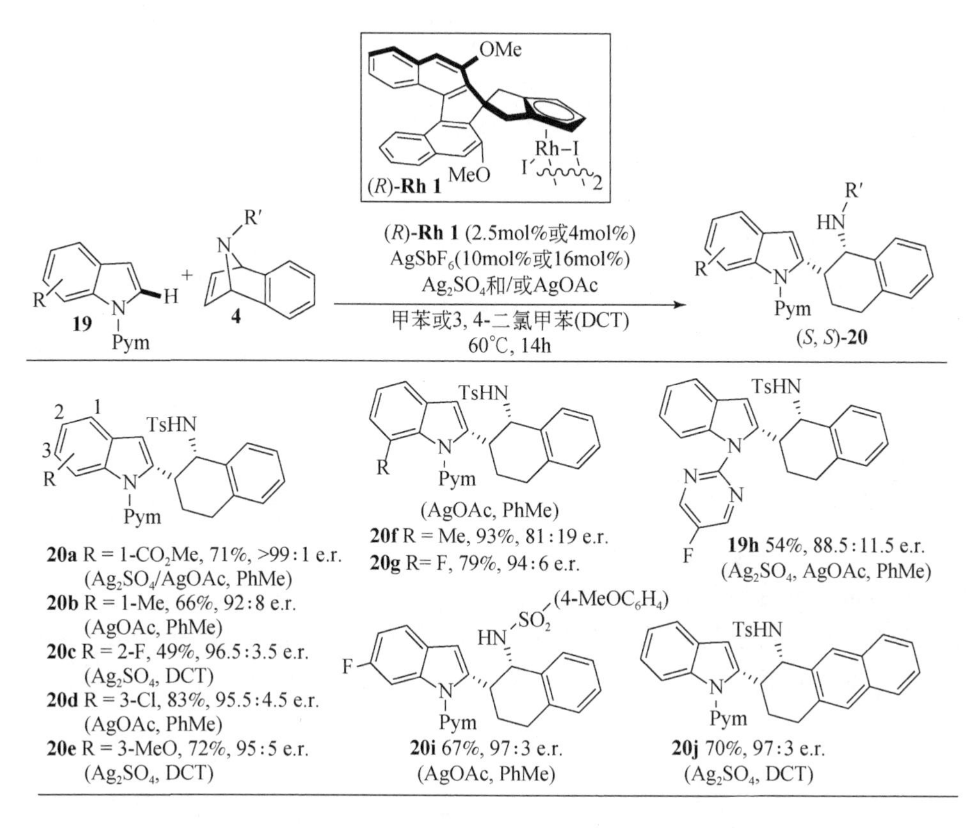

图 4-14　铑催化吲哚 **19** 与氮杂苯并降冰片烯 **4** 的不对称偶联反应

进一步研究发现，AgOAc/3,4-二氯甲苯（DCT）和 Ag_2SO_4/甲苯的组合有利于该反应的顺利进行。进一步底物拓展发现，吲哚和氮杂苯并降冰片烯的结构对反应有一定的影响。因此，对于一个特定的底物，特定的银盐/溶剂组合可提供更好的收率和对映选择性。在一系列的研究基础上，他们提出该反应过程可能是按照烯烃迁移插入、乙酸盐辅助的 C3—H 活化和第二次迁移插入的步骤进行。他们分离得到对应的铑的配合物中间体 **B**，并对该配合物进行单晶 X 射线衍射（XRD）表征。另外，机理研究证实了 $AgSbF_6$ 抑制 C3—H 活化，铑络合物 **A** 在 $AgSbF_6$ 存在下的反应生成了理想的单功能化产物（图 4-15）。

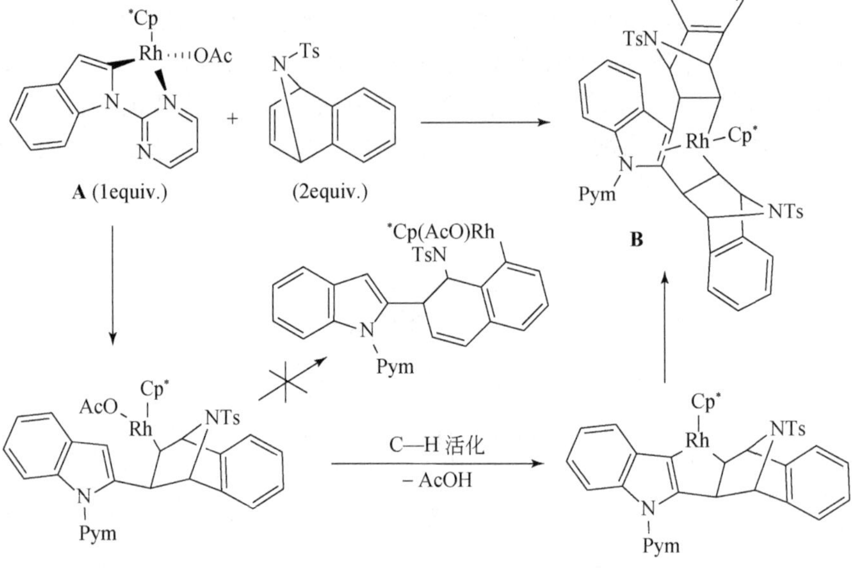

图 4-15　机理研究：化学计量反应

随后，该小组使用类似的 Cramer 型铑催化剂将 *N*-环戊基苯甲酰胺 **21** 与氮杂苯并降冰片烯 **4** 进行［3+2］环化反应，以实现顺式融合的二氢咔唑 **22** 的对映选择性合成。该反应具有很好的官能团耐受性及对映选择性。研究发现，当苯甲醚（PhOMe）作为溶剂时提供了较高的收率，而当甲基叔丁基醚（MTBE）作为溶剂时有利于获得较高的对映选择性，但收率较低。因此，该反应使用 MTBE/PhOMe 的混合溶剂可以合成所需的高收率和对映选择性的产物（图 4-16）[24]。

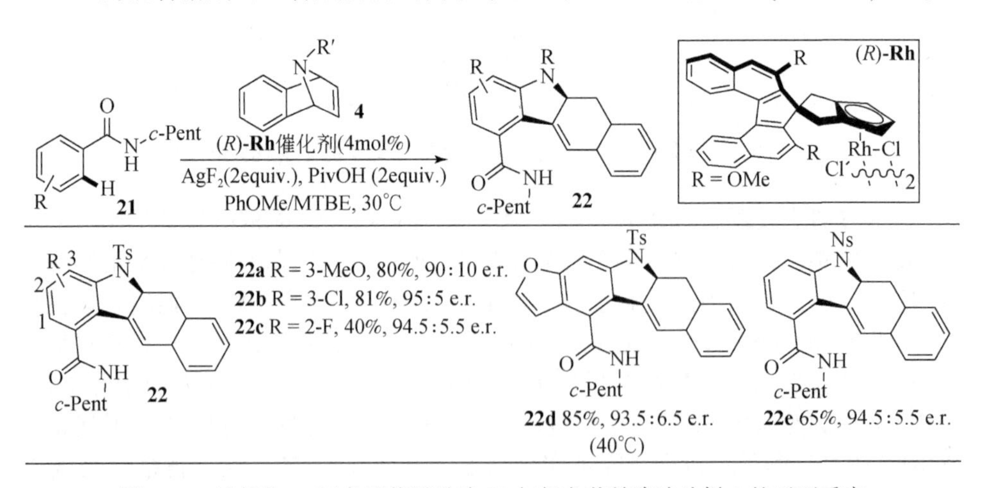

图 4-16　铑催化 *N*-环戊基苯甲酰胺 **21** 与氮杂苯并降冰片烯 **4** 的开环反应

Jeganmohan课题组[25]报道了铑催化芳香酮肟**23**与氮杂苯并降冰片烯**4**的氧化还原开环反应，以较高的收率合成了一系列2-芳基氢化萘胺衍生物**24**。该反应适用于带有不同取代基的酮肟和双环体系，底物适用范围广，产物收率高达80%。此外，进一步研究发现，这些产物可以通过酸水解，然后在DDQ的存在下进一步芳构化转化为相应的四环类二苯甲胺衍生物（图4-17）。

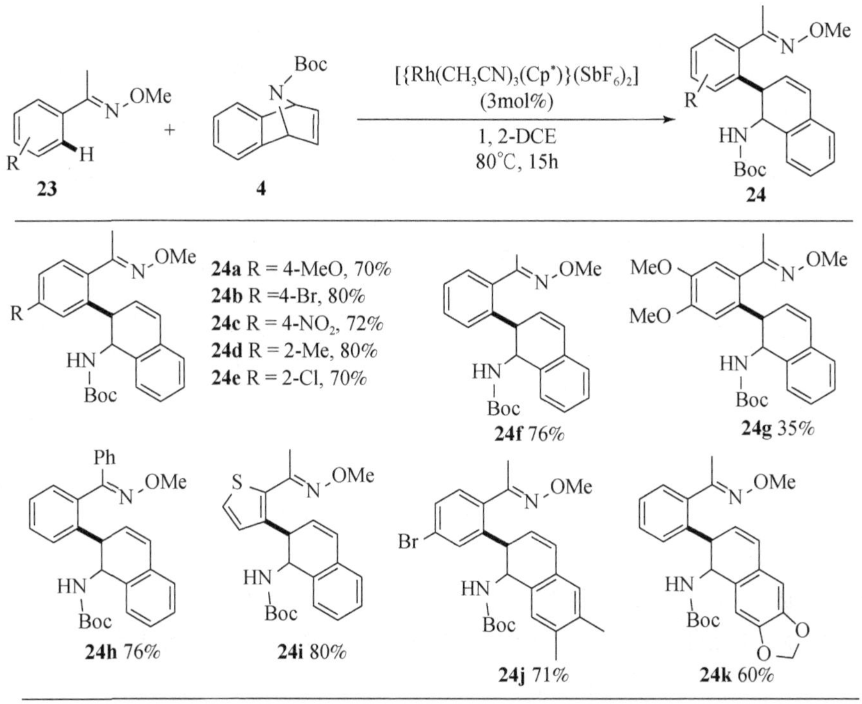

[{Rh(CH$_3$CN)$_3$(Cp*)}(SbF$_6$)$_2$] (3mol%)
1, 2-DCE
80℃, 15h

23 + **4** → **24**

24a R = 4-MeO, 70%
24b R = 4-Br, 80%
24c R = 4-NO$_2$, 72%
24d R = 2-Me, 80%
24e R = 2-Cl, 70%
24f 76%
24g 35%
24h 76%
24i 80%
24j 71%
24k 60%

图4-17 铑催化7-氮杂苯并降冰片烯**4**与芳香酮肟**23**氧化还原开环反应

该小组进一步研究提出了可能的反应机理，如图4-18所示。首先，铑与酮肟的氮原子的孤对电子配位得到配合物**A**，随后与底物**23**进行C—H活化过程，在失去一个质子的情况下形成五元铑环中间体**B**，氮杂苯并降冰片烯**4**的双键与铑中间体**B**的外表面配位形成中间体**C**，随后，双键被插入中间体**C**的Rh—C键中，得到七元铑环中间体**D**，β-氮的消除得到开环的中间体**E**，最后质子化得到产物**24**，同时形成活性催化剂以完成整个催化循环。

最近，本书作者课题组研究报道了钴催化8-甲基喹啉**25**的苄基C(sp^3)—H活化及其与氮杂苯并降冰片烯**4**的开环加成反应。该反应使用[Cp*Co(CO)I$_2$](10mol%)作为催化剂，甲氧基苯作为溶剂，在AgSbF$_6$(30mol%)和Fe(OAc)$_2$(10mol%)的存在下，于70℃下搅拌12～48h，得到对应的开环C—H加成产物

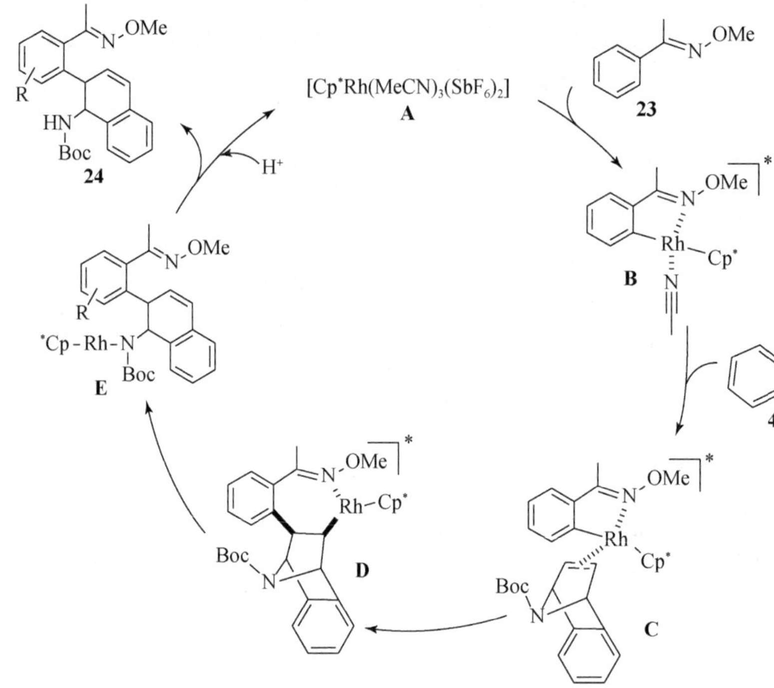

图 4-18　可能的反应机理

26（图 4-19）。该反应具有良好的底物适用性和官能团兼容性。进一步的机理研究表明，C—H 活化步骤决定了该反应的速率，同时，产物的单晶结构进一步证实了该反应产物为顺式构型[26]。

本书作者课题组还报道了铑催化氮杂苯并降冰片烯与芳香族酮 **27** 和苯甲酸 **29** 的加成反应，合成了对应的加成产物 **28** 或 **30**（图 4-20）。当反应物是苯甲酮时，开环加成区域选择性地发生在苯甲酮的邻位，在最优条件下，成功合成了一系列单取代的加成产物 **28**，产物收率高达 82%。但是，当反应物是苯甲酸时，在没有银添加剂的情况下，合成了一系列邻位二取代加成产物 **30**。值得一提的是，当苯甲酸间位或者邻位有取代基时，只能得到邻位单取代的加成产物[27]。

2020 年，汪君课题组研究报道了铑催化苯胺和苯甲酰胺 **31** 的萘基化反应，以氮杂苯并降冰片烯 **4** 作为萘基化试剂，反应具有广泛的底物适用范围。经过进一步的研究，他们认为反应可能经历以下历程：首先，银盐对 $[Cp^*RhCl_2]_2$ 进行脱氯及氧化生成具有催化活性的 Cp^*Rh^{III}，随后，铑催化 C—H 键活化生成六元环中间体Ⅰ，其进一步与反应物结合发生迁移插入得到八元环中间体Ⅱ，经过 β-氮消除得到开环中间体Ⅲ，进一步质子化得到磺酰胺中间体Ⅳ并再生 Cp^*RhⅢ

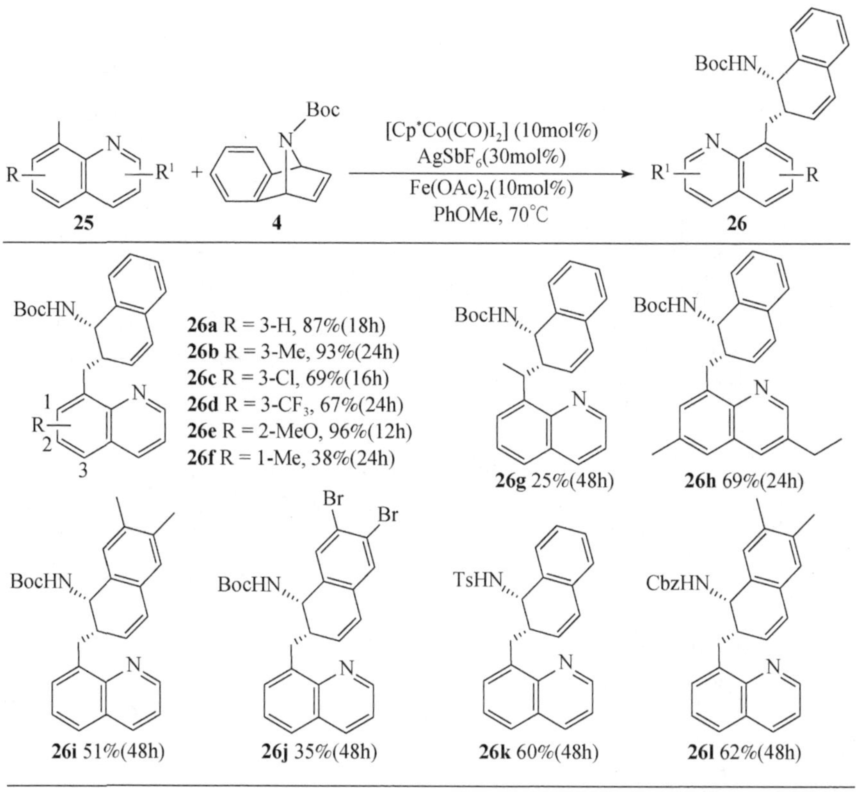

图4-19 C(sp^3)—H 键与氮杂苯并降冰片烯的加成反应

催化剂。最后，在 $AgNTf_2$ 的存在下，顺利消除对甲苯磺酰胺，得到最终的萘基化产物 **32**（图4-21）[28]。

次年，Jeganmohan 小组[29]研究报道了铑催化的7-氮杂苯并降冰片烯 **4** 与芳香醛肟 **33** 的中性氧化还原开环反应合成目标分子。该反应使用 [{Rh(CH_3CN)$_3$（Cp^*）}{SbF_6}$_2$]（3mol%）作为催化剂，NaOAc（30mol%）作为添加剂，1,2-二氯乙烷作为溶剂，加热到100℃搅拌16h即可顺利反应，成功合成了一系列萘化产物 **34**，其收率高达88%。他们进一步研究获得了萘基化产物的单晶结构，C1 和 C2 位置互为顺式构型。研究发现在相似的反应条件下，Ph—CH ═N—OH 和 Ph—CH ═N—*tert*-Bu 未能发生开环反应。萘基化产物 **34** 在 HCl 的存在下发生水解转化为13,14-脱氢苯并菲啶衍生物 **35**，在 DDQ 的存在下，产物 **35** 成功转化为具有重要生物学意义的天然产物苯并菲啶生物碱衍生物 **36**。最后，经由以上三个步骤合成了7种带有不同取代基的苯并菲啶生物碱 **36**，其收率高达94%（图4-22）。

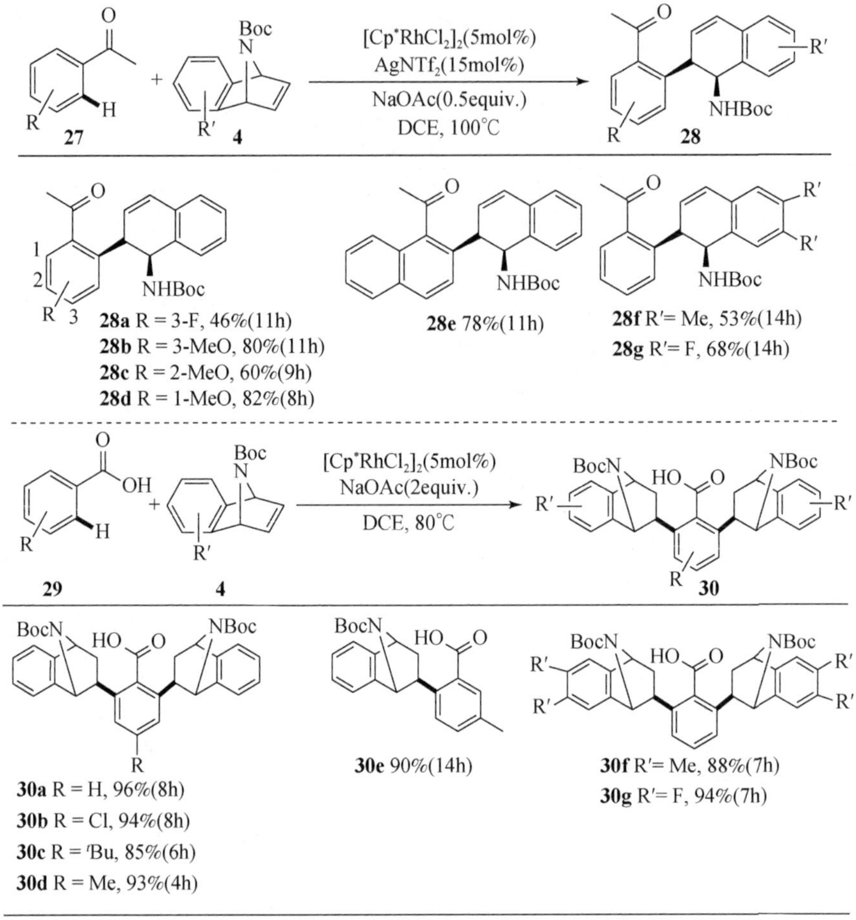

$[Cp^*RhCl_2]_2$(5mol%)
$AgNTf_2$(15mol%)
NaOAc(0.5equiv.)
DCE, 100℃

27　4　28

28a R = 3-F, 46%(11h)
28b R = 3-MeO, 80%(11h)
28c R = 2-MeO, 60%(9h)
28d R = 1-MeO, 82%(8h)
28e 78%(11h)
28f R′= Me, 53%(14h)
28g R′= F, 68%(14h)

$[Cp^*RhCl_2]_2$(5mol%)
NaOAc(2equiv.)
DCE, 80℃

29　4　30

30a R = H, 96%(8h)
30b R = Cl, 94%(8h)
30c R = ᵗBu, 85%(6h)
30d R = Me, 93%(4h)
30e 90%(14h)
30f R′= Me, 88%(7h)
30g R′= F, 94%(7h)

图 4-20　铑催化氮杂苯并降冰片烯 **4** 与芳香族酮 **27** 和苯甲酸 **29** 的加成反应

最近，Jeganmohan 小组[30]报道了钌催化芳基酰胺 **37** 和氮杂苯并降冰片烯 **4** 的开环及分子内环化反应构造新的 C—C 键及 C—N 键，合成了顺式稠环二氢苯并［*c*］菲啶酮 **38**。酰胺基团在该反应中起导向基团和离去基团的作用。该方法具有较好的底物适用范围和官能团兼容性，合成了一系列带有不同取代基的稠环化合物 **38**，产物收率高达 88%（图 4-23）。他们进一步的研究提出了合成具有药物价值的苯并［*c*］菲啶生物碱的简单途径，如尼替丁和法加罗宁类似物的合成。

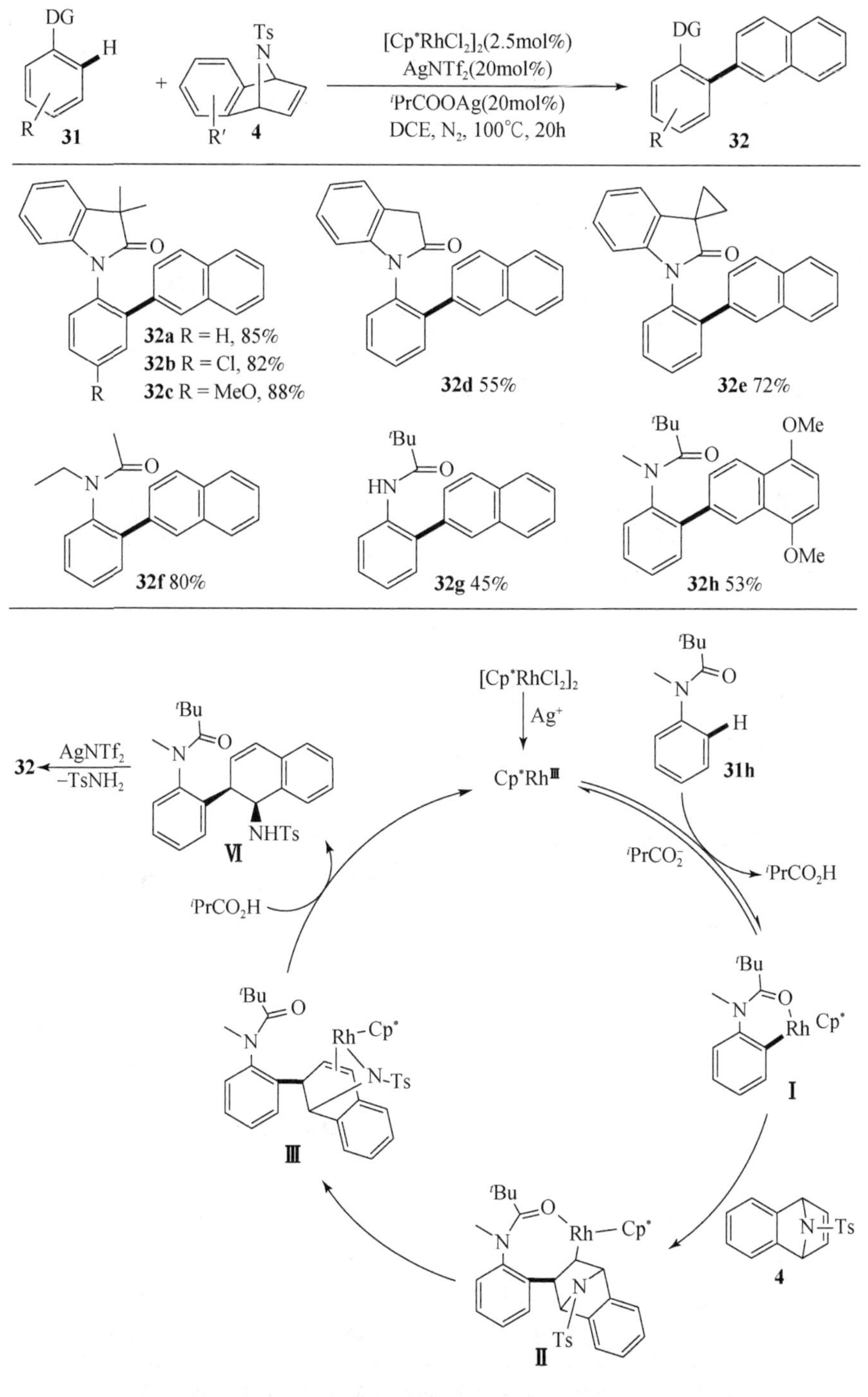

图4-21　铑催化苯胺及苯甲酰胺与氮杂苯并降冰片烯的萘基化反应及可能的反应机理

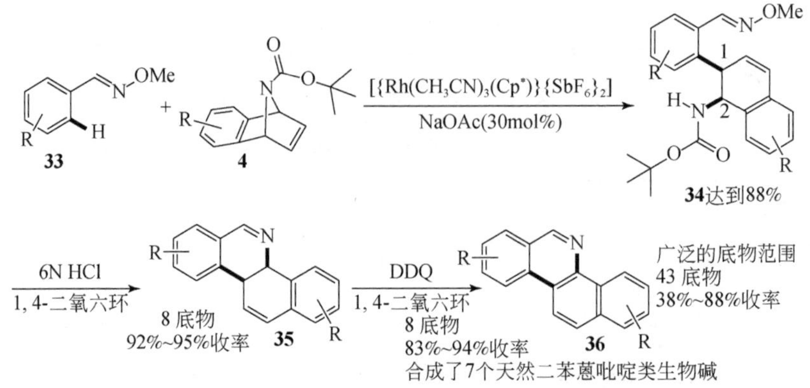

$[\{Rh(CH_3CN)_3(Cp^*)\}\{SbF_6\}_2]$

NaOAc(30mol%)

33 4 34达到88%

6N HCl 1, 4-二氧六环 8 底物 92%~95%收率 35

DDQ 1, 4-二氧六环 8 底物 83%~94%收率 合成了7个天然二苯蒽吡啶类生物碱 36

广泛的底物范围 43 底物 38%~88%收率

图 4-22 铑催化的 7-氮杂苯并降冰片烯 **4** 与芳香醛肟 **33** 的开环反应及苯并菲啶生物碱 **36** 的合成

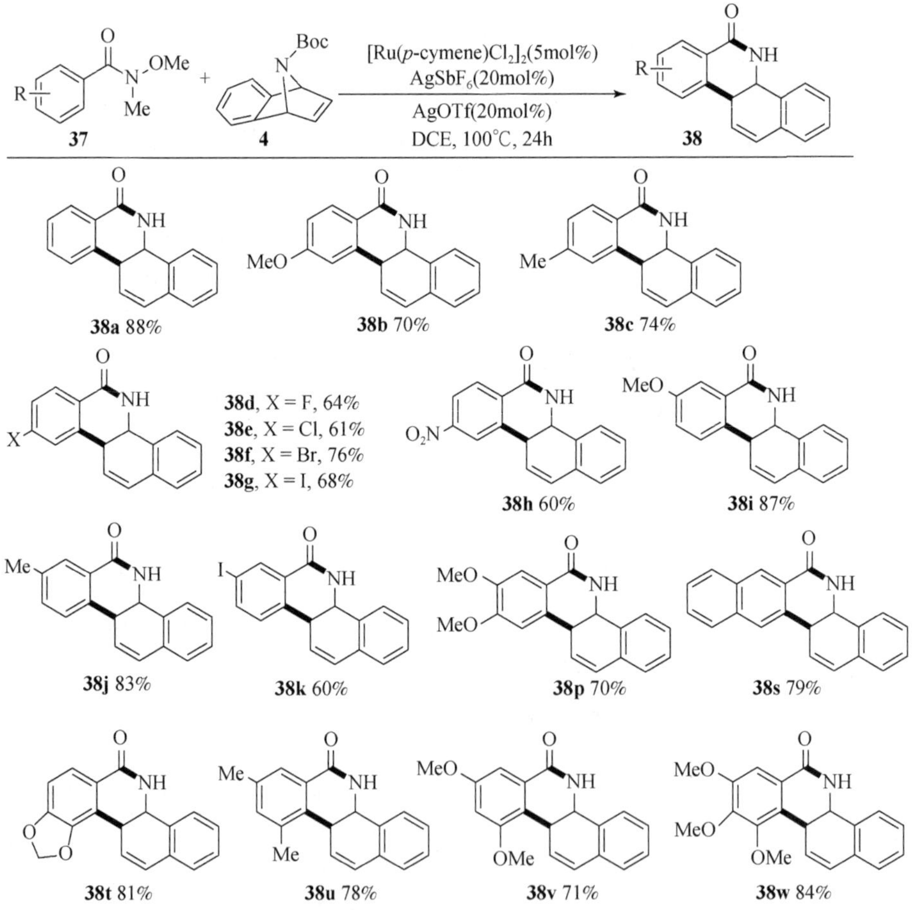

$[Ru(p\text{-cymene})Cl_2]_2$(5mol%) $AgSbF_6$(20mol%) AgOTf(20mol%) DCE, 100℃, 24h

37 4 38

38a 88% **38b** 70% **38c** 74%

38d, X = F, 64%
38e, X = Cl, 61%
38f, X = Br, 76%
38g, X = I, 68%

38h 60% **38i** 87%

38j 83% **38k** 60% **38p** 70% **38s** 79%

38t 81% **38u** 78% **38v** 71% **38w** 84%

图 4-23 钌催化芳基酰胺 **37** 和氮杂苯并降冰片烯 **4** 的反应

在控制实验的基础上，提出以下可能的反应机理：首先，钌二聚体配合物在 $AgSbF_6$ 和 AgOTf 的存在下形成活性催化剂 **A**，随后与底物 **37** 进行 C—H 活化形成五元环钌中间体 **B**，随后氮杂苯并降冰片烯 **4** 的双键与中间体 **B** 配位和迁移插入 Ru—C 键形成七元钌环中间体 **D**，进一步发生 *β*-N 消除得到开环中间体 **E**，酰胺羰基的亲核加成提供最终产物 **38**，最后在 TfOH 存在下，为下一个催化循环再产生活性钌配合物 **A**（图 4-24）。

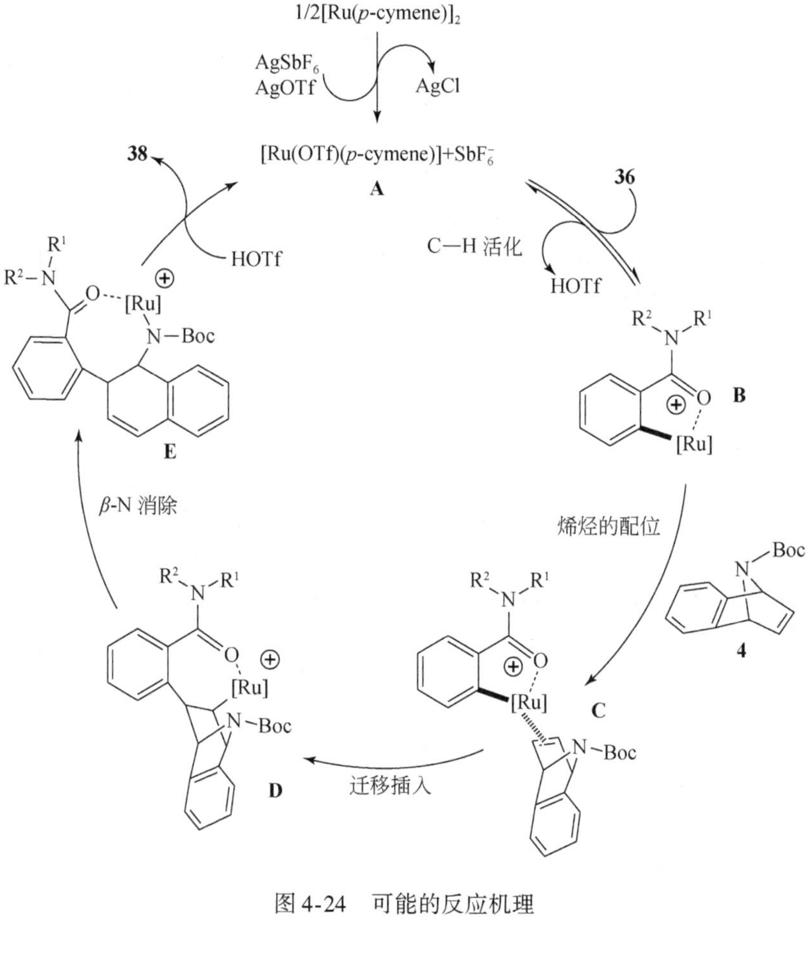

图 4-24　可能的反应机理

4.4　结　　语

过渡金属催化碳-氢活化参与的氧/氮杂苯并降冰片烯的开环反应，是一个发展迅速的前沿研究领域之一，它可以实现构筑新的碳-碳键及碳-杂原子键，在不对称催化领域及天然产物的合成方面有一定的研究并取得了可喜的成果。尽管如此，离实现其工业化生产仍有一定的距离，毫无疑问，发展高对映选择性、高催化活性的手性配体催化剂，研究此类反应机理，广泛应用于天然产物全合成，以及实现其工业化生产等方面仍是将来需要研究的重点方面。

参考文献

[1] Diederieh F, Stang P J. Metal-catalyzed Cross-coupling Reactions. Weinheim: Wiley-VCH, 1998.

[2] Negishi E, King A, Okukado N, et al. Selective carbon-carbon bond formation via transition metal catalysis. A highly selective synthesis of unsymmetrical biaryls and diarylmethanes by the nickel-or palladium-catalyzed reaction of aryl-and benzylzinc derivatives with aryl halides. J Org Chem, 1977, 42: 1821-1823.

[3] Miyaura N, Yamada K, Suzuki A, et al. A new stereospecific cross-coupling by the palladium-catalyzed reaction of 1-alkenylboranes with 1-alkenyl or 1-alkynyl halides. Tetrahedron Iett, 1979, 20: 3437-3440.

[4] Surry D S, Buchwald S L. Dialkylbiaryl phosphines in Pd-catalyzed amination: a user's guide. Chem Sci, 2011, 2: 27-50.

[5] Heck R F, Nolley J P. Palladium-catalyzed vinylic hydrogen substitution reactions with aryl, benzyl, and styryl halides. J Org Chem, 1972, 37: 2320-2322.

[6] Sonogashira K, Tohda Y, Hagihara N, et al. A convenient synthesis of acetylenes: catalytic substitutions of acetylenic hydrogen with bromoalkenes, iodoarenes and bromopyridines. Tetrahedron Lett, 1975, 16: 4467-4470.

[7] Still J. The palladium-catalyzed cross-coupling reactions of organotin reagents with organic electrophiles. Angew Chem Int Ed, 1986, 25: 508-524.

[8] Chen Z, Wang B, Zhang J, et al. Transition metal-catalyzed C—H bond functionalizations by the use of diverse directing groups. Org Chem Front, 2015, 2: 1107-1295.

[9] Taylor A, Robinson R, Fobian Y, et al. Modern advances in heterocyclic chemistry in drug discovery. Org Biomol Chem, 2016, 14: 6611-6637.

[10] Ge G, Ding C, Hou X, et al. Palladacycle-catalyzed cascade reaction of bicyclic alkenes with alkynyl imines: synthesis of polycyclic 5 *H*-benzo [*b*] azepines. Org Chem Front, 2014, 1: 382-385.

[11] (a) Chiu P, Lautens M. Using ring-opening reactions of oxabicyclic compounds as a strategy in organic synthesis. Top Curr Chem, 1997, 190: 1-85; (b) Lautens M, Fagnou K, Hiebert S, et al. Transition metal-catalyzed enantioselective ring-opening reactions of oxabicyclic alkenes. Acc Chem Res, 2003, 36: 48-58; (c) Rayabarapu D, Cheng C. New catalytic reactions of oxa-and azabicyclic alkenes. Acc Chem Res, 2007, 40: 971-983; (d) Boutin R, Koh S, Tam W, et al. Recent advances in transition metal-catalyzed reactions of oxabenzonorbornadiene. Curr Org Synth, 2019, 16: 460-484; (e) Wang F, Yua S, Li X, et al

Transition metal-catalysed couplings between arenes and strained or reactive rings: combination of C—H activation and ring scission. Chem Soc Rev, 2016, 45: 6462-6477.

[12] (a) Franke R, Selent D, Borner A, et al. Applied hydroformylation. Chem Rev, 2012, 112: 5675-5732; (b) Sawano T, Ou K, Nishimura T, et al. Cobalt-catalyzed asymmetric addition of silylacetylenes to oxa-and azabenzonorbornadienes Chem Commun, 2012, 48: 6106-6108.

[13] (a) Hashimoto T, Maruoka K. Recent advances of catalytic asymmetric 1, 3-dipolar cycloadditions. Chem Rev, 2015, 115: 5366-5412; (b) Chen J, Xu X, He Z, et al. Nickel/zinc iodide Co-catalytic asymmetric [2+2] cycloaddition reactions of azabenzonorbornadienes with terminal alkynes. Adv Synth Catal, 2018, 360: 427-431.

[15] Yang T, Zhang T, Yang S, et al. Rhodium (Ⅲ)-catalyzed coupling of *N*-sulfonyl 2-aminobenzaldehydes with oxygenated allylic olefins through C—H activation. Org Biomol Chem, 2014, 12: 4290-4294.

[16] Unoh Y, Satoh T, Hirano K, et al. Rhodium (Ⅲ)-catalyzed direct coupling of arylphosphine derivatives with heterobicyclic alkenes: a concise route to biarylphosphines and dibenzophosphole derivatives. ACS Catal, 2015, 5: 6634-6639.

[17] Kong L, Yu S, Tang G, et al. Cobalt (Ⅲ)-catalyzed C—C coupling of arenes with 7-oxabenzonorbornadiene and 2-vinyloxirane via C—H activation. Org Lett, 2016, 18: 3802-3805.

[18] Muralirajan K, Prakash S, Cheng C, et al. Cobalt-catalyzed mild ring-opening addition of arenes C—H bond to 7-oxabicyclic alkenes. Adv Synth Catal, 2017, 359: 513-518.

[19] Li D, Jiang L, Chen S, et al. Cascade reaction of alkynols and 7-oxabenzonorbornadienes involving transient hemiketal group directed C—H activation and synergistic $Rh^{Ⅲ}/Sc^{Ⅲ}$ catalysis. Org Lett, 2016, 18: 5134-5137.

[20] Yan Q, Xiong C, Chu S, et al. Ruthenium-catalyzed ring-opening addition of anilides to 7-azabenzonorbornadienes: a diastereoselective route to hydronaphthylamines. J Org Chem, 2018, 83: 5598-5608.

[21] (a) Scott E, Felix A, Ratna C, et al. Synthesis and evaluation of 6, 7-dihydroxy-2,3,4,8,9,13*b*-hexahydro-1*H*-benzo[6,7]cyclohepta[1,2,3-*ef*][3]benzazepine,6,7-dihydroxy-1,2,3,4,8,12*b*-hexahydroanthr[10,4*a*,4-*cd*]azepine,and 10-(aminomethyl)-9,10-dihydro-1,2-dihydroxyanthracene as conformationally restricted analogs of .*β*-phenyldopamine. J Med Chem, 1995, 38: 2395-2409; (b) Kamal A, Gayatri N. An efficient method for 4*β*-anilino-4′-demethylepipodophyllotoxins: synthesis of NPF and W-68. Tetrahedron Lett, 1996, 37: 3359-3362; (c) Willard M, Allen R, Reinhard S, et al. Nontricyclic antidepressant agents derived from *cis*-and *trans*-1-amino-4-aryltetralins. J Med Chem, 1984, 27: 1508-1515; (d) Masahiko S, Yasutaka K, Tamaki W, et al. Synthesis and immunological activity of 5,6,6*a*,8,9,11*a*-hexahydronaphth [1′,2′:4,5] imidazo [2,1-*b*] thiazoles and 5,6,6*a*,9,10,11*a*-hexahydronaphth [2′,1′:4,5] imidazo [2, 1-*b*] thiazoles. J Med Chem, 1980, 23: 1364-1372.

[22] Liao G, Chen H, Xia Y, et al. Synthesis of chiral aldehyde catalysts by Pd- catalyzed atroposelective C—H naphthylation. Angew Chem Int Ed, 2019, 131: 11586-11590.

[23] Yang X, Zheng G, Li X. Rhodium (Ⅲ)-catalyzed enantioselective coupling of indoles and 7-azabenzonorbornadienes by C—H activation/desymmetrization. Angew Chem Int Ed, 2019, 131: 328-332.

[24] Mi R, Zheng G, Qi Z, et al. Rhodium-catalyzed enantioselective oxidative [3+2] annulation of arenes and azabicyclic olefins through twofold C—H activation. Angew Chem Int Ed, 2019, 58: 17666-17670.

[25] Vinayagam V, Mariappan A, Jana M, et al. Rhodium (Ⅲ)-catalyzed diastereoselective ring-opening of 7-azabenzonorbornadienes with aromatic ketoximes: synthesis of benzophenanthridine derivatives. J Org Chem, 2019, 84: 15590-15604.

[26] Tan H, Khan R, Xu D, et al. Cobalt-catalyzed ring-opening addition of azabenzonorbornadienes via C (sp^3) —H bond activation of 8- methylquinoline. Chem Commun, 2020, 56: 12570-12573.

[27] Zhang K, Khan R, Chen J, et al. Directing- group- controlled ring- opening addition and hydroarylation of oxa/azabenzonorbornadienes with arenes via C—H activation. Org Lett, 2020, 22: 3339-3344.

[28] Li H, Guo W, Jiang J, et al. Rhodium (Ⅲ)-catalyzed directed C—H bond naphthylation with 7- azabenzonorbornadiene as the naphthylating reagent. Asian J Org Chem, 2020, 9: 233-237.

[29] Aravindan N, Jeganmohan M. A short total synthesis of benzophenanthridine alkaloids via a rhodium (Ⅲ)-catalyzed C—H ring-opening reaction. J Org Chem, 2021, 86: 14826-14843.

[30] Aravindan N, Vinayagam V, Jeganmohan M, et al. A ruthenium-catalyzed cyclization to dihydrobenzo [*c*] phenanthridinone from 7-azabenzonorbornadienes with aryl amides. Org Lett, 2022, 24: 5260-5265.

第5章　醇、水和肟亲核试剂与氧/氮杂苯并降冰片烯类化合物的不对称开环反应

5.1　引　　言

含氧基团（如羟基、羰基、羧基等）广泛存在于天然产物和生物质原料中，通过碳-氧键、氧-氧键的活化实现含氧化合物的转化，对于天然产物修饰及高附加值化学品的绿色合成具有重大意义[1]。

在有机合成化学领域，碳-碳键、碳-氮键、碳-氧键等一系列的碳-杂原子键的构筑，一直以来都是有机化学家关注的焦点。一些简单的碳-氧键活化反应，如醇的亲核取代反应仅需要质子酸作为催化剂，但有限的反应类型、较低的反应效率、苛刻的反应条件阻碍了这类反应的实际应用。而过渡金属催化的氧/氮杂苯并降冰片烯的不对称开环是构筑碳-碳键和碳-杂原子键最有效的方法之一。从 Lautens 课题组开始，该反应得到了长足的发展，过渡金属催化的氧/氮杂苯并降冰片烯的不对称开环反应中，多种过渡金属催化剂如钯、铑、铜、镍、钌等都取得了非常优异的结果。而亲核物质类型也是丰富多彩的。二烷基锌、有机酸、烷基化合物、有机卤化锌、胺、格氏试剂、羧酸盐、酚、甲醇等都可以与氧/氮杂苯并降冰片烯发生开环反应，建立了底物适用范围广、具有高度对映选择性的反应体系。与其他亲核试剂相比，醇类物质具有来源广泛，原料易得、廉价，并且对于实验装置及实验操作的水平要求更是降低了一个层次，在实际应用上具有更大的潜力。

5.2　铑催化醇与氧杂苯并降冰片烯类化合物的不对称开环反应

氧/氮杂苯并降冰片烯的不对称开环（ARO）是构筑碳-碳键和碳-杂原子键最有效的方法之一，其中铑催化的氧杂苯并降冰片烯的 ARO 反应提供了一种容易获得手性氢萘骨架的方法，该骨架是在多种具有生物活性的天然产物中发现的普遍存在的基序。因此，ARO 反应在精细化工和医药合成中得到了广泛应用，如舍曲林 **B**（一种抗抑郁药）、二胺 **C**（一种镇痛药）、**D**（一种多巴胺激动剂）、高鳌合酮 **E**（一种天然生物碱）、二氢雷西嗪 **F**（一种抗帕金森药物）和依托泊

苷**G**（用于治疗各种癌症），如图 5-1 所示。此外，中枢神经系统药物、免疫调节药物[10]、抗生素[11]和抗肿瘤药物在该框架上存在变化（方案 1）。

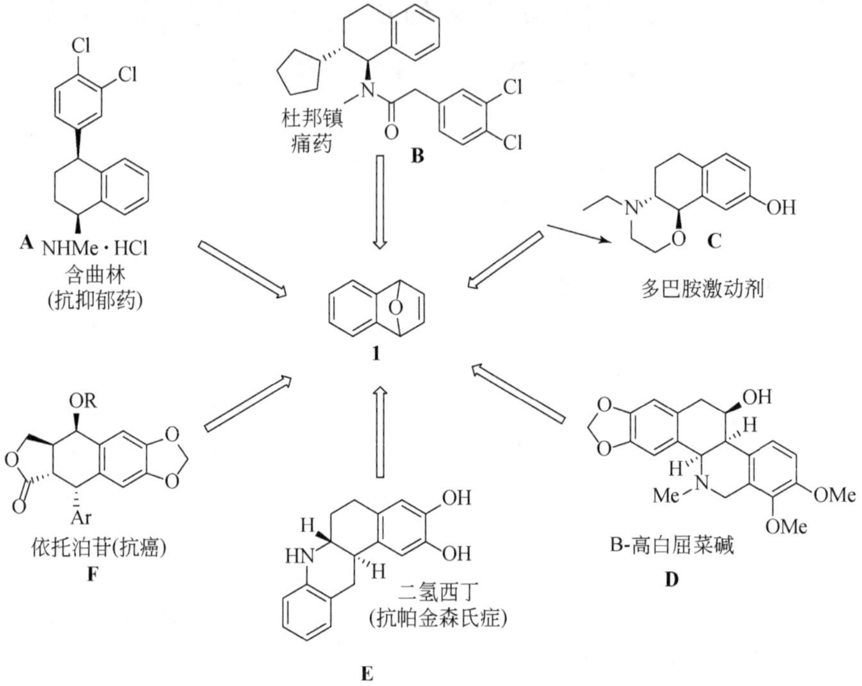

图 5-1　氧杂苯并降冰片烯的不对称开环反应

2001 年，Lautens 课题组[2]首次报道了杂原子亲核试剂参与的氧杂苯并降冰片烯的不对称开环反应（图 5-2），该反应的成功实施极大地推动了对氧/氮杂苯并降冰片烯不对称开环反应的研究。

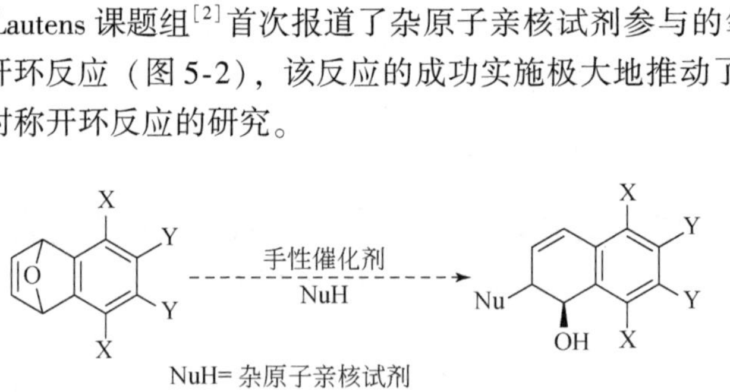

图 5-2　亲核试剂对氧杂苯并降冰片烯的不对称开环反应

首先，他们以［$Rh(CO)_2Cl]_2$为铑源与多种膦配体进行初始实验，反应均生成不溶的红色沉淀，且无开环产物。这种沉淀不能通过进一步加热或长时间搅拌而溶解。然后，他们转向具有更高酸性质的［Rh(COD) $Cl]_2$和膦配体，以模拟

$[Rh(CO)_2Cl]_2$催化剂的 CO 配体。他们注意到，在混合铑和亚磷酸酯配体时产生了均匀的溶液，并且观察到了适度的反应活性（表 5-1，序号：1 ~ 3）。为了确定膦配体是否兼容，使用了 PPh_3，并给出了类似的反应活性（序号：4）。接下来又考察了双齿配体。事实上，并非所有的配体都表现出相同水平的反应活性。例如，dppe 没有产生任何目标产物；只观察到了氧杂苯并降冰片烯的二聚（序号：5）。当使用具有更大的络合角的 dppb 时，反应能够取得 24% 的收率，对反应有很好的改善作用（序号：6）。根据这一实验现象，使用进一步增加络合角的 dppf 作为配体，如预期的一样，取得了最好的结果（序号：7）。而当反应在室温下进行时，收率明显下降。与 dppf 具有类似结构的 Josiphos 类手性配体在该反应中表现最好，其中，PPF-P^tBu_2（**2**）在所研究的配体中效果最好，在 60℃（表 5-2，序号：1）条件下，以 84% 的收率和 86% 的对映选择性得到了目标产物。因此，他们选择将注意力集中在基于 Josiphos 模板的配体上。改变膦部分上的取代基导致其收率和对映选择性均有不同程度的降低（序号：2 ~ 4），而降低甲醇浓度也会导致同样的负面结果（序号：5）。

表 5-1　铑催化醇与氧杂苯并降冰片烯的开环反应

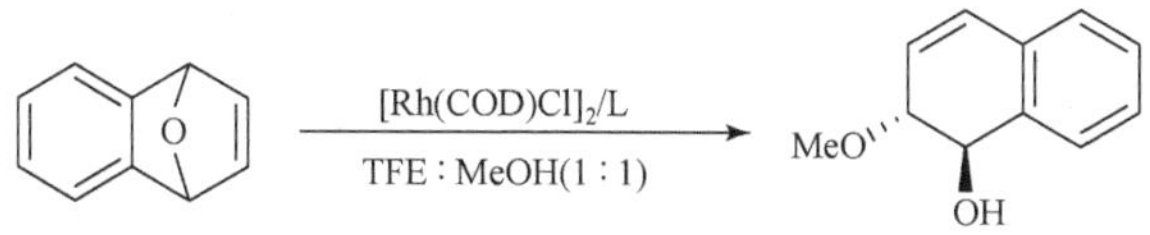

序号	配体	络合角	温度	转化率/%（收率/%）
1	$P(OEt)_3$	—	60℃	23(15)
2	$P(O^iPr)_3$	—	60℃	42(33)
3	$P(OCH_2CF_3)_3$	—	60℃	0
4	PPh_3	—	60℃	22(18)
5	dppe	85	60℃	0
6	dppb	97	60℃	31(24)
7	dppf	96	60℃	>98(88)
8	dppf	96	室温	40(37)

反应温度对产物的收率和对映选择性也同样有着重要的作用，当提高油浴温度至 80℃ 在回流条件下进行反应时，*ee* 值提高到 96%（序号：7）。在此条件下，催化剂的负载量可以降低到 0.5mol%，收率和对映选择性没有降低。在所有这些转化中一个常见的副产物是萘酚，它占了质量平衡的剩余部分。进一步研究溶剂选择的影响，发现 THF 在粗 NMR 中给出了与目标产物相似的诱导和定量转化水

平。通过允许反应过夜运行，催化剂负载量可以降低到0.25mol%（序号：11）。

表5-2　铑催化醇与氧杂苯并降冰片烯的不对称开环反应中手性配体的筛选

$[Rh(COD)Cl]_2$/配体
溶剂体系
温度

RO　OH

PR'_2　PR_2　Fe

R= Ph, R′= ^{t}Bu
PPF-P^{t}Bu$_2$ (**2**)

序号	配体		催化剂用量/mol%	溶剂	温度	收率/%	*ee*/%
	R	R′					
1	Ph	^{t}Bu	5.0	TFE：MeOH(1：1)	60℃	84	86
2	Ph	Cy	5.0	TFE：MeOH(1：1)	60℃	69	71
3	Cy	Ph	5.0	TFE：MeOH(1：1)	60℃	11	17
4	Cy	Cy	5.0	TFE：MeOH(1：1)	60℃	60	31
5	Ph	^{t}Bu	5.0	TFE：5.0 eqMeOH	60℃	32	30
6	Ph	^{t}Bu	5.0	MeOH	60℃	22	46
7	Ph	^{t}Bu	5.0	TFE：MeOH(1：1)	80℃	85	96
8	Ph	^{t}Bu	1.0	TFE：MeOH(1：1)	80℃	80	95
9	Ph	^{t}Bu	0.5	TFE：MeOH(1：1)	80℃	85	97
10	Ph	^{t}Bu	0.5	TFE：MeOH(1：1)	回流	95	97
11	Ph	^{t}Bu	0.25	TFE：MeOH(1：1)	回流	96	97

在底物适用范围的考察中发现，许多不同的醇可以顺利地发生反应，以良好的收率和优异的对映选择性得到产物（表5-3）。此外，当以THF为溶剂，甲醇为亲核试剂时，以优异的产率和对映选择性获得氧杂苯并降冰片烯的开环产物（序号1）。当亲核试剂为乙醇时，该反应的产率明显下降（序号2），异丙醇和烯丙醇在该反应中也有非常优异的表现（序号3,4）。2-(三甲硅基)-乙醇、苯甲醇、对甲氧基乙醇和三氟乙醇都会导致反应收率下降（序号5,6,7,8）。亲核性非常弱的六氟异丙醇也能够顺利发生反应，得到相应的开环产物（序号9）。另外，当催化剂负载量非常低时，仍然取得了优异的结果。

为了探究氧杂苯并降冰片烯取代基对反应的影响，他们制备了二氟、亚甲基二氧和二甲基二溴底物，并在标准条件下进行反应。这三个均以良好的收率和优异的*ee*值得到了相应的开环产物**3**、**4**和**5**，表明该反应对芳环上的电子效应不敏感（图5-3）。

表 5-3 铑催化醇与氧杂苯并降冰片烯的开环反应中醇类底物的拓展

[Rh(COD)Cl]$_2$(0.125 mol%)
2(0.25 mol%)
ROH (4~5 equvi.)
THF/80℃(或回流)

序号	醇	时间/h	收率/%	*ee*/%
1	MeOH	4	96	97
2	EtOH	3	84	97
3	^{i}PrOH	3	94	93
4	烯丙醇	9	92	>99
5	2（三甲硅基）乙醇	8	53	95
6	苯甲醇	24	66	>98
7	对甲氧基乙醇	24	87	97
8	TFE	10	70	98
9	HFIP	9	90	93

[Rh(COD)Cl]$_2$/配体
溶剂体系
温度

R= Ph, R′ = ^{t}Bu
PPF-P^{t}Bu$_2$(**2**)

3 90% (95% *ee*)
4 88% (96% *ee*)
5 79% (97% *ee*)

图 5-3 氧杂苯并降冰片烯类底物的拓展

以［Rh(COD)Cl］$_2$ 为金属前体，双膦二茂铁作配体，实现以醇为亲核试剂对氧杂苯并降冰片烯的不对称开环反应。该工作首次报道了一种高效的新型铑催化的氧杂苯并降冰片二烯不对称开环反应。该反应具有非常高的区域和非对映选择性（99∶1）及出色的对映选择性（高达99% *ee*）。而且，反应的催化剂负载量可以低至0.25mol%。该反应的成功对后续杂原子亲核试剂对氧/氮杂苯并降冰片烯的不对称开环反应有着非常重要的启发作用。

2004 年，Albrecht Salzer 课题组[3]以芳烃面配位三羰基铬为骨架，合成了一系列平面手性双膦配体，用于铑催化的氧杂苯并降冰片烯与甲醇的不对称开环反应。该反应具有较高的收率和 *ee* 值。他们设计并合成了这类配体后，尝试了氢化、加氢乙烯基化、烯丙基磺化等常见的对映选择性催化反应，由于在以往的氧杂苯并降冰片烯开环反应中，双膦配体的使用十分普遍且具有较好的效果，故将该配体应用在氧杂苯并降冰片烯的开环反应中。实验证明该类配体与铑共同催化对苯并降冰片烯开环具有良好的催化效果（表 5-4）。

表 5-4　三羰基铬手性配体的筛选

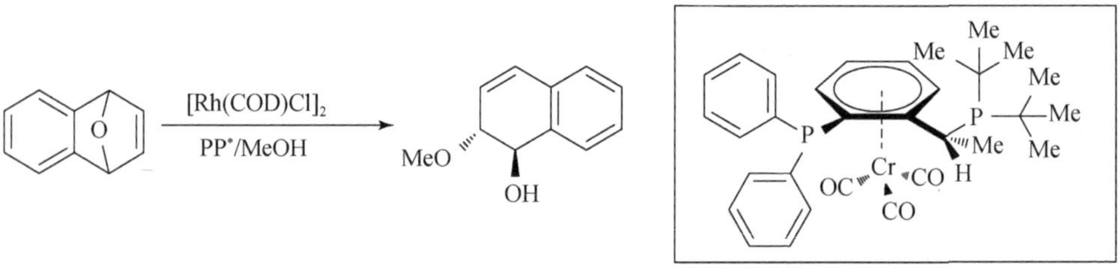
[Rh(COD)Cl]2
PP*/MeOH
MeO
OH
Me
Me
Me
Me
Me
Me
Me
P
P
Cr
OC
CO
CO
H

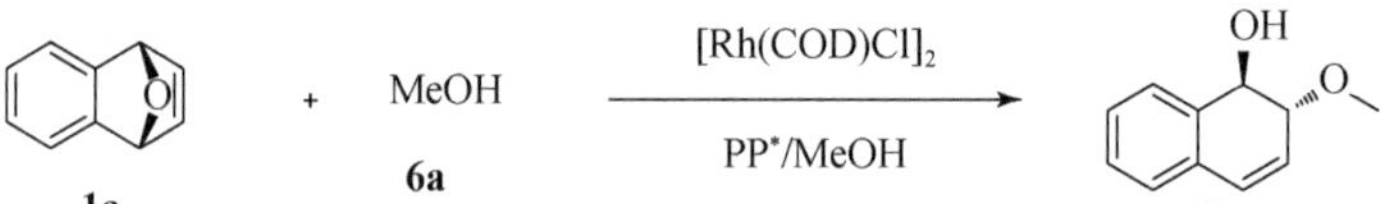
+
MeOH
[Rh(COD)Cl]2
PP*/MeOH
OH

1a　6a　7aa

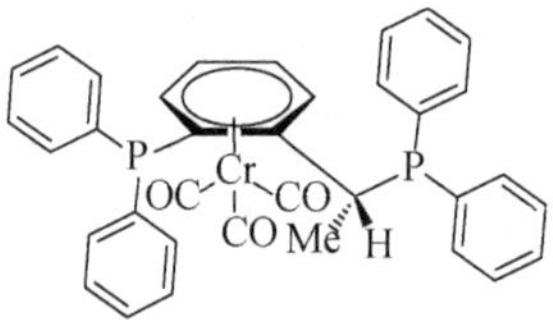

8

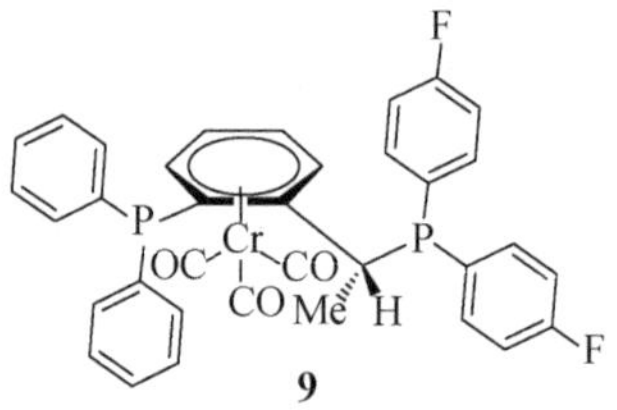

9

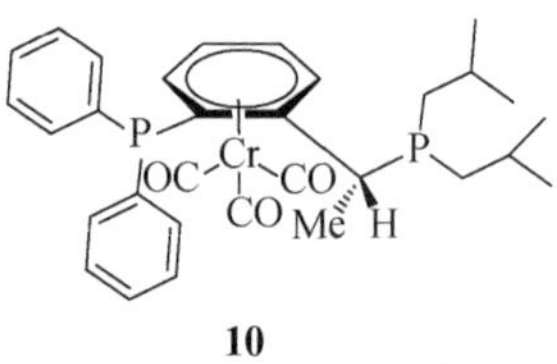

10

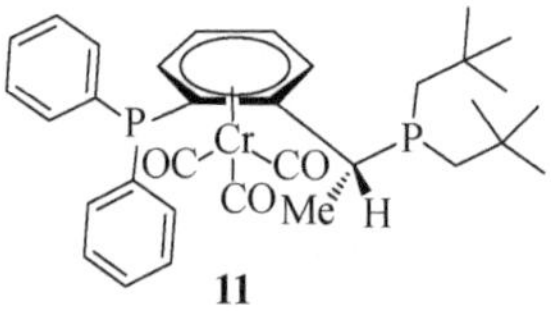

11

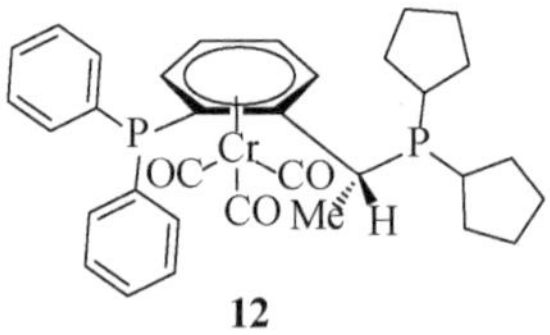

12

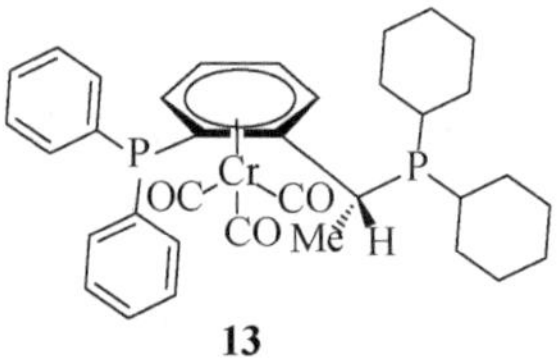

13

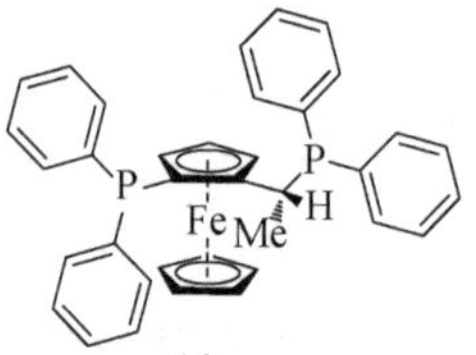

14

序号	配体	收率/%	*ee*/%
1	PPh_2/PPh_2（**8**）	69	80. 3

续表

序号	配体	收率/%	*ee*/%
2	PPh_2/P (^{p}FPh)$_2$ (**9**)	10	50.9
3	PPh_2/P (^{i}Bu)$_2$ (**10**)	20	75.0
4	PPh_2/P (^{t}Bu)$_2$ (**11**)	59	97.5
5	PPh_2/Pcyclpent (**12**)	79	84.7
6	PPh_2/PCy_2 (**13**)	53	93.1
7	Fc/PPh_2/PCy_2 (**14**) "Josiphos"	36	92.4

使用甲醇作为亲核试剂，在80℃下，铑以100∶1的底物与配体比和5h的反应时间进行催化。获得的对映选择性范围从中等到非常好，用配体**11**获得的最佳值为97.5%*ee*。考虑到所用的一系列配体拥有相同的骨架，*ee*值却在相当大的范围内变动，这也直接表明了该反应对配体的空间和电子性质的敏感性。其中富电子的配体有利于产物的转化，而对映选择性的提高则有赖于空间效应的影响。二茂铁类配体也可以给出较高的*ee*值，但合成的新配体中部分具有更高的收率和更好于其*ee*值。

在前期研究的基础上，Mark Lautens课题组[4]发现二茂铁类配体对铑催化的氧/氮杂苯并降冰片烯的不对称开环反应有着非常明显的影响（图5-4）。为了更好地理解铑催化亲核试剂与氧/氮杂苯并降冰片烯的不对称开环反应的机理，以及配体和底物的作用，他们在2004年对铑催化的不对称开环反应进行了催化剂和底物的详细研究。

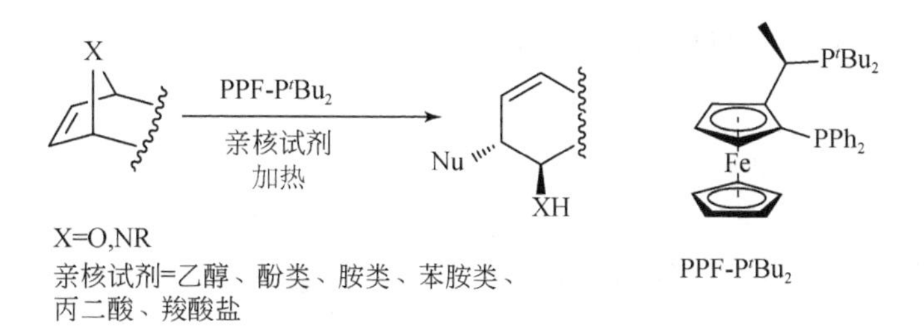

图5-4 铑催化亲核试剂与氧/氮杂苯并降冰片烯的不对称开环反应通式

为了详细探究Josiphos类配体中膦上取代基对反应的影响，他们选择以氧杂苯并降冰片烯与甲醇的不对称开环反应为基准反应来找到配体对反应结果影响的关键。通过比较配体**2**和**15**的反应活性和对映选择性，出现了两种趋势（图5-5）。首先，通过增加空间位阻体（^{t}Bu>Cy），使用体积更大的^{t}Bu$_2$P配体**2**，对映选择性从 88% 提高到 96%。然而，这种对映选择性的增加是以牺牲反应活性为代价的，因为 $^{t}Bu_2P$ 配体 **2** 产生的催化剂的活性大约是 Cy_2P 配体 **15** [K_{obs}0.023 *vs.* 0.009mol/(L·s)]产生的催化剂的一半。

[Rh(COD)Cl]$_2$(1mol%)
配体(2.2mol%)
MeOH/THF(1∶1)
回流
MeO
OH

PCy$_2$ PPh$_2$ Fe **15** K_{obs}= 0.023 88% *ee*

P^{t}Bu$_2$ PPh$_2$ Fe **2**(PPF- P^{t}Bu$_2$) K_{obs}= 0.009 96% *ee*

PCy$_2$ H P Fe CF$_3$ CF$_3$ 2 **16** K_{obs}= 0.003 83% *ee*

PCy$_2$ H P Fe CH$_3$ OCH$_3$ CH$_3$ 2 **17** K_{obs}= 0.019 84% *ee*

图 5-5　不同 Josiphos 配体在氧杂苯并降冰片烯不对称开环反应中的应用

为了探究膦电子效应的影响，对比了配体 **16** 和 **17**（方案 2）。假设一个最小的空间差异，因为 **17** 的甲氧基取代基在对位。这些配体的主要区别是电子，因为 $[3,5\text{-}(CF_3)_2\text{—}C_6H_3]_2P$ 基团是缺电子的，而 $[3,5\text{-}(CH_3)_2\text{-}4\text{-}(MeO)\text{—}C_6H_2]_2P$ 是富电子的。对比反应结果，产物 *ee* 值相差不大，为 83%（**16**）和 84%（**17**）。然而，观察到对反应性的剧烈影响。从动力学运行，它确定了更富电子的配体 **17** 产生的催化剂是 6.8 倍以上的反应从配体 **16** 产生。

为了研究膦在苄基和二茂铁取代基的位阻的相对大小的重要性，比较了配体 **15** 和 **18**（图 5-6）。在反应活性和对映选择性方面，与配体 **15** 相比，配体 **18** 得到了较差的结果。

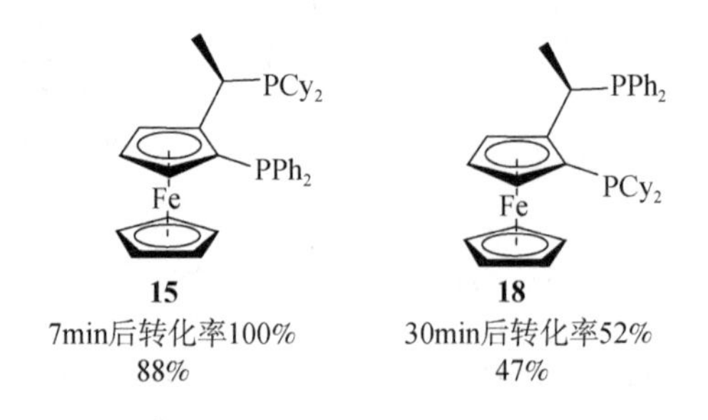

图 5-6　不同 Josiphos 配体的结果

为了进一步了解取代基对配体的影响，对配体 **19** ~ **22** 进行了研究（图5-7）。配体 **19** 是缺电子的，具有两个大小相似的膦，产生的效果最差，30min后只有30%的转化率和8%的 *ee* 值。最好的结果是含有一个大的苄基膦和一个较小的二茂铁膦的富电子配体 **22**。在配体 **22** 的作用下，得到了100%的转化率和92%的 *ee* 值。配体 **20** 和 **21** 的结果位于方案3的另外两个象限，支持富电子配体产生更多的反应性催化剂（配体 **21** 和 **22** *vs.* 配体 **19** 和 **20**）和在苄位具有更大空间位阻的膦得到更好的 *ee*（配体 **20** 和 **22** *vs.* 配体 **19** 和 **21**）。

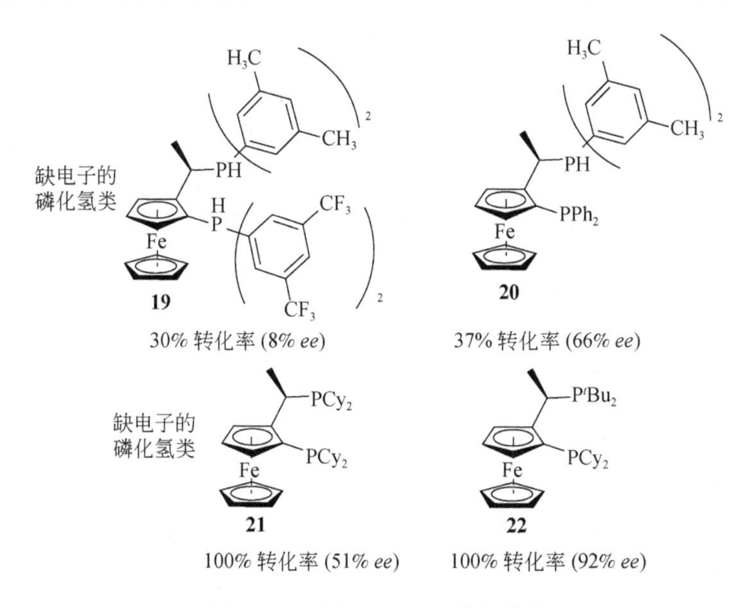

图5-7　不同 Josiphos 配体的结果

为了探究 Josiphos 骨架中平面和中心手性元素的相对重要性，对配体 **15** 和 **12** 进行了研究（图5-8）。这两个非对映异构体配体具有相同的（*R*）-中心手性，但具有相反的平面手性，其反应结果具有显著差异。配体（*R*，*S*）-PPF-PCy_2 **15** 在7min后给出100%的转化率，而其对映异构体（*R*，*R*）-PPF-PCy_2 **23** 在30min后给出67%的转化率。对映选择性也受到手性的两个元素的影响。通过只改变平面手性，诱导感发生逆转，以33.4% *ee* 给出相反的对映异构体。这一发现表明，平面手性在确定绝对感应意义上起着最大的作用，但中心手性必须与平面手性相匹配才能获得高 *ee* 值。

这些结果描述了 PPF-P^tBu_2 骨架的重要性，并制定了可能用于寻找更多反应性和选择性催化剂的准则。为了最大限度地提高反应活性，两种膦必须是富电子的。为了获得最高的对映选择性，两个膦必须具有不同的大小，较大的膦位于苄位。最优非对映异构体包含（*R*）中心和（*S*）平面手性［或对映体（*S*，*R*）］。

PCy$_2$ PPh$_2$ Fe　　PPh$_2$ PCy$_2$ Fe

15　　**23**

(R,S)-PPF-PCy$_2$　　(R,R)-PPF-PCy$_2$

7min后转化率100%　　30min后转化率67%

87.6% *ee*　　−33.4% *ee*

图 5-8　不同 Josiphos 配体的结果

其他二茂铁配体用于催化不对称反应，包括 C_2-Ferriphos 和 BPPFA（图 5-9）。虽然它们对氧杂苯并降冰片烯的 ARO 能够取得中等效果，但其反应活性不如 PPF-P^{t}Bu$_2$。例如，使用 C_2-Ferriphos 时，在 30min 后获得 72% 的收率和 77% *ee* 的结果，BPPFA 的结果也类似，取得了 83% 的收率和 73% *ee* 的结果。

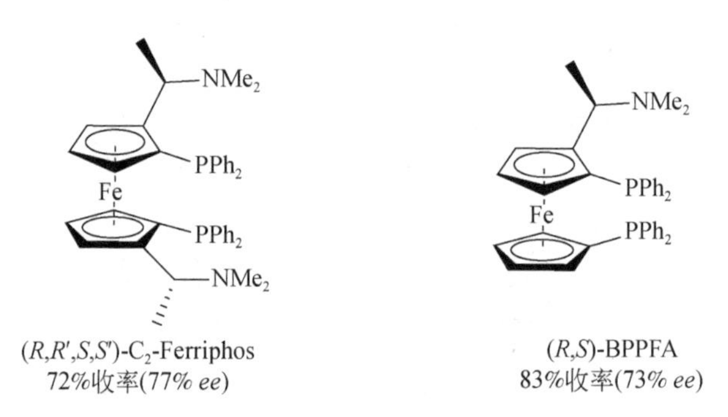

图 5-9　其他 Josiphos 配体结果

为了量化这些观察，他们使用不同酸度的醇和酚类，进行了动力学和竞争实验。对不同 pK_a 的五种不同苯酚亲核试剂的产物外观随时间变化的图显示，当使用酸性更强的酚类时，反应速率更快。因此，4-羟基苯乙酮的反应最快［K_{obs} = 0.0033mol/(L · s)］，对甲酚的反应最慢［K_{obs} = 0.0016mol/(L · s)］。通过绘制［K_{obs}(X)/K_{obs}(H)］*vs.* σ^- 的对数，显示了一个线性的 Hammett 相关性，其值为 0.30。

为了进一步探究酸性和亲核性在这些反应中的相对重要性，进行了竞争实验。这些实验是用成对的醇和酚亲核试剂进行的。在一个实验中，5equiv. 的异丙醇和六氟异丙醇（HFIP）与 **1** 反应，通过周期性的等分去除和粗^{1}H NMR 分析来监测反应进度。即使在 100% 转化率下，也不能检测到异丙醇的掺入（图 5-10 中式 1）。在另一个实验中，使用了 5equiv. 的 4-羟基苯乙酮和对羟基苯甲醚。在转化率为 68% 时，得到了 13 : 16 的 16 : 1 比例（产物不同构型），表明酸性越强的苯酚优先发生反应（图5-10中式2）。

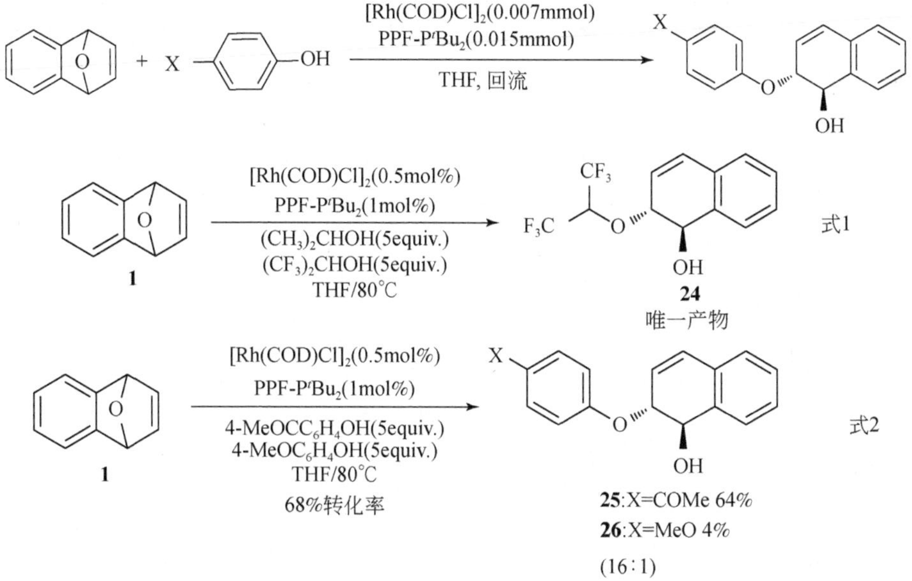

$[Rh(COD)Cl]_2$(0.007mmol)
PPF-P^{t}Bu$_2$(0.015mmol)
THF, 回流

$[Rh(COD)Cl]_2$(0.5mol%)
PPF-P^{t}Bu$_2$(1mol%)
$(CH_3)_2CHOH$(5equiv.)
$(CF_3)_2CHOH$(5equiv.)
THF/80℃

式1　**1**　**24**　唯一产物

$[Rh(COD)Cl]_2$(0.5mol%)
PPF-P^{t}Bu$_2$(1mol%)
4-$MeOCC_6H_4OH$(5equiv.)
4-$MeOC_6H_4OH$(5equiv.)
THF/80℃
68%转化率

式2　**1**　**25**:X=COMe 64%　**26**:X=MeO 4%　(16∶1)

图5-10　铑催化异丙醇和苯酚对氧杂苯并降冰片烯的开环反应

紧接着对两个不同的取代位置进行了研究，以确定是否存在导向效应。在第一种情况下，通过甲基取代底物**27**的反应研究了桥头取代的影响。在MeOH∶TFE（1∶1）和［Rh（CO）$_2$Cl］$_2$催化条件下，只有区域异构体**28**是由取代程度较高的桥头碳上的C—O键断裂产生的（图5-11中式3）。还研究了更远的取代基效应，当**30**在［Rh（CO）$_2$Cl］$_2$催化下，THF∶MeOH（1∶1）中60℃反应时，仅生成区域异构体**31**，说明远程给电子取代基影响开环步骤（图5-11中式4）。

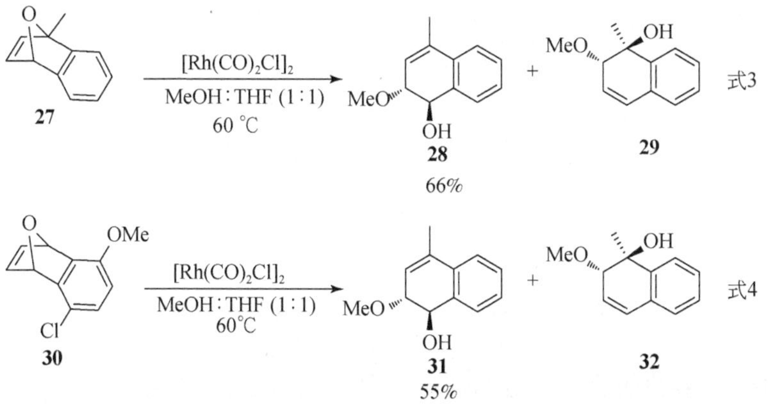

$[Rh(CO)_2Cl]_2$
MeOH∶THF (1∶1)
60 ℃

式3　**27**　**28** 66%　**29**

$[Rh(CO)_2Cl]_2$
MeOH∶THF (1∶1)
60℃

式4　**30**　**31** 55%　**32**

图5-11　铑催化醇与氧杂苯并降冰片烯的开环反应

为了探讨阳离子稳定的重要性，他们用三种氧杂苯并降冰片烯底物进行了竞争实验。等摩尔量的 **1** 和亚甲基二氧基取代的 **34** 与甲醇反应。5min 后，**34** 的转化率为 16%，**1** 的转化率为 7%（图 5-12 中式 5）。相反，当等摩尔量的 **1** 和二氟取代的 **36** 反应时，未取代的 **1** 反应更迅速，转化率为 10%，而 **36** 的转化率仅为 3%。缺乏氧桥和烯烃的底物在标准反应条件下难以进行反应。例如，缺乏烯烃功能的底物 **38** 在标准条件下不会与甲醇发生反应。同样，缺乏氧桥的底物 **39** 也是惰性的，烯烃和氧桥都是反应发生所必需的。

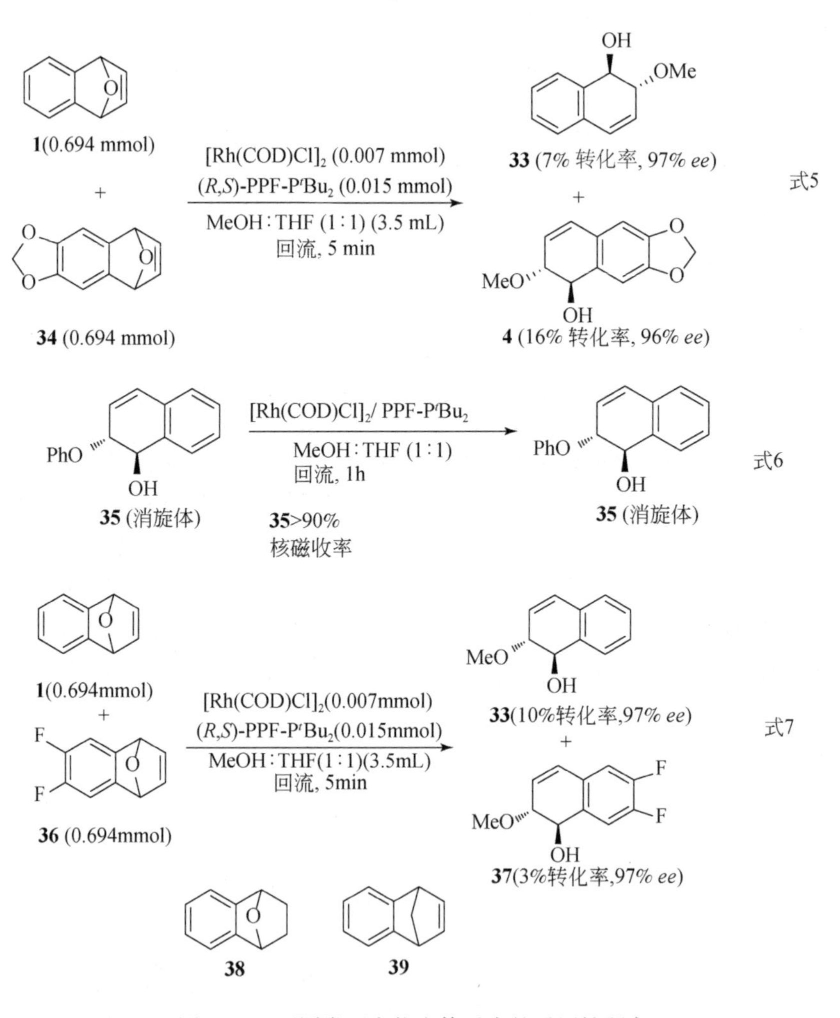

图 5-12　不同类型底物在体系中的适用性研究

基于对该实验的研究，他们提出了可能的机理，如图 5-13 所示。当［Rh(COD)Cl］$_2$用作铑催化剂时，二聚络合物 **40** 通过溶剂化、底物结合得到单体配合物**41**。底物与氧杂苯并降冰片烯**1**进行亲核试剂作用，氧化插入之后可逆作用并保留桥头C—O键中，得到π-烯丙基或烯基醇铑配合物**43**或**44**。因为氧杂苯并降冰片烯底物中环应变的释放与形成Rh(Ⅲ)醇盐络合物的过程不可逆，因此提出C—O键的氧化断裂是催化循环中的对映体的决定步骤。无论与烯丙基部分结合的精确模式如何，由于醇盐配体的直接影响，和金属铑更靠近苄基碳原子的位置。两个烯基配合物**44**和**45**说明了可能的铑配合物。因为与［4.2.0］结构**45**相关的环应变很大，与更稳定的［2.2.2］结构**44**相比，这种烯基配合物应该不成立的。类似的过程也可以应用于烯丙基铑配合物**43**通过将烯丙基部分上的金属铑移动到相对于醇盐的远端位置，环应变将最小化。

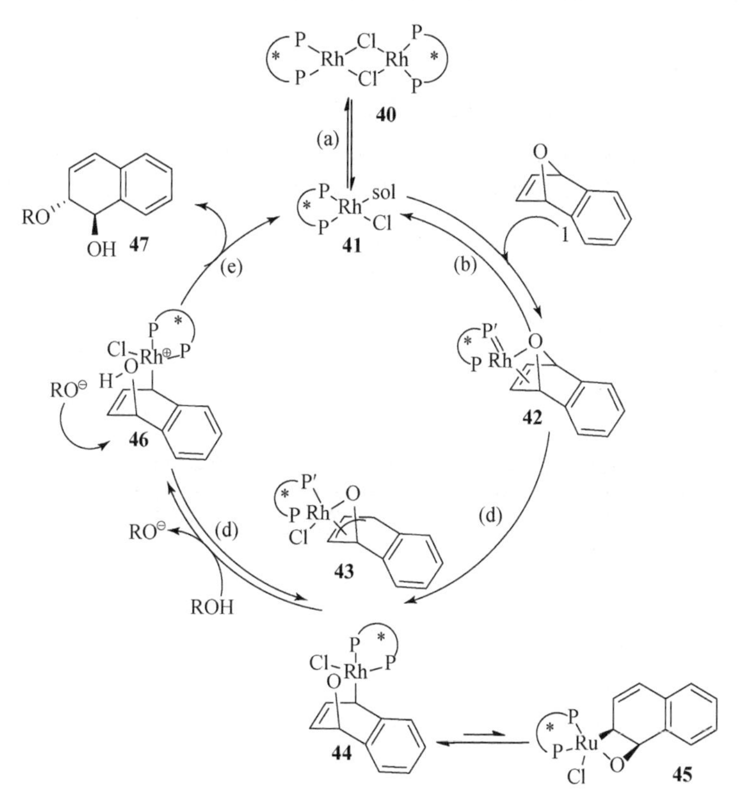

图5-13 铑催化醇与氧杂苯并降冰片烯的开环反应的可能机理

该实验研究已经实现了对PPF-P^{t}Bu$_2$配体的重要性质的更好理解，这些性质有助于在铑催化的氧杂双环烯烃的不对称开环（ARO）反应中获得高反应性和对映选择性。这些结果制定了可用于寻找更具反应性和选择性的催化剂的指导方针。为了最大限度地提高反应性，两种膦都应该富含电子。为了获得最高的对映选择性，两种膦应具有不同的大小，较大的膦位于苄基位置。最佳的非对映异构体包含（R）中心和（S）平面手性［或对映异构体（S，R）对］。另外还进行了催化剂和底物研究，以深入了解铑催化的 ARO 反应的机理。基于这些结果，已经提出了一种使所有实验观察结果合理化的机械工作模型。

2013 年，Mark Lautens 等[5]提出了使用 Rh(I) 催化的氧杂苯并烯不对称开环（ARO）反应作为模板体系，定性研究金属–配体相互作用的方法。在铑催化甲醇与氧杂苯并降冰片烯的不对称开环反应中，设想通过使用一种金属催化剂和两种配体，手性（L^*）和非手性/外消旋（L），可以利用开环产物 2 的 *ee* 值，以深入了解两种配体与金属中心的结合以及相对两种配合物的反应性（方案 1）。根据金属催化剂（M）与配体（L^* 和 L）的摩尔当量，可以通过两种可能的极限情况来解释这一假设。

最初，他们以 PPF-P^tBu_2（Josiphos）为手性配体，另外选择八个单齿和双齿非手性膦配体用于一系列催化剂的竞争实验。Rh/Josiphos 组成的催化剂催化的 ARO 可以取得 94% *ee* 和 85% 收率的结果（表 5-5 和表 5-6，序号：1）。接着，他们又分别测试了 Rh/Josiphos 和非手性/外消旋配体在相同条件下的开环反应活性。实验发现 DPPF、DPPB、DPPP 和 Binap 会不同程度地影响反应结果，而 S-Phos、X-Phos、DPPM 和 DPPE 则对反应基本没有影响。产物的 *ee* 受 DPPM、DPPE、DPPP、DPPF、X-Phos 和 S-Phos（表 5-5，序号：2 ~ 7）的影响最小。这表明这些配体要么不能与 Rh 结合，要么使催化剂活性变差。而（+）-Binap 和 DPPB 的作用非常明显，表明这两个配体能够与 Josiphos 竞争和铑络合。

表 5-5　铑催化不对称开环反应中催化剂竞争研究

序号	配体	铑：配体 1：配体 2	收率/%	*ee*/%
1	—	4：4：0	85	94
2	DPPE	4：2：2	85	94
3	X-Phos	4：2：4	83	94
4	DPPF	4：2：2	55	92
5	DPPM	4：2：2	81	90
6	DPPP	4：2：2	70	90
7	S-Phos	4：2：4	16	90
8	(+)-Binap	4：2：2	77	84
9	DPPB	4：2：2	76	70

接着，他们又改变了金属与配体的比例，用于更进一步观察两种配体对金属的竞争。一些配体如 DPPE、DPPM、X-Phos 和 S-Phos 与 Rh 的结合很差，对于反应结果并没有大的改变，给出了高的 *ee* 值，这表明 Rh 与 Josiphos 优先结合。当

使用 DPPF 和 DPPP（表 5-6，序号：7 和 9）时，它们形成的反应性催化剂比 Josiphos（序号：4 和 6）少得多，但 *ee* 值下降更严重，这表明它们之间存在竞争 Josiphos 与 Rh 结合。在消旋 Binap 和 DPPB（序号：6 和 8）的情况下，也会导致 *ee* 的损失，这可能是由于金属和配体竞争结合后，它们形成了反应催化活性不同（序号：8 和 9）导致 *ee* 的下降。

表 5-6 铑催化不对称开环反应中消旋配体和手性配体竞争研究

序号	消旋配体	铑：消旋配体：手性配体 (PPF-P^tBu2)	收率/%	*ee*/%
1	—	4：4：0	85	94
2	DPPE	4：4：4	75	92
3	DPPM	4：4：4	82	89
4	X-Phos	4：4：8	63	88
5	S-Phos	4：4：8	22	86
6	(+)-Binap	4：4：4	64	80
7	DPPF	4：4：4	71	80
8	DPPB	4：4：4	32	60
9	DPPP	4：4：4	29	52

为了真正模拟多金属/多配体体系，他们在反应中引入了额外的金属（Pd 或 Cu 配合物）（表 5-7），当 $Pd(OAc)_2$以等摩尔当量（序号：1、2，序号：8、9）存在时，Rh/DPPB 和结合力更强的 DPPP 组合时，*ee* 值基本不会降低。这一结果表明 Pd 优先与 DPPB 或 DPPP 生成了一个无活性的催化剂，也消除了这些配体与 Rh 的结合，从而留下 Rh 与 Josiphos 络合形成催化剂，用于催化反应。

表 5-7 不对称开环反应中多金属催化体系的考察

序号	铑：手性配体：金属：消旋配体	收率/%	*ee*/%
1	Rh：L^*：$Pd(OAc)_2$：DPPB(4：4：4：4)	60	94
2	Rh：L^*：$Pd(OAc)_2$：DPPP(4：4：4：4)	57	92
3	Rh：L^*：$Pd(OAc)_2$：DPPP(8：4：8：4)	37	96
4	Rh：L^*：$Pd(OAc)_2$：X-Phos(4：4：4：8)	40	88
5	Rh：L^*：$PdCl_2(PPh_3)_2$：DPPP(4：4：4：4)	18	76
6	Rh：L^*：Pd_2dba_3：DPPP(4：4：4：4)	43	66
7	Rh：L^*：$Pd(PPh_3)_4$：DPPP(4：4：2：4)	13	54

续表

序号	铑：手性配体：金属：消旋配体	收率/%	ee/%
8	Rh：L* ：$Pd(OAc)_2$：DPPP(4：4：2：4)	19	14
9	Rh：L* ：$Pd(OAc)_2$：DPPP(4：4：4：4)	12	10

理论上每种金属都能与Josiphos和DPPP结合，导致*ee*值降低或转化率降低，但结果表明Rh/Josiphos和Pd/DPPP是最优的组合。在X-Phos的情况下，*ee*值与没有Pd（OAc）$_2$（表5-7，序号：4）的情况相同，表明Pd与X-Phos之间存在弱的结合作用。CuⅠ和DPPP之间似乎有中等程度的结合，因为*ee*比先前单独使用Rh(0）得到的*ee*稍高。使用其他Pd配合物会导致收率急剧下降（序号：5、7、9），在某些情况下还导致*ee*值急剧降低。当配合物中存在额外的配体，如PPh_3和dba时，可能产生了多种连接催化物种的混合物，而Pd（0）配合物可能分解氧碱基底物或通过插入桥头堡C—O键促进外消旋环的打开。

Lautens认为这一新的概念可应用于其他金属催化反应以研究金属配体相容性问题，例如，哪些因素有助于设计新的催化体系催化多组分反应，尤其是在不对称反应中实现。

5.3　铱催化醇或水与氧/氮杂苯并降冰片烯类化合物的不对称开环反应

杨定乔课题组[6]在之前的研究中发现：一方面，在铱催化下，张力大的双环烯烃的不对称开环对于形成功能化的二氢萘结构是一个高效且具有对映选择性的过程；另一方面，在手性铱复合物催化下，氧/氮杂苯并降冰片烯与胺的开环反应有很高的收率和对映选择性。在此基础上，该课题组提出了一个与上述研究相似的氧/氮杂苯并降冰片烯与含氧亲核试剂的不对称开环反应。但是，可能由于含氧亲核试剂就不具有强亲核性，很少有人将甲醇作为亲核试剂。在不对称开环反应中，带有取代基的苄醇作为亲核试剂也没有被证明其作用，反应得到的开环产物的立体化学结果（顺式/反式）同样未知。该课题组报道了氮杂苯并降冰片烯**48a**～**48d**与多种取代基的苄醇或硫醇在铱催化剂作用下的两种不同反应类型，证明了不同亲核试剂对反应类型有着不同的作用。他们考察了配体、催化剂载体、溶剂、添加剂及反应温度对收率和对映选择性的影响，得到了最佳反应条件。

接着以最佳条件进行底物醇的拓展。实验结果（表5-8）发现，氮杂苯并降冰片烯与苄醇的开环反应以较好的收率和优异的*ee*值（可达到94%）得到1,2-反式-烷氧基氨基产物。

表 5-8　*N*-Ts-氮杂苯并降冰片二烯 48b 与各种醇的不对称开环反应的范围

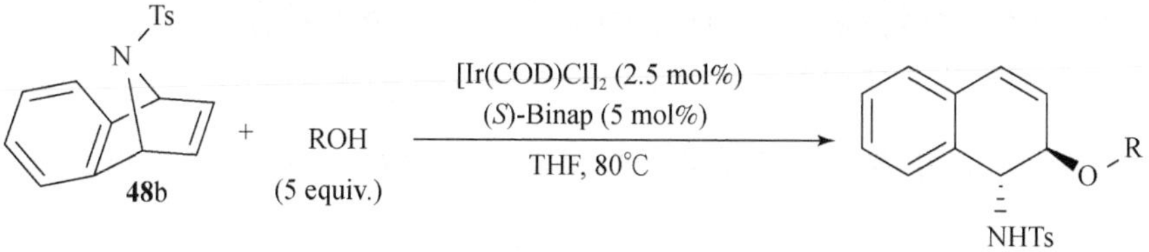

Ts N **48b** + ROH (5 equiv.) —— $[Ir(COD)Cl]_2$ (2.5 mol%), (*S*)-Binap (5 mol%), THF, 80℃ → O R, NHTs **49a~49l**

序号	醇	时间/h	产物	收率[a]/%	*ee*[b]/%
1	CH_3OH	15	**49a**	85	4
2	CH_3CH_2OH	22	**49b**	90	1
3	$^{i}PrOH$	15	**49c**	75	12
4	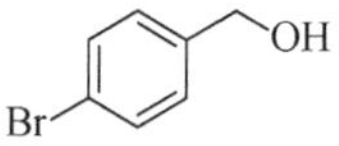 Br, OH	24	**49d**	75	30
5	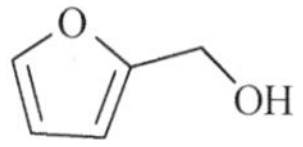 O, OH	13	**49e**	51	94
6	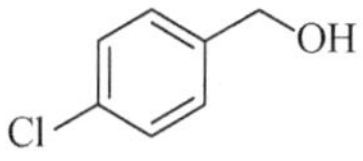 Cl, OH	15	**49f**	55	92
7	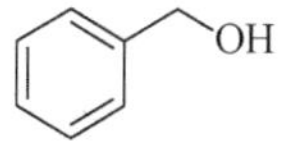 OH	17	**49g**	45	78
8	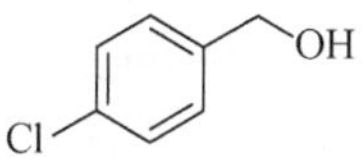 Cl, OH	36	**49h**	65	73
9	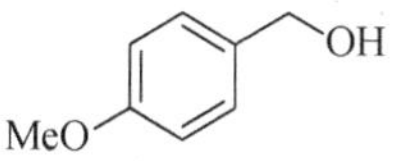 MeO, OH	36	**49i**	32	82
10	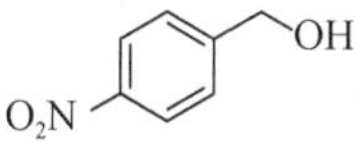 O_2N, OH	36	**49j**	60	60
11	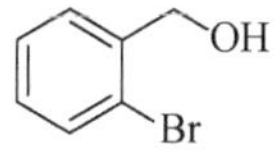 OH, Br	18	**49k**	75	12
12	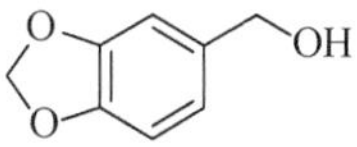 O, O, OH	48	**49l**	45	88
13	Ph_3COH	36	**49m**	痕量	—

a. R^1：Boc=叔丁氧基羰基[$COOC(CH_3)_3$]，Ts=4-甲基苯磺酰基，Nos=4-硝基-苯磺酰，Bs=4-溴苯磺酰基。b. 硅胶柱色谱后的分离收率。

另外，他们也以同样的体系尝试了氮杂苯并降冰片烯 **48a** ~ **48d** 与硫醇的不对称开环反应。最终没有得到想要的开环产物，而是以高收率但较低的 *ee* 值得到对应的加成产物，证明了亲核试剂对反应类型的影响（表 5-9）。

表 5-9　*N*-取代的氮杂苯并降冰片二烯 48a ~ 48d 与硫醇的铱催化加成反应的范围[a]

$[Ir(COD)Cl]_2$ (2.5 mol%)
(*S*)-Binap (5 mol%)
THF,80℃

48a: R^1 = Boc
48b: R^1 = Ts
R^2 = Cl, OCH_3
50a~50d

序号	**R^1**取代基	**R^2**取代基	产物	收率[b]/%	*ee*[c]/%
1	Boc	Cl	**50a**	80	9
2	Boc	OCH_3	**50b**	82	8
3	Ts	Cl	**50c**	85	1
4	Ts	OCH_3	**50d**	88	5
5[d]	Boc	Cl	**50a**	6	0
6[d]	Boc	OCH_3	**50b**	48	0
7[d]	Ts	Cl	**50c**	29	0
8[d]	Ts	OCH_3	**50d**	46	0

a. 在 80℃（油浴温度）下，在$[Ir(COD)Cl]_2$(2.5mol%)和(*S*)-Binap(5.0mol%)存在下，用 1a、1b (0.2mmol)和 5.0 当量的硫醇(1.0mmol)在 THF(2.0mL)中进行反应。b. 硅胶柱色谱后的分离收率。c. 用手性细胞 OD-H 柱通过高效液相色谱法测定。d. 反应在 1a、1b(0.2mmol)和 5.0 当量的硫醇(1.0mmol)的 THF(2.0mL)中进行。

根据实验结果，他们提出了形成开环产物 **49** 的可能的反应机理，如图 5-14 所示。首先，当 $[Ir(COD)Cl]_2$用作铱源时，与手性双膦配体形成手性二聚铱络合物 **A**。接着，氮杂苯并降冰片烯 **48b** 的氮原子和双键可逆地配位到催化剂的铱中心，得到中间体 **B**。在这个步骤中，含有较小基团（—Ts）的中间体 **B** 比含相对较大的基团（—Boc）更稳定。然后，铱氧化插入 **B** 的 C—N 键形成中间体 **C**。在铱催化剂的 S_N2'亲核置换中，具有构型反转的醇进行亲核攻击，随后释放反式-1,2-烷氧基氨基产物 **49**，并再生铱络合物 **A**。

2019 年，Dingqiao Yang 课题组[12]首次报道了以铱为催化剂，以水为亲核试剂，在不存在双膦配体的情况下苯并降冰片烯的开环反应，在 30min 内获得了收率高达 99% 的各种取代的二氢萘产品（图 5-15）。当以醇为质子亲核试剂时，在同样的时间内获得了相应的反式-1,2-二取代二氢萘醇产物。相较于其他方法，该

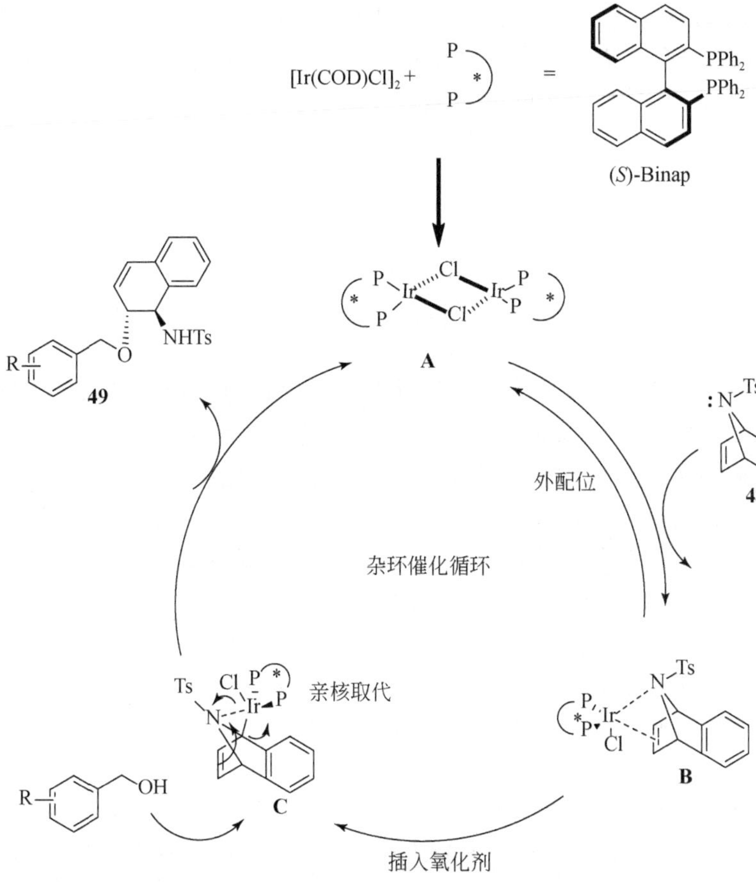

$[Ir(COD)Cl]_2$ + P * P = PPh$_2$ PPh$_2$

(*S*)-Binap

A

49 NHTs

R O

: N Ts

48b

外配位

杂环催化循环

Ts Cl P * P Ir N 亲核取代

R OH

C

P * P Ir Cl N Ts

B

插入氧化剂

图 5-14 可能的反应机理

+H_2O $[Ir(COD)Cl]_2$ (1mol%~2.5mol%) 1,4-二氧六环/H_2O, 2∶1(*v*/*v*), TBAI 30min

OH Y 98% 收率 Y=Me

或 R^1 XH OH R^2 R^2 R^1 达到99%收率

X= *N*-Boc BF_3 OEt_2 CH_2Cl_2, 室温

NH_2 65%收率

R^1 R^2 R^2 R^1 X Y

X=O, *N*-Boc, *N*-Bs, *N*-Ac Y=H 或 Me

+ROH R=烷基、苯甲酰基

$[Ir(COD)Cl]_2$ (1 mol%) 30min, TBAI 无溶剂

R^1 XH OR R^2 R^2 R^1 达到99%收率

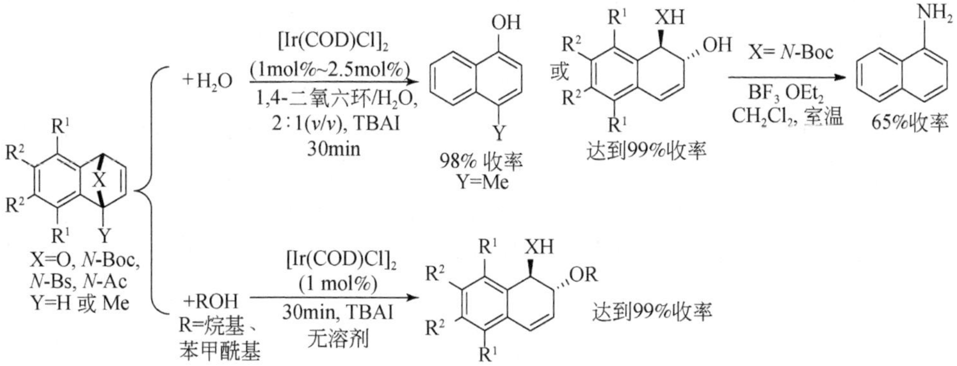

图 5-15 铱（Ir）催化氧/氮杂苯并降冰片烯与水或醇的开环反应

反应体系无需双膦配体，并且在低催化剂负载量的条件下（催化剂用量仅为1mol%）进行；此外，以路易斯酸 BF_3OEt_2 为催化剂，通过醇对氮杂苯并降冰片烯的开环产物的芳构化反应合成了 1-萘胺（图 5-16）。

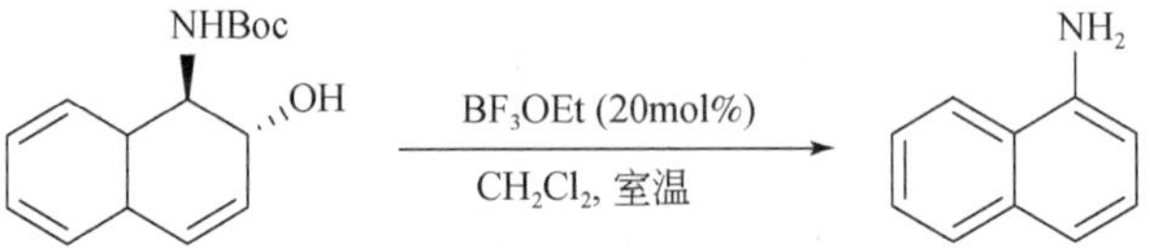

NHBoc　OH　BF_3OEt (20mol%)　CH_2Cl_2, 室温　NH_2

图 5-16　开环产物的延伸反应

在实验条件的优化过程中发现：手性配体的存在对开环反应及产物的收率没有影响，而有机溶剂中水的体积比却对产物的收率有很大影响。结果证明：提高混合溶剂中水的体积比有利于反应的专一性和催化活性，其中以 1,4-二氧六环与水的混合溶剂体积比为 2：1 最佳。这一表现很大可能是由于底物在有机溶剂的界面上与水分子形成广泛的氢键，从而激活碳–氧键来提高反应速率。在催化体系中，升高、降低催化剂的量对收率没有较大的影响，但是对于是否添加 TBAI，对实验有着显著的影响。一方面，TBAI 作为一种常用的相转移催化剂，可以帮助水捕获水面上的卤素原子。另一方面，更合理的解释是 TBAI 的碘离子在水中有很强的亲核性，因此很容易攻击被激活的基底的双键来诱导开环。

在底物适应性范围研究中，发现给电子基团的底物比吸电子基团的反应底物收益更优。然而，当使用不对称性底物进行反应时，仅得到芳构化产物，一个合理的解释是，底物中含有甲基的桥头碳具有导致消除产物而不是置换产物的空间位阻效应。在氧/氮杂苯并降冰片烯与多种醇亲核试剂的开环反应中，对于反应性较低的底物，当使用黏度相对较高的 1,3-丙二醇作为亲核试剂时，以不错的收率得到相应的产物。

对该反应提出了可能的机理（图 5-17）：首先，在 TBAI 存在下形成碘化铱络合物 **A**。氧杂苯并降冰片烯的氧原子和双键可逆地配位到催化剂的铱中心以提供中间体 **B**。铱氧化插入 **B** 的 C—O 键中得到 **C**。然后，建议在铱催化剂的 S_N2' 置换过程中发生碘离子从氧杂苯并降冰片烯 **1a** 的背面进攻，以及构型反转以形成 **D**。最后，随后通过 S_N2' 置换水释放所需产物 **51a**，并再生活性催化剂 **A** 以完成下一个催化循环。

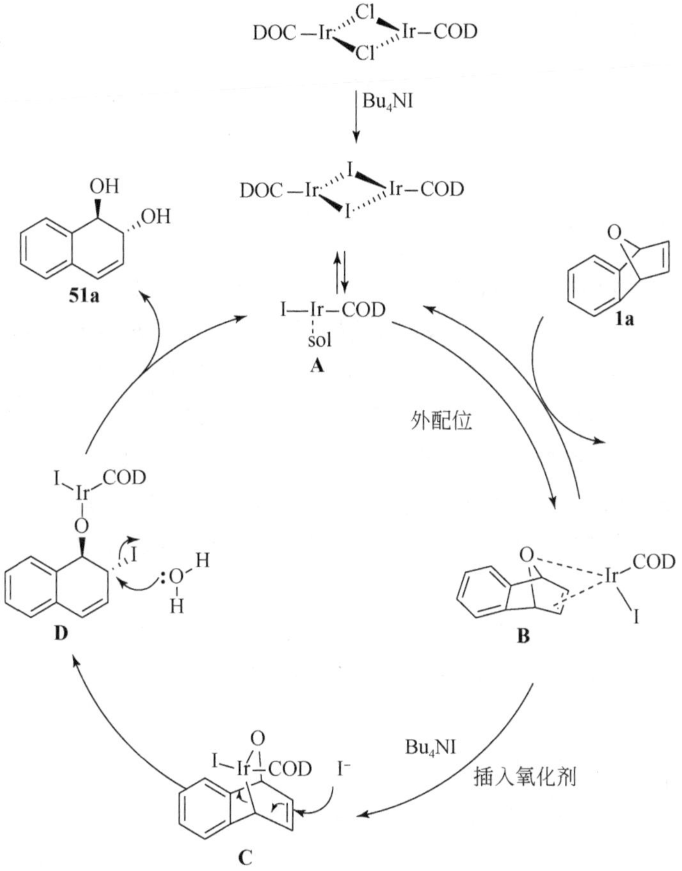

图 5-17 可能的反应机理

5.4 钌催化醇与氧杂苯并降冰片烯类化合物的不对称开环反应

在已有的报道中，多种过渡金属可以用于氧/氮杂苯并降冰片烯的开环反应中，如镍、钛、锆、铁、铜、钯、铑等。而对于钌催化的亲核试剂与氧/氮杂苯并降冰片烯的开环反应报道较少。2013 年，William Tam 课题组[7]首次报道了钌催化的以甲醇为亲核试剂的氧杂苯并降冰片烯的开环反应，弥补了在此之前的氧/氮杂苯并降冰片烯钌催化剂的缺失（图 5-18）。

首先，他们对反应条件进行了详细的优化。阳离子型钌催化剂几乎没有反应活性，仅能得到 10% 左右的开环产物。接着，他们又对多种钌催化剂进行了尝

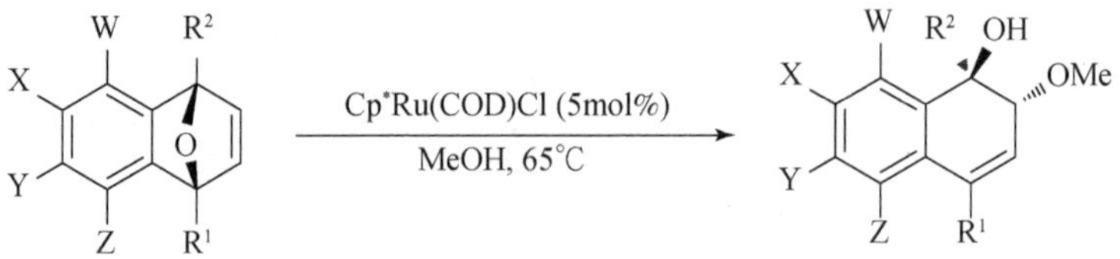

图 5-18　钌催化醇与氧杂苯并降冰片烯类化合物的不对称开环反应

试，在筛选过的各种中性钌催化剂（表 5-10，序号：3～12）中，Cp* Ru(COD)Cl 和 Cp* Ru(COD)Br 是一种活性较高的催化剂，以 57%～66% 的收率得到了开环产物 **53a**。而 Cp* Ru(COD) Cl 的催化活性更高一点。接着，他们以 Cp* Ru(COD)Cl为催化剂，对不同的反应温度和溶剂进行了筛选。当将反应温度从 65℃降低到 40℃和 25℃时，同样可以得到收率相当的 **53a**，但需要更长的反应时间（序号：12～14），证明温度降低会直接影响反应速率。在溶剂实验中，当只使用 20equiv. 的 MeOH 和使用另一种溶剂［如 THF、二氯乙烷（DCE）、甲苯、丙酮、二氧六环、己烷等（序号：15～20）］时，开环产物的收率急剧下降，而更多生成其重排产物萘酚。类似于铑催化的 7-氧杂苯并降冰片烯 **1a** 的亲核开环反应，这些钌催化的亲核开环反应被发现具有高度的立体选择性，使得反式产物成为唯一的立体异构体。通过核磁共振数据与文献数据的比较，证实了产物 **53a** 的立体化学性质（表 5-11）。

表 5-10　钌催化醇与氧杂苯并降冰片烯的不对称开环反应条件筛选

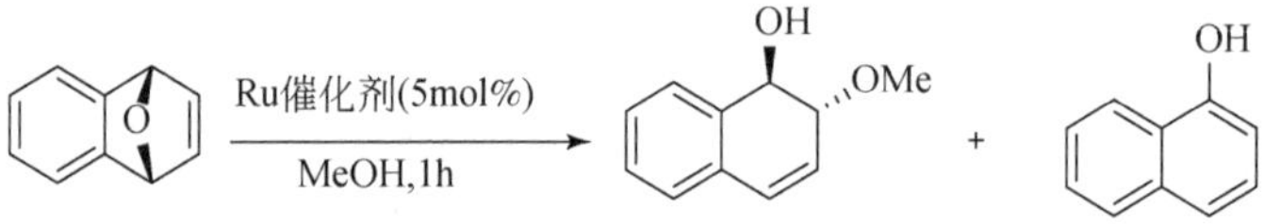

序号	钌催化剂	温度/℃	溶剂	收率/%	
				53a	**54a**
1	$[CpRu(CH_3CN)]PF_6$	65	MeOH	7	3
2	$[Cp^*Ru(CH_3CN)]PF_6$	65	MeOH	12	5
3	$Ru(PPh_3)Cl_2$	65	MeOH	5	3
4	$[Ru(COD)Cl_2]_x$	65	MeOH	0	0
5	$[RuCl_2(CO)_3]_2$	65	MeOH	0	45
6	$CpRu(PPh_3)_2Cl$	65	MeOH	0	0
7	CpRu(COD)I	65	MeOH	11	5
8	CpRu(COD)Br	65	MeOH	6	6

续表

序号	钌催化剂	温度/℃	溶剂	收率/%	
				53a	**54a**
9	Cp * Ru(COD)Cl	65	MeOH	8	5
10	Cp * Ru(COD)I	65	MeOH	10	11
11	Cp * Ru(COD)Br	65	MeOH	57	17
12	Cp * Ru(COD)Cl	65	MeOH	66	5
13	Cp * Ru(COD)Cl	40	MeOH	62	3
14	Cp * Ru(COD)Cl	25	MeOH	68	2
15	Cp * Ru(COD)Cl	65	THF	8	38
16	Cp * Ru(COD)Cl	65	DCE	5	47
17	Cp * Ru(COD)Cl	65	甲苯	13	36
18	Cp * Ru(COD)Cl	65	丙酮	7	48
19	Cp * Ru(COD)Cl	65	二氧六环	6	42
20	Cp * Ru(COD)Cl	65	己烷	0	44

表 5-11　钌催化甲醇与氧杂苯并降冰片烯开环反应底物的拓展

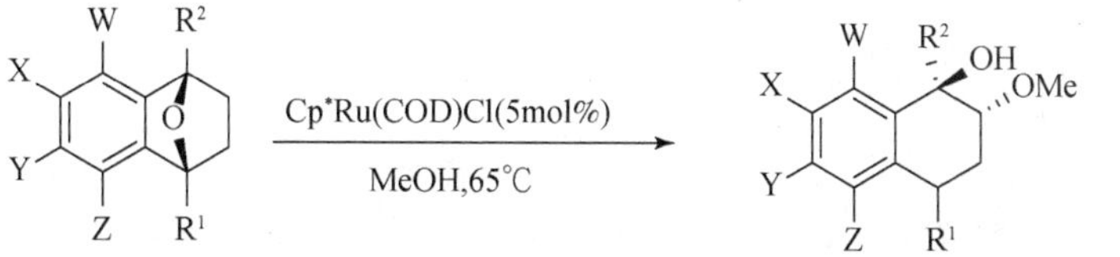

W, R², X, Y, Z, R¹; O; **52a~52k** —— Cp*Ru(COD)Cl(5mol%), MeOH,65℃ ——> W, R², OH, OMe, X, Y, Z, R¹; **53a~53k**

序号	氧杂苯并降冰片烯	开环产物	时间/h	**8(54)**[b] 的收率[a]/%
1	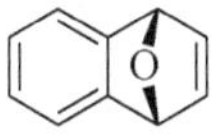 **52a**	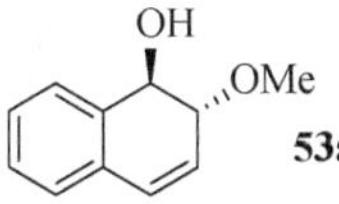 OH, OMe; **53a**	1	66 (5)[b]
2	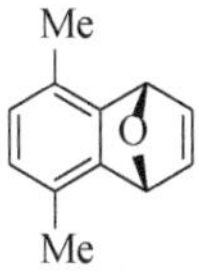 Me, Me, O; **52b**	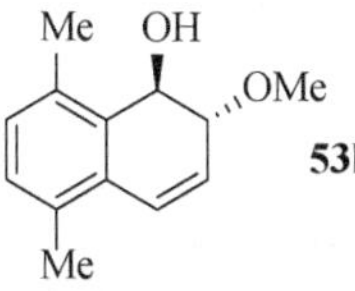 Me, OH, OMe, Me; **53b**	1	59
3	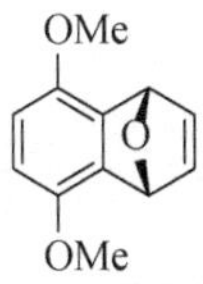 OMe, OMe, O; **52c**	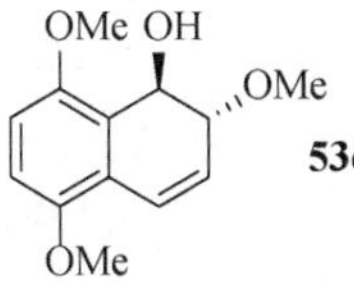 OMe, OH, OMe, OMe; **53c**	1	40[c]

续表

序号	氧杂苯并降冰片烯	开环产物	时间/h	**8**(**54**)[b] 的收率[a]/%
4	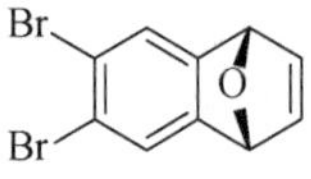 52d	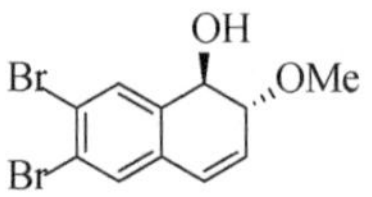 53d	1	56 (17)[b]
5	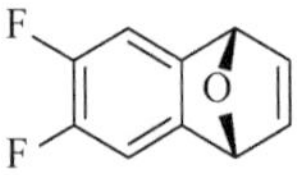 52e	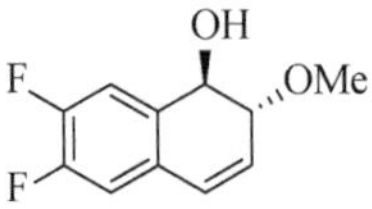 53e	2	81 (19)[b]
6	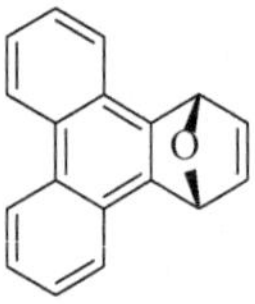 52f	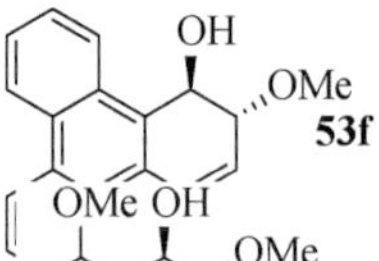 53f	1[d]	26[c]
7	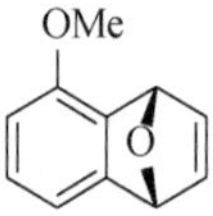 52g	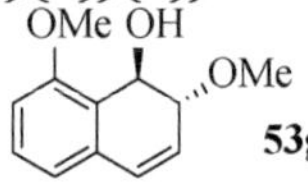 $53g_1$ + $53g_2$ (~1:1)	1	30[c]
8	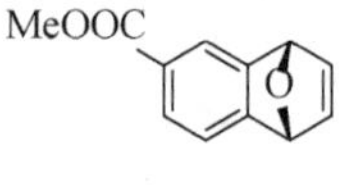 52h	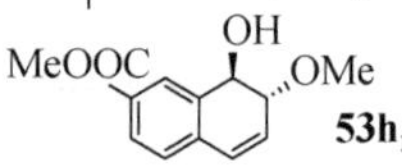 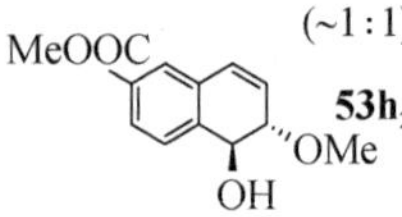 $53h_1$ + $53h_2$ (~1:1)	2[d]	42
9	 52i	—	72	0[e]
10	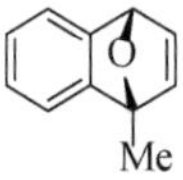 52j	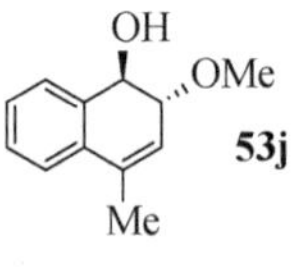 53j	72	20 (70)[b]
11	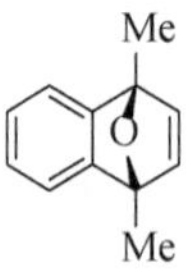 52k	—	48	0 (35)[b]

a. 柱层析后的分离收率。b. 括号中的收率是分离的相应萘酚异构化产物的量。c. 回收了一些 7-氧杂苯并降冰片烯。d. 反应在 80℃下进行。e. 观察到氧杂苯并降冰片烯的分解。

该工作研究了7-氧杂苯并降冰片烯以甲醇为亲核试剂的亲核开环反应。在测试的各种钌催化剂中，Cp* Ru(COD)Cl在开环反应中收率最高。这是使用钌配合物催化这种7-氧杂苯并降冰烯亲核开环反应的第一个例子，这些反应被发现具有高度的立体选择性，只给予抗开环产物中等的收率，并观察到中等到良好的区域选择性。

5.5 钯/路易斯酸协同催化醇与氮杂苯并降冰片烯类化合物的不对称开环反应

本书作者课题组研究发现，过渡金属与路易斯酸的协同催化体系在氧/氮杂苯并降冰片烯中有着非常优秀的催化性能。他们在研究醇对氮杂苯并降冰片烯的不对称开环反应时发现，通过简单改变反应条件，即可实现醇与氮杂苯并降冰片烯的不对称还原开环反应[8]。文献［9］为钯/锌协同催化氧杂苯并降冰片烯以醇为氢源的不对称转移氢化反应，本书不再介绍。

反应条件的优化：以氮杂苯并降冰片烯为模板底物，以甲醇为亲核试剂，选取 $Pd(OAc)_2$ 为金属前体，$AgBF_4$ 为添加剂，首先对不同骨架的手性配体（图5-19）进行了筛选，在氩气氛围的反应管中加入2.0mL甲苯于60℃油浴下反应，用薄层色谱法（TLC）监测反应，直至原料反应完全，以此来开始条件筛选。图5-20为配体筛选中使用的配体。

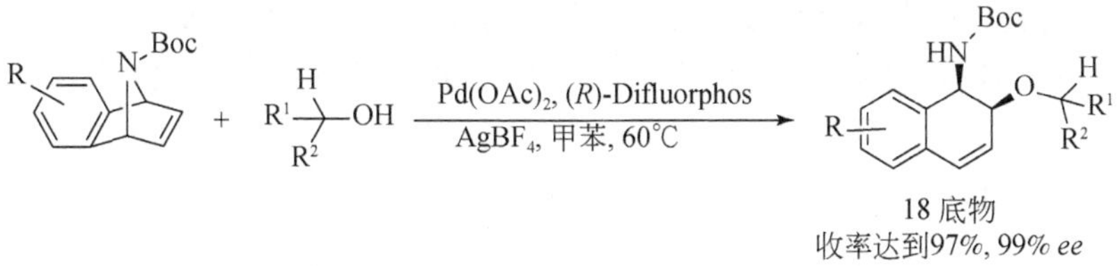

Boc
N
R
H
R¹—OH
R²
Pd(OAc)₂, (R)-Difluorphos
AgBF₄, 甲苯, 60℃
HN
O
R¹
R²
18 底物
收率达到97%, 99% ee

图5-19 钯/路易斯酸协同催化氮杂苯并降冰片烯与醇的不对称开环

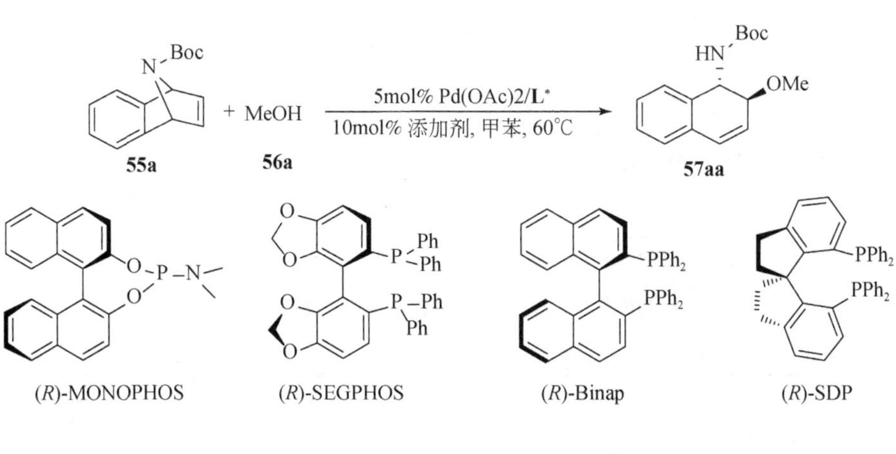

Boc
N
+ MeOH
5mol% Pd(OAc)2/L*
10mol% 添加剂, 甲苯, 60℃
HN
OMe
55a
56a
57aa
PPh₂
PPh₂
(R)-MONOPHOS
(R)-SEGPHOS
(R)-Binap
(R)-SDP

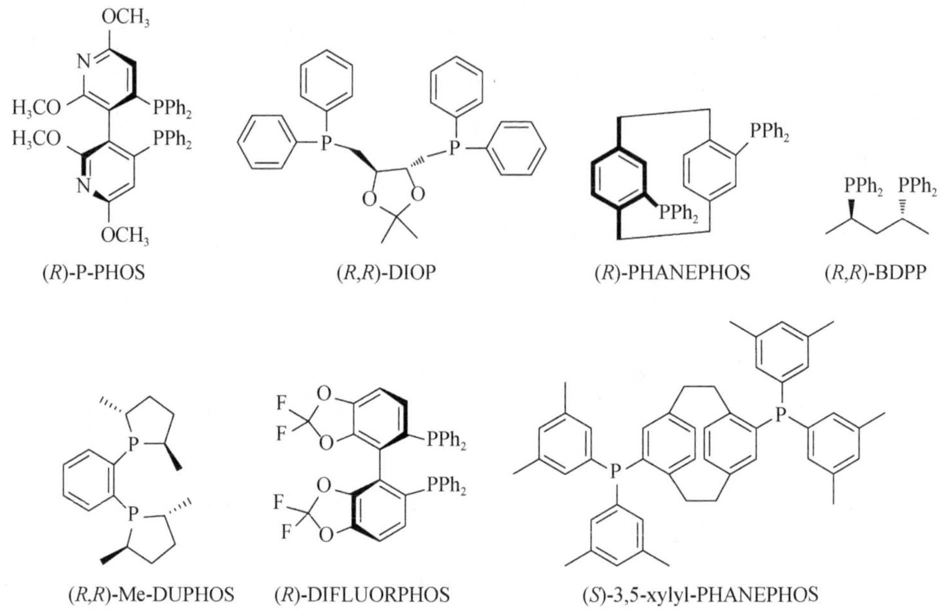

(*R*)-P-PHOS　(*R*,*R*)-DIOP　(*R*)-PHANEPHOS　(*R*,*R*)-BDPP

(*R*,*R*)-Me-DUPHOS　(*R*)-DIFLUORPHOS　(*S*)-3,5-xylyl-PHANEPHOS

图 5-20　配体筛选中所使用的配体

从表 5-12 可以看出，当 Pd（OAc）$_2$为金属前体选用手性单膦配体（*R*）-MONOPHOS（序号：1）和手性双膦配体（*R*）-SEGPHOS（序号：2）时，整个反应活性较低，有大量氮杂苯并降冰片烯未反应完。而换成（*R*）-DIFLUORPHOS（序号：9），能够很好地催化此反应，在 60℃ 的条件下，经过 5h 氮杂苯并降冰片烯已经反应完全，可以得到收率为 96%、*ee* 为 97% 的开环产物。因此，采用（*R*）-DIFLUORPHOS 作为配体进行添加剂的筛选。当添加剂为 $AgPF_6$、$AgSbF_6$、Ag_2O、Bu_4NI、CuI、ZnI_2 及不加入添加剂（序号：11、12、13、19、20、21、22）时，该反应只生成了微量的开环产物。添加剂为 $Cu(OTf)_2$ 和 $Fe(OTf)_3$（序号：14、16）时，反应收率和对映选择性都比较优秀。最后，确定以 Pd（OAc）$_2$为金属前体，（*R*）-DIFLUORPHOS 为最佳的手性配体、$AgBF_4$ 为最佳的添加剂，其收率和对映选择性都表现得较为优秀，对反应条件进行更深入的优化筛选。

表 5-12　甲醇与氮杂苯并降冰片烯不对称加成开环反应中配体和添加剂的筛选[a]

序号	配体	添加剂	时间/h	收率/%[b]	*ee*/%[c]
1	(*R*)-MONOPHOS	$AgBF_4$	48	10	70
2	(*R*)-SEGPHOS	$AgBF_4$	48	8	95
3	(*R*)-Binap	$AgBF_4$	8	89	92

续表

序号	配体	添加剂	时间/h	收率/%[b]	*ee*/%[c]
4	(*R*)-SDP	$AgBF_4$	3	63	70
5	(*R*)-P-PHOS	$AgBF_4$	7	95	72
6	(*R*)-PHANEPHOS	$AgBF_4$	2	52	79
7	(*R*, *R*)-BDPP	$AgBF_4$	48	70	80
8	(*R*, *R*)-DIOP	$AgBF_4$	5	47	—
9	(*R*)-DIFLUORPHOS	$AgBF_4$	5	96	97
10	(*R*)-DIFLUORPHOS	AgOTf	10	60	98
11	(*R*)-DIFLUORPHOS	$AgPF_6$	48	Trace	—
12	(*R*)-DIFLUORPHOS	$AgSbF_6$	48	Trace	—
13	(*R*)-DIFLUORPHOS	Ag_2O	48	Trace	—
14	(*R*)-DIFLUORPHOS	$Cu(OTf)_2$	9	91	97
15	(*R*)-DIFLUORPHOS	CuOTf	48	24	97
16	(*R*)-DIFLUORPHOS	$Fe(OTf)_3$	4	89	97
17	(*R*)-DIFLUORPHOS	$Fe(OTf)_2$	48	44	98
18	(*R*)-DIFLUORPHOS	$Zn(OTf)_2$	24	42	96
19	(*R*)-DIFLUORPHOS	Bu_4NI	48	Trace	—
20	(*R*)-DIFLUORPHOS	CuI	48	Trace	—
21	(*R*)-DIFLUORPHOS	ZnI_2	48	Trace	—
22	(*R*)-DIFLUORPHOS	—	48	Trace	—

a. 反应条件：将 $Pd(OAc)_2$(0.01mmol)、路易斯酸(0.02mol)和手性配体(0.012mol)在甲苯(1mL)中于室温下在 Ar 下搅拌 30min。加入 1a(0.2mmol)和 2a(0.6mmol)，并将反应混合物在 60℃下搅拌指定的时间段。b. 使用1,3-苯并二恶唑作为内标物，基于^{1}H NMR 计算收率。c. 通过 HPLC 分析测定。

溶剂及温度对反应也有很大的影响，因此对溶剂和温度进行筛选，结果见表 5-13。

表 5-13 甲醇与氮杂苯并降冰片烯不对称开环反应中溶剂和温度的影响[a]

55a + MeOH **56a** —— $Pd(OAc)_2$(5mol%), (*R*)-DIFLOUEPHOS(6mol%), $AgBF_4$(10mol%), 溶剂, 温度 → **57aa**

序号	温度/℃	溶剂	时间/h	收率/%	*ee*/%
1	60	THF	36	30	96
2	60	DCE	3	27	90
3	60	二氧六环	5	67	97
4	60	MTBE	6	90	93
5	60	Et_2O	9	87	98
6	60	DME	48	Trace	—
7	60	DMA	48	NR	—
8	40	甲苯	24	72	97
9	60	甲苯	5	96	97
10	70	甲苯	2.5	93	97

a. 反应条件：将 $Pd(OAc)_2$(0.01mmol)、路易斯酸（0.02mol）和手性配体（0.012mol）在甲苯（1mL）中于室温下在 Ar 下搅拌 30min。加入 1a(0.2mmol) 和 2a(0.6mmol)，并将反应混合物在 60℃下搅拌指定的时间段。

如表 5-13 所示，通过实验发现，溶剂为 1,4-二氧六环、四氢呋喃及乙醚（序号：1、3、5）时对映选择性都比较优秀，但收率不是特别高。溶剂为 DMA（序号：7）时，这个反应不能发生，而以甲苯为溶剂时，对映选择性和收率都较好。因此，选择甲苯作为溶剂对温度进一步研究，发现温度为 40℃（序号：8）时，反应活性明显下降，收率降低；温度为 60℃（序号：9）时结果最好，收率为 96%，对映选择性为 97%；温度为 70℃（序号：10）时，反应时间明显缩短，但收率略微下降。所以，选择 60℃为最佳反应温度。

在以上条件基础上，对甲醇的用量也进行了筛选。对于 96% 收率，97% 的对映选择性已经比较优秀，但为了进一步提升反应结果，对亲核试剂甲醇的用量进行了筛选，结果见表 5-14。

表 5-14　甲醇与氮杂苯并降冰片烯不对称开环反应中甲醇用量的影响[a]

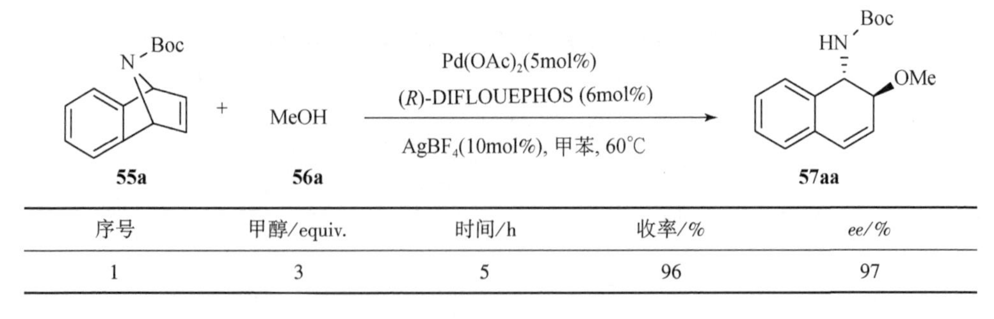

序号	甲醇/equiv.	时间/h	收率/%	*ee*/%
1	3	5	96	97

续表

序号	甲醇/equiv.	时间/h	收率/%	*ee*/%
2	6	5	97	97
3	12	4	89	96

a. 反应条件同表5-13。

如表5-14所示，通过实验发现，甲醇为氮杂苯并降冰片烯的3equiv.，6equiv.（序号：1、2）时结果相差不大，甲醇为氮杂苯并降冰片烯的12equiv.（序号：3）时反应时间缩短了，但收率反而下降了。因此，确定最优的反应条件为3equiv.的甲醇。

在优化好的条件下，用各种脂肪醇及具有不同取代基的苄醇作为亲核试剂与氮杂苯并降冰片烯进行开环反应，实验结果见表5-15。

表5-15 不同醇与氮杂苯并降冰片烯的开环反应[a]

55a + R—OH (**56a~56m**) → **57aa~57am**

$Pd(OAc)_2$(5mol%)，(*R*)-DIFLOUEPHOS(6mol%)，$AgBF_4$(10mol%)，甲苯，60℃

序号	醇亲核试剂	时间/h	收率/%	*ee*/%
1	MeOH	5	96	97
2	EtOH	5	93	97
3	Me_2CHOH	5	84	97
4[d]	环己醇	48	89	>99.9
5	正辛醇	6	84	97
6[d]	4-MeO-$C_6H_4CH_2OH$	22	67	98
7[d]	$C_6H_5CH_2OH$	24	73	96

续表

序号	醇亲核试剂	时间/h	收率/%	*ee*/%
8[d]	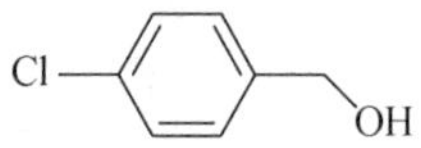 Cl; OH	23	58	98
9[d]	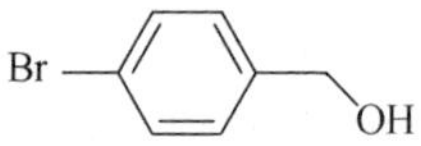 Br; OH	18	68	99
10[d]	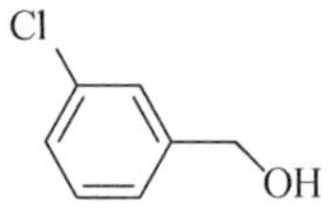 Cl; OH	28	61	99
11	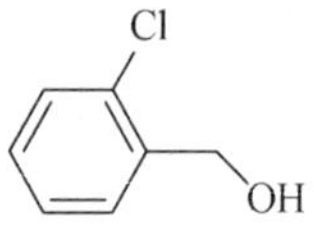 Cl; OH	10	37	>99
12[d]	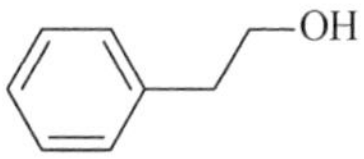 OH	17	82	96
13[d]	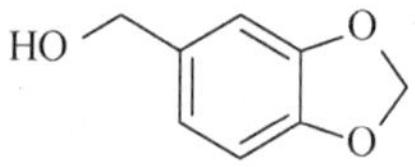 HO; O; O	17	71	>99

a. 反应条件同表 5-13。

通过脂肪醇和不同取代基的芳香醇与氮杂苯并降冰片烯的开环反应实验发现（表 5-15），大部分的醇类化合物都有很好的收率和对映选择性，脂肪醇的收率比芳香醇好，而芳香醇的对映选择性比脂肪醇的略高。当苄醇对位取代基无论是供电子基团还是吸电子基团，都对产物的对映选择性和收率没有影响（序号：6、7、8、9）；当吸电子基团由对位变成间位时，产物的对映选择性和收率没有影响；而当邻位有取代基时，该反应收率大大降低（序号：8、10、11）。这说明位阻大对反应效果不好。

以甲醇为亲核试剂与氮杂苯并降冰片烯类化合物进行不对称还原开环，以考察该反应体系对底物的适应性，结果如表 5-16 所示。

如表 5-16 所示，该反应体系对同类型的大部分底物都有非常好的适应性，都取得了较好的结果。其中，甲醇对苯环具有邻溴的氮杂苯并降冰片烯的收率和对映选择性较低（序号：2）；保护基团由 Boc 换为其他保护基团时，产物的收率和对映选择性也有所降低（序号：7）。

表 5-16 甲醇与含不同取代基的氮杂苯并降冰片烯的不对称加成开环反应[a]

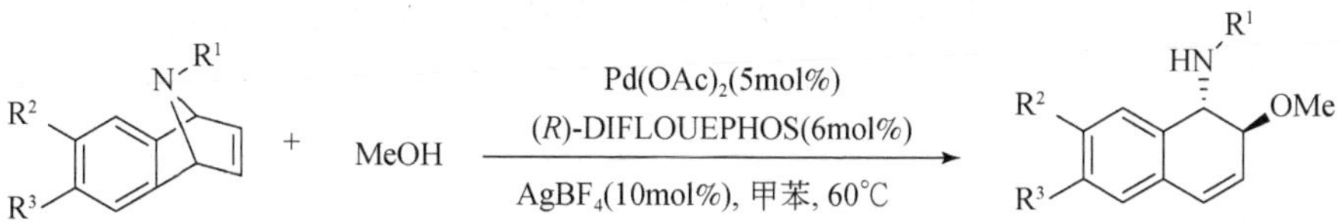

R^1, R^2, R^3 (**55a~55g**) + MeOH (**56a**) —$Pd(OAc)_2$(5mol%), (*R*)-DIFLOUEPHOS(6mol%), $AgBF_4$(10mol%), 甲苯, 60℃→ HN-R^1, OMe, R^2, R^3 (**57aa~57ga**)

序号	底物	时间/h	收率/%	*ee*/%
1	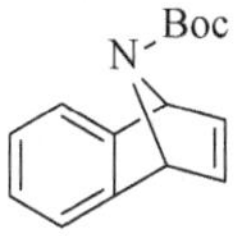 N-Boc	5	97	97
2	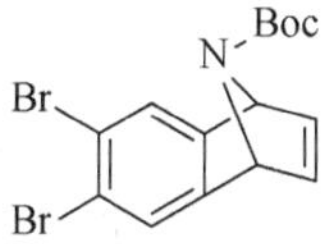 N-Boc, Br, Br	24	88	84
3[d]	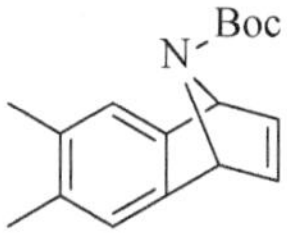 N-Boc	30	90	95
4[d]	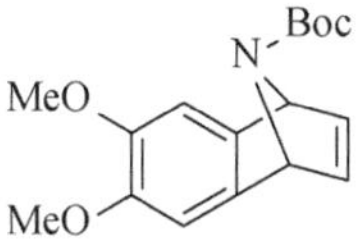 N-Boc, MeO, MeO	6	93	99
5[d]	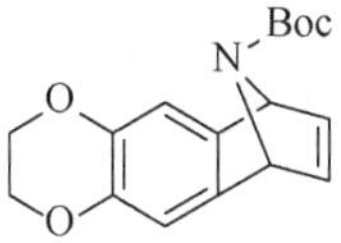 N-Boc, O, O	21	88	>99
6[d]	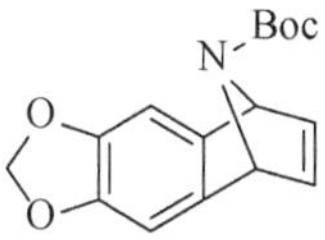 N-Boc, O, O	10	90	98
7	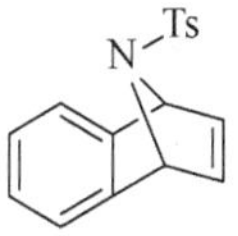 N-Ts	24	70	92

a. 反应条件同表 5-13。

5.6 钴催化环丙醇与氧杂苯并降冰片烯类化合物的对映选择性和化学加成

2019 年，Yoshikai 课题组[10] 以氯化钴和手性二膦为原料制备催化剂，实现了钴催化的环丙醇与氧杂苯并降冰片烯之间的不对称开环反应，如图 5-21 所示，制备出高光学纯度的 1,2-二氢萘-1-醇衍生物。相比之下，由乙酸钴和相同的二膦配体，在甲醇的辅助下，选择性地提供氢烷基化产物。通过这两种不同的途径

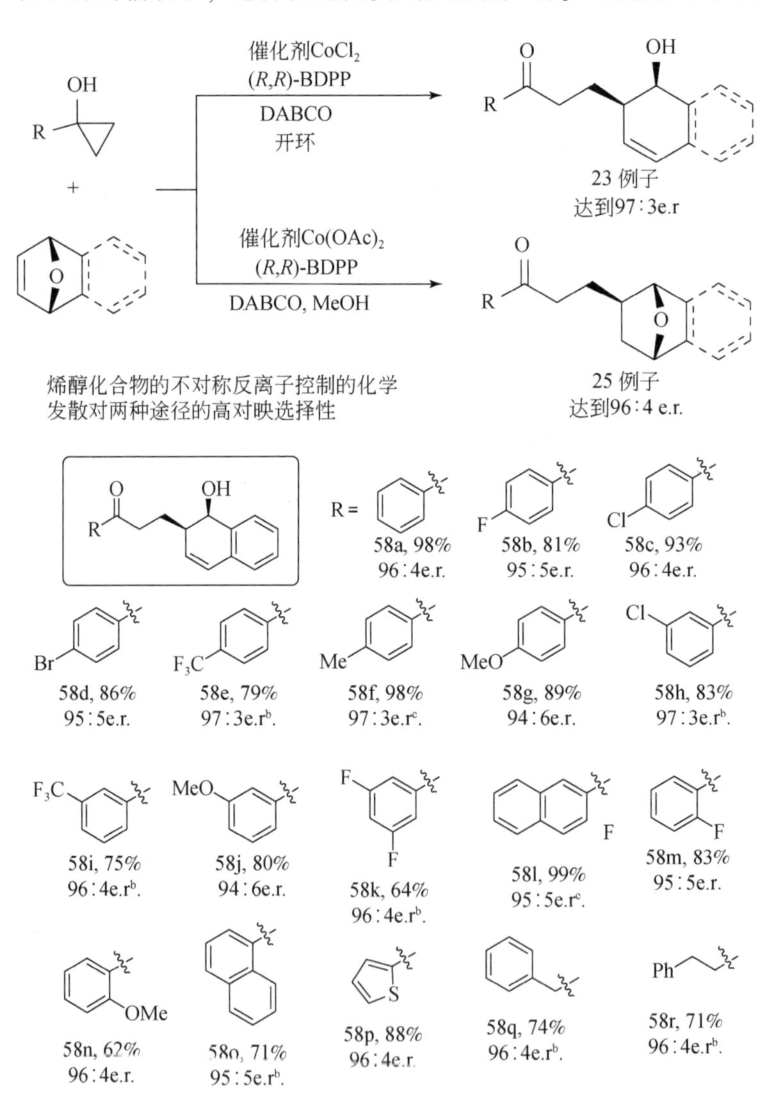

58s(R=Me), 96%, 93∶7e.r.
58t(R=MeO), 87%, 95∶5e.r.[c]
58u(R=F), 88%, 97∶3e.r.[b]

58v,72%
94∶6er[b]

58w,74%
95∶5er[c]

58x,痕量

58y,痕量

b.产物与半缩酮异构体的平衡混合物(比例=93∶7至33∶67)确定了相应TBS醚的对映选择性。
c.测定了相应的TBS醚的对映选择性。

图 5-21 钴催化环丙醇与氧杂苯并降冰片烯的对映选择性和化学加成

来提供烷基化开环产物或烷基化产物。在此历程中凸显化学选择性的关键是：通过改变钴催化剂前体的反离子，同时使用相同的手性二膦配体来实现的。这也就使得这两种转化具有相似的对映选择性。

在完成条件优化后，他们探索了烷基化开环和氢烷基化反应的范围，如图 5-22所示。一系列 1-芳基环丙醇可以与氧杂苯并降冰片烯顺利地发生不对称开环反应，以良好至优秀的收率（62%～99%）和优异对映选择性［(94∶6)～(97∶3)e. r.］得到相应的产物。总体上，该反应对各种不同电荷效应的取代基和空间位阻效应都具有较好的耐受性。带有芳环基团的环丙醇也展现出良好的反应活性。一系列取代的氧杂苯并降冰片烯在该体系中也能够顺利反应，以中等至良好的收率和(93∶7)～(97∶3)e. r. 得到相应的产物。

为了深入了解开环和加氢烷基化之间的反离子依赖性化学选择性，该课题组进行了一系列对照实验。将羧酸盐或氯化物盐各自加入不同的体系中发现，羧酸盐对卤化钴（Ⅱ）基催化剂的影响巨大，在很大程度上逆转了化学选择性，得到了加氢烷基化产物，而氯化物盐对另一体系的影响导致其化学选择性发生逆转。研究结果表明，羧酸根阴离子极大地改变了 $CoCl_2$ 衍生催化剂的性质，而氯阴离子对 Co（OAc)$_2$衍生催化剂的影响很小。

在反应机理推测中（图 5-22)，他们认为在 DABCO 的帮助下，双膦 Co^{II} 物质 **A** 和环丙醇 **59** 结合生成 **B**，然后环丙醇开环产生钴（Ⅱ）均烯醇化物 **C**，进而与氧杂苯并降冰片烯 **1** 经历碳钴化产生常见的中间体烷基钴物种 **D**。**D** 经过 β-O 消除得到烷基化开环产物 **58**，而 **D** 又可以进行质子分解提供加氢烷基化产物 **60**。此外，**D** 还可能经历烷基钴的分子内加成部分连接到 C ═O 键上以提供环化

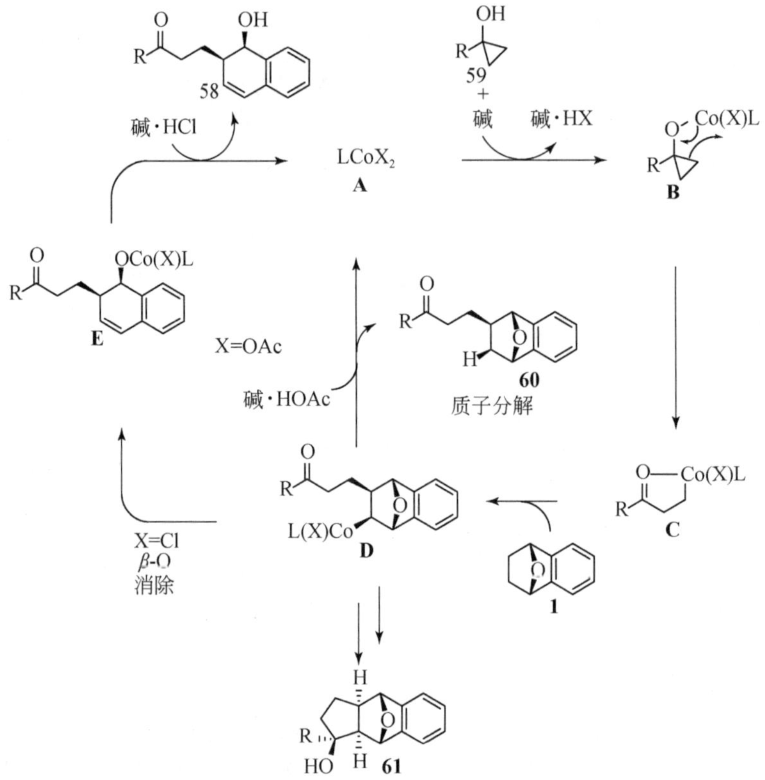

图 5-22　反应可能的机理

产物 **61**。

5.7　钯/锌协同催化肟与氧/氮杂苯并降冰片烯类化合物的不对称开环反应

William Tam 等[13]研究了在钯/锌的协同催化下，不同 C1 取代的不对称氧杂苯并降冰片烯与肟亲核试剂的开环反应（图 5-23），探讨了不同 C1 取代基的影响。

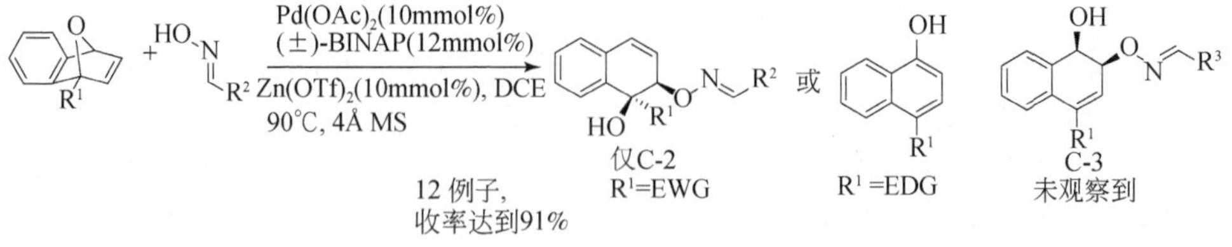

图 5-23　氧杂苯并降冰片烯与肟的不对称开环反应

发现 C1 取代基的电子性质对能否得到开环产物起着关键作用。其中，吸电子基团获得了中等至优良的收率和优良的区域选择性。供电子烷基的存在导致相应的氧杂苯并降冰片烯异构化，得到相应的萘酚衍生物。此外，酮和酯取代氧杂苯并降冰片烯的环开产物收率为中等至良好（64%~75%）。在此基础上，还探讨了不同肟亲核试剂的作用范围，如图 5-24 所示。值得注意的是，区域选择性 C2 加成也同时被保留。

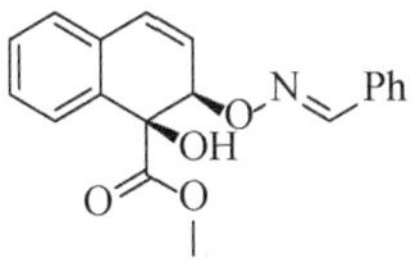
62d

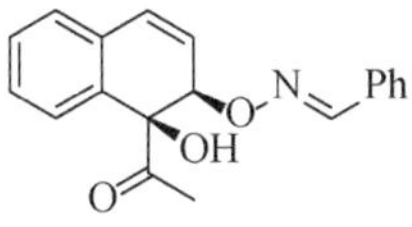
62e

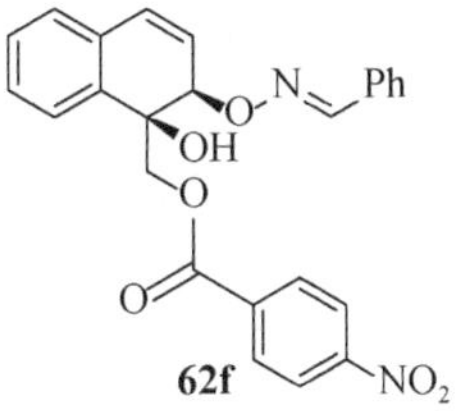
62f

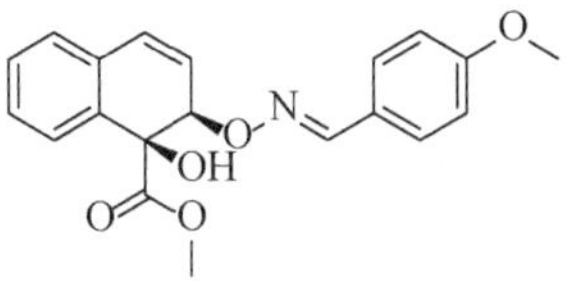
62g

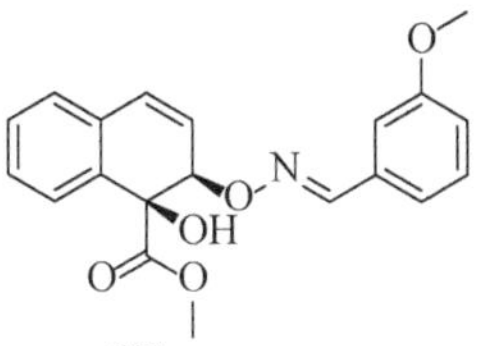
62h

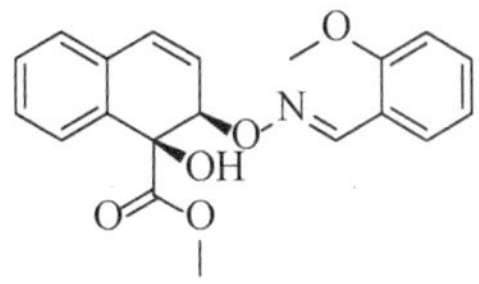
62i

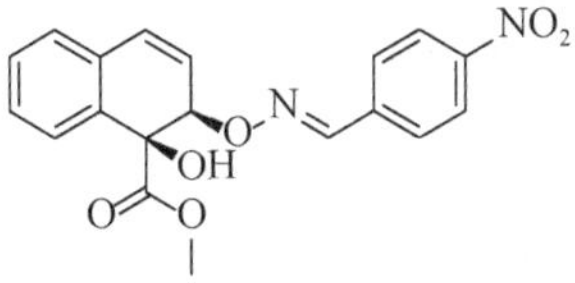
62j

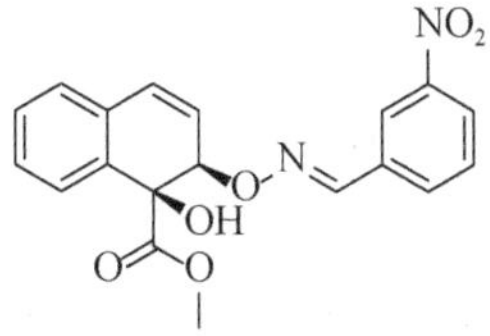
62k

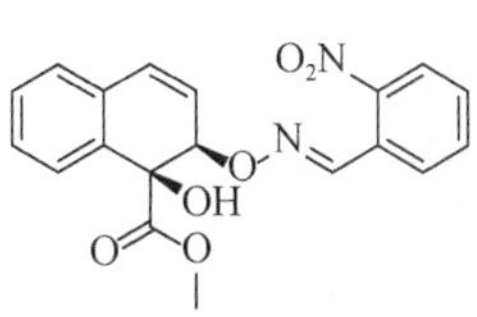
62l

图 5-24　不同肟亲核试剂的作用范围

另外，还提出了形成 C2 区域异构开环产物的机理，如图 5-25 所示：烯烃外表面的顺式-[1,2]-迁移提供了肟衍生物在 C2 上的位置和钯在 C3 上的位置。吸电子基团增强了 C2 位点的亲电性，导致亲核试剂肟转移到更缺电子的碳上。最后，氧化消除产生开环产物。在此过程中，$Zn(OTf)_2$的存在对反应的进展至关重要。

本书作者课题组在前期的研究工作中已经成功建立了过渡金属/路易斯酸协同催化体系，并将其成功应用到氧/氮杂苯并降冰片烯的不对称开环反应中。对于含氧亲核试剂，已经报道了过渡金属铑/路易斯酸协同催化苯酚和羧酸这两种含氧亲核试剂与氧杂苯并降冰片烯的不对称开环反应。基于前面的研究工作，他们对过渡金属钯/路易斯酸协同催化体系进行进一步的扩展，能够使得更多的含氧亲核试剂适用于该催化体系。在肟与氮杂苯并降冰片烯的不对称开环反应中，

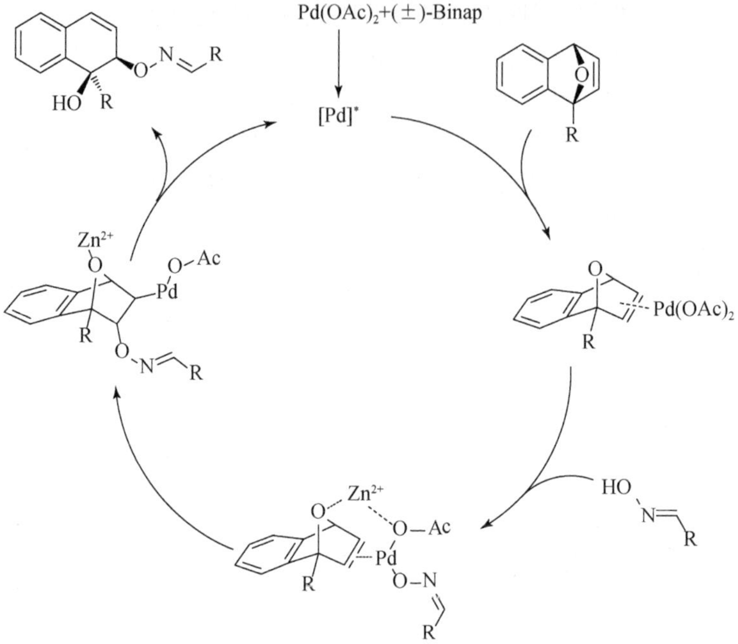

图 5-25　可能的反应机理

通过对反应条件的优化，实现了以（*R*）-二氟化合物为手性配体，$Pd(OAc)_2$和$Zn(OTf)_2$协同催化反应[14]。该方法底物范围广、官能团耐受性好、对映选择性高。值得注意的是，在产物中肟基可以很容易地转化为游离羟基，Boc保护基团保持完整。因此，与之前的工作相比，该工作为ARO产物在温和反应条件下制备氨基醇提供了更容易的途径。

根据之前对过渡金属钯/路易斯酸协同催化含氧亲核试剂（如苯酚、羧酸和醇类等）与氧/氮杂苯并降冰片烯的不对称开环的研究，该报道以$Pd(OAc)_2$和（*R*）-Binap为手性催化剂、路易斯酸$Zn(OTf)_2$为共催化剂（即添加剂）、1,2-二氯乙烷为溶剂、7-*N*-Boc-苯并降冰片烯为模板底物、反式苯甲醛肟为亲核试剂，在90℃（油浴）的条件下尝试该反应（图5-26）。在第一次尝试之后，得到了不对称开环产物，其收率为52%，*ee*值为84%。因此，将以上反应条件建立为初步的催化体系。

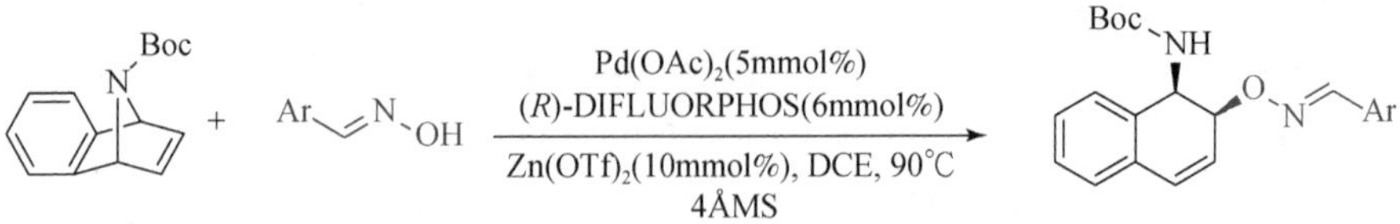

图 5-26　氮杂苯并降冰片烯与肟的不对称开环反应

从配体的筛选结果（表5-17）来看，一系列配体对反应的活性提高都不是很理想。在该研究检测过程中发现，刚开始时反应速率较快，但反应一段时间后就不在进行了。当使用气相色谱-质谱（GC-MS）对反应液进行检测时发现有苯甲腈生成。基于这个现象，猜测苯甲醛肟（**63a**）在催化剂的作用下会自身脱去一分子水生成苯甲腈，而产生的水分子使催化体系毒化，催化活性降低，反应不能继续进行。因此，在上述催化体系的条件下加入50mg经过马弗炉活化的4Å分子筛（MS）后，该反应的收率达到93%，但对映选择性没有发生变化。

表5-17 肟与氮杂苯并降冰片烯不对称开环反应中配体的筛选[a]

51a + **63a** → **64aa**（$Pd(OAc)_2$, **L***；$Zn(OTf)_2$, DCE, 90℃）

序号	配体	时间/h	收率/%[b]	*ee*/%[c]
1	(*R*)-Binap	24	52	84
2	(*R*)-MONOPHOS	70	Trace	—
3	(*S*, *S*)-BDPP	70	30	5
4	(*R*, *R*)-DIOP	70	30	5
5	(*R*)-PHANPHOS	70	15	42
6	(*R*)-MeO-BIPHEP	36	19	84
7	(*R*)-Cl-MeO-BIPHEP	36	36	86
8	(*R*)-P-PHOS	36	34	89
9	(*R*)-DIFLUORPHOS	48	34	94
10	(*R*)-SEGPHOS	48	27	89
11	(*R*)-SYNPHOS	48	27	82

a. 反应条件：**51a**(0.2mmol)，**63a**(0.6mmol)，$Pd(OAc)_2$(0.01mmol)，**L***(0.012mmol)，$Zn(OTf)_2$(0.02mmol)，DCE(2mL)；反应温度为90℃。b. 快速柱层析纯化后计算。c. HPLC检测。

基于以上实验结果，在添加分子筛的条件下对配体又进行了筛选，结果见表5-18。

从表5-18中结果来看，分子筛的加入使得反应的收率都有了明显提高，但对映选择性都没有发生明显变化。最终确定(*R*)-DIFLUORPHOS为最佳手性配体，其收率适中和对映选择性优秀，收率为78%，*ee*值为94%。

表 5-18　肟与氮杂苯并降冰片烯不对称开环反应中配体的筛选[a]

51a + 63a —[$Pd(OAc)_2$, **L***; $Zn(OTf)_2$, 4Å MS, DCE, 90℃]→ 64aa

序号	配体	时间/h	收率/%[b]	*ee*/%[c]
1	(*R*)-Binap	24	93	84
2	(*R*)-MONOPHOS	70	12	26
3	(*S*, *S*)-BDPP	46	77	5
4	(*R*, *R*)-DIOP	46	71	7
5	(*R*)-PHANPHOS	36	69	44
6	(*R*)-MeO-BIPHEP	70	43	86
7	(*R*)-Cl-MeO-BIPHEP	36	84	87
8	(*R*)-P-PHOS	24	74	90
9	(*R*)-DIFLUORPHOS	53	78	94
10	(*R*)-SEGPHOS	70	41	87
11	(*R*)-SYNPHOS	70	40	82
12	(*R*)-iol-BINAP	70	52	80
13	(*R*)-xyl-BINAP	24	90	76

a. 反应条件：**51a**(0.2mmol)，**63a**(0.6mmol)，$Pd(OAc)_2$(0.01mmol)，**L***(0.012mmol)，$Zn(OTf)_2$(0.02mmol)，4Å MS(50mg)，DCE(2mL)，反应温度为90℃。b. 快速柱层析纯化后计算。c. HPLC 检测。

路易斯酸共催化剂的筛选结果见表 5-19。

从表 5-19 的筛选结果来看，很遗憾，没有得到比之前更好的结果，但通过控制实验发现路易斯酸是不可缺少的。最终，确定路易斯酸 $Zn(OTf)_2$为最佳的添加剂。

表 5-19　肟与氮杂苯并降冰片烯不对称开环反应中添加剂的筛选[a]

51a + 63a —[$Pd(OAc)_2$, (*R*)-DIFLUORPHOS; 添加剂, 4Å MS, DCE, 90℃]→ 64aa

序号	添加剂	时间/h	收率/%[b]	*ee*/%[c]
1	Bu_4NI	70	N. R.	—
2	CuI	70	痕量	—
3	ZnI_2	70	痕量	—

续表

序号	添加剂	时间/h	收率/%[b]	*ee*/%[c]
4	CuOTf	40	34	90
5	AgOTf	70	65	94
6	$AgBF_4$	70	21	94
7	$Cu(OTf)_2$	70	47	90
8	$Zn(OTf)_2$	53	78	94
9	$Fe(OTf)_2$	70	47	94
10	$Fe(OTf)_3$	70	37	94
11	$AgPF_6$	70	60	94
12	—	70	痕量	—

a. 反应条件：**51a**（0.2mmol），**63a**（0.6mmol），$Pd(OAc)_2$（0.01mmol），（*R*）-DIFLUORPHOS（0.012mmol），添加剂(0.02mmol)，4Å MS(50mg)，DCE(2mL)，反应温度为90℃。b. 快速柱层析纯化后计算。c. HPLC 检测。N. R. 表示未反应。

在已经确定了最佳配体和路易斯酸的基础上，接下来对溶剂和温度进行筛选，结果见表5-20。

从表5-20的结果来看，1,2-二氯乙烷（DCE）是最佳溶剂，它的收率和*ee*值是最佳的。通过对配体、路易斯酸、溶剂和温度的筛选，最终确定该反应的最佳反应条件是：在4Å分子筛（4Å MS）、DCE和90℃条件下，$Pd(OAc)_2$为金属前体，(*R*)-DIFLOURPHOS为配体，$Zn(OTf)_2$为共催化剂。

表5-20 肟与氮杂苯并降冰片烯不对称开环反应中溶剂和温度的筛选[a]

51a + 63a → 64aa（$Pd(OAc)_2$,(*R*)-DIFLUORPHOS；$Zn(OTf)_2$,4Å MS,溶剂,温度）

序号	溶剂	温度/℃	时间/h	收率/%[b]	*ee*/%[c]
1	THF	90	64	30	90
2	甲苯	90	70	18	77
3	1,4-二氧六环	90	70	12	78
4	DCE	90	53	78	94
5	DCE	80	70	60	94
6	DCE	100	36	40	94

a. 反应条件：**51a**（0.2mmol），**63a**（0.6mmol），$Pd(OAc)_2$（0.01mmol），（*R*）-DIFLOURPHOS（0.012mmol），$Zn(OTf)_2$(0.02mmol)，4Å MS(50mg)，溶剂(2mL)，室温。b. 快速柱层析纯化后计算。c. HPLC 检测。

在底物适用性研究中发现（图 5-27），当苯甲醛肟苯基的对位连有供电子基和吸电子基时，其反应收率相对于间位和邻位有取代基苯甲醛肟苯基的要低，所以对苯甲醛肟苯基的邻位取代基进行了扩展，结果大部分较理想。当氮杂苯并降冰片烯上连有供电子基时，都能以较高的收率和 *ee* 值得到开环产物。当氮杂苯并降冰片烯上连有吸电子基时，反应活性大大降低，收率只有中等水平，但能取得很好的对映选择性。

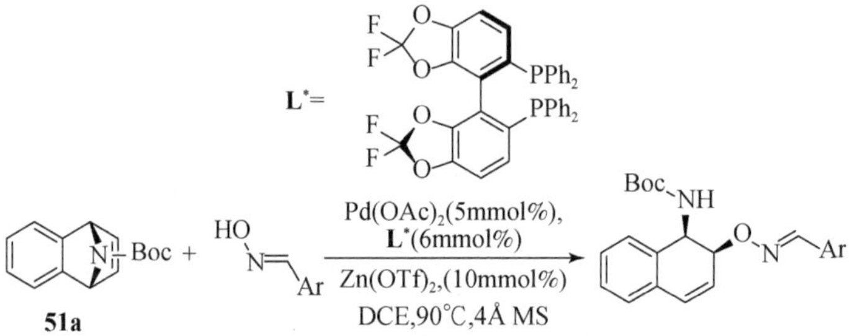

L*=

51a

Pd(OAc)$_2$(5mmol%), L*(6mmol%), Zn(OTf)$_2$,(10mmol%), DCE,90℃,4Å MS

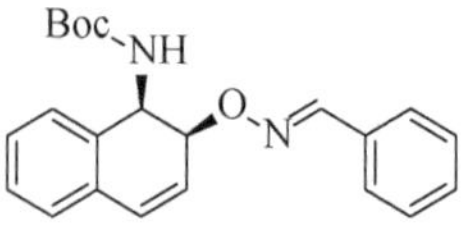

64aa 78% 收率, 94% *ee*

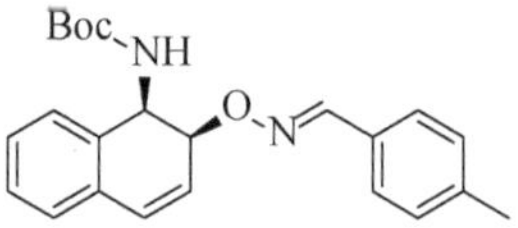

64ab 55% 收率, 94% *ee*

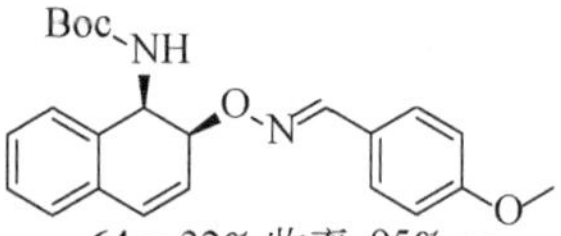

64ac 32% 收率, 95% *ee*

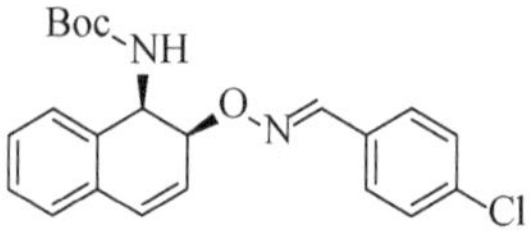

64ad 51% 收率, 92% *ee*

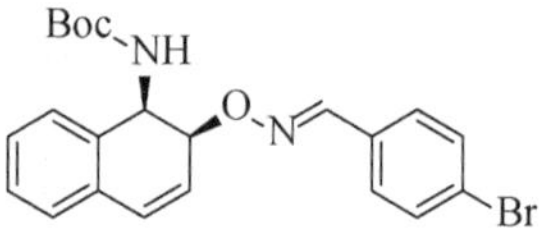

64ae 48%收率, 92% *ee*

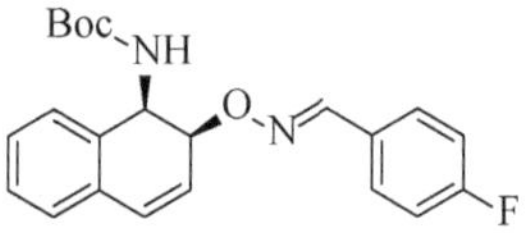

64af 51% 收率, 94% *ee*

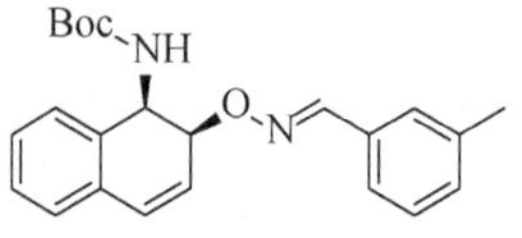

64ag 72% 收率, 94% *ee*

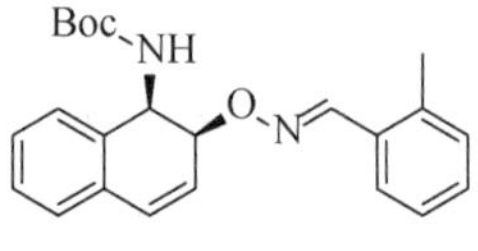

64ah 79% 收率, 94% *ee*

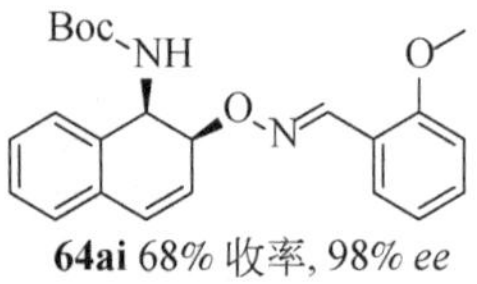

64ai 68% 收率, 98% *ee*

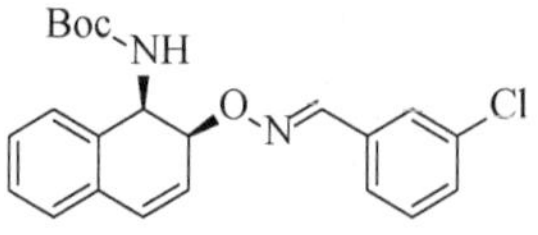

64aj 60% 收率, 92% *ee*

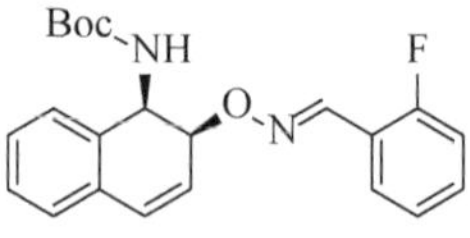

64ak 82% 收率, 94% *ee*

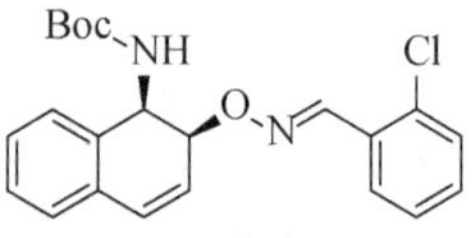

64al 85% 收率, 94% *ee*

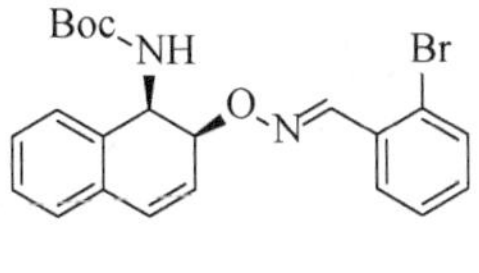

64am 94% 收率, 93% *ee* 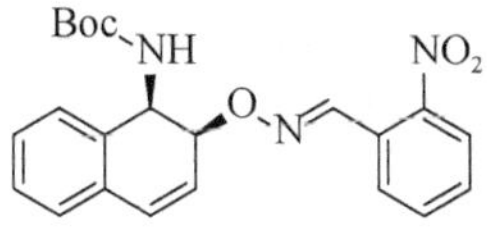　　**64an** 78% 收率, 92% *ee* 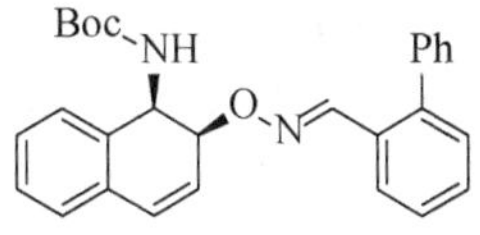　　**64ao** 95% 收率, 96% *ee*

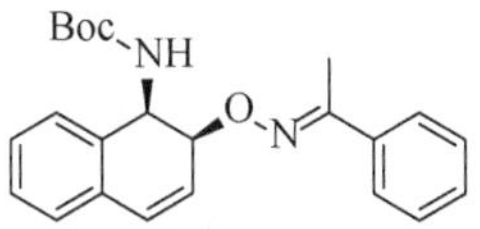

64ap 33% 收率, 90% *ee* 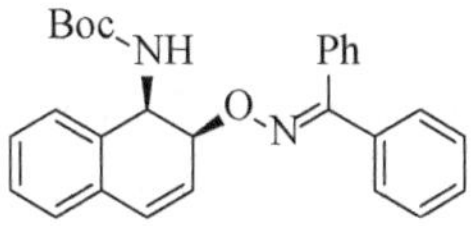　　**64aq** 痕量

图 5-27　底物适用性研究

该研究成功实现了过渡金属和路易斯酸协同催化的肟与氮杂苯并降冰片烯的不对称开环反应，并取得了一系列优秀的结果，成为第一例肟与苯并降冰片烯类化合物的不对称开环反应。

5.8 结　　语

氧杂苯并降冰片烯的过渡金属催化开环反应因其能够形成二氢萘核，以及许多其他结构单元，在一个步骤中包含多个立体中心，因此在合成化学上有着巨大的价值。醇类亲核试剂的开发和应用在一定程度上扩大了不对称开环反应的发展历程，同时也使不对称开环反应所适用的亲核试剂得到了补充与完善。

在各类醇作为亲核试剂，不同催化体系的建立及完善的探索过程中，不仅使研究者对于不对称开环反应有了更深一步的了解，而且随着各种催化体系不断深入开发，减小了反应的局限（如，实验装置、实验操作水平），使反应条件更趋于高效、温和。最好的例证就是协同催化体系的确立，在此体系中更好地突显了路易斯酸提高反应活性、良好选择性及反应条件温和等优点。而这一新颖催化体系的建立同时也为金属催化创造了更多的可能性。

参 考 文 献

[1] Snyder S E. Synthesis and evaluation of 6,7-dihydroxy-2,3,4,8,9,13*b*-hexahydro-1*H*-benzo[6,7]cyclohepta[1,2,3-*ef*][3] benzazepine, 6,7-dihydroxy-1,2,3,4,8,12*b*-hexahydroanthr[10,4*a*,4-*cd*] azepine, and 10-(aminomethyl)-9,10-dihydro-1,2-dihydroxyanthracene as conformationally restricted analogs of. β-phenyldopamine. J Med Chem, 1995: 38, 2395.

[2] Lautens M, Fagnou K. Rhodium-catalysed asymmetric ring opening reactions with carboxylate nucleophiles. Tetrahedron, 2001, 57: 5067-5072.

[3] Braun W, Müller W, Calmuschi B, et al. Highly enantioselective catalytic asymmetric ring opening reaction employing the Daniphos ligand. J Organomet Chem, 2005, 690: 1166-1171.

[4] Lautens M, Fagnou K. Rhodium- catalyzed asymmetric ring opening reactions of oxabicyclic alkenes: catalyst and substrate studies leading to a mechanistic working model. Proc Nat Acad Sci, 2004, 101: 5455-5460.

[5] Tsui G C, Dougan P, Lautens M. Metal-ligand binding affinity *vs* reactivity: qualitative studies in Rh (Ⅰ)-catalyzed asymmetric ring-opening reactions. Org Lett, 2013, 15: 2652-2655.

[6] Yang D Q. Iridium-catalyzed asymmetric ring-opening of azabicyclic alkenes with alcohols. Org Biomol Chem, 2013, 11: 4871-4881.

[7] Jack K, Tam W. Ruthenium- catalyzed nucleophilic ring- opening reaction of 7- oxabenzonorbornadienes with methanol. Syn Comm, 2013, 43: 1181-1187.

[8] Yang F, Chen J C, Xu J B, et al. Palladium/Lewis acid Co-catalyzed divergent asymmetric ring opening reactions of azabenzonorbornadienes with alcohols. Org Lett, 2016, 18: 4832-4835.

[9] Ma F J, Chen J C, Yang F, et al. Palladium/zinc co- catalyzed asymmetric transfer hydrogenation of oxabenzonorbornadienes with alcohols as hydrogen sources. Org Biomol Chem, 2017, 15: 2359-2362.

[10] Yang J F, Sekiguchi Y, Yoshikai N. Cobalt-catalyzed enantioselective and chemodivergent addition of cyclopropanols to oxabicyclic alkenes. ACS Catal, 2019, 9: 5638-5644.

[11] Hill J, Wicks C, Pounder A, et al. Iridium-catalyzed ring-opening reactions of unsymmetrical oxabenzonorbornadienes with water and alcohol nucleophiles. Tetrahedron Lett, 2019, 60: 150990.

[12] Yang X, Yang W, Yao Y Q, et al. Ir- catalyzed ring- opening of oxa (aza) benzonorbornadienes with water or alcohols. Org Chem Front, 2019, 6: 1151-1156.

[13] Hill J, Tam W. Palladium/Lewis acid cocatalyzed ring-opening reactions of unsymmetrical oxabenzonobornadienes with oximes. J Org Chem, 2019, 84: 8309-8314.

[14] Shen G L, Khan R, Yang F, et al. Pd/Zn co-catalyzed asymmetric ring-opening reactions of aza/oxabicyclic alkenes with oximes. Asian J Org Chem, 2019, 8: 97-102.

第 6 章　氧/氮杂苯并降冰片烯类化合物的不对称还原开环反应

6.1 引　　言

氧/氮杂苯并降冰片烯不对称开环反应的研究非常多，也在一些方面取得了突破。但是，对氧/氮杂苯并降冰片烯不对称还原开环反应很少有人报道。因此，开发出经济性高而且简单有效的催化体系来实现氧/氮杂苯并降冰片烯不对称还原开环并获得高光学纯度的还原开环产物，是很有意义和挑战性的工作。本书作者课题组通过研究发现将手性钯催化体系与路易斯酸共同催化可以实现醇和胺与氮杂苯并降冰片烯的不对称还原开环反应。

6.2 醇与氮杂苯并降冰片烯类化合物的不对称还原开环反应

6.2.1 添加剂和配体的影响

从表 6-1 可以看出，当不添加路易斯酸（序号：12）时，该反应不能发生。当添加剂为 CuBr 及 Bu_4NBr（序号：10、11）时，反应活性较低，只有微量氮杂苯并片烯的还原开环产物生成。当添加剂为 $Zn(OTf)_2$时，收率 94%，*ee* 值偏低，当更换阳离子时，反应收率和对映选择性都差不多，而 $Zn(OTf)_2$反应活性较高。因此，在 $Zn(OTf)_2$ 的条件下对配体进行考察。当为手性单膦配体（*R*）-MONOPHOS 时，反应收率较低，而配体换成手性双膦配体时，收率都较好（序号：13、14、18、20、21、22），发现（*R*）-PHANEPHOS 的收率及对映选择性都比较良好，进而对其空间位阻效应进行了考察，筛选了（*S*）-xylyl-PHANEPHOS，但结果比（*R*）-PHANEPHOS 要稍微差一点，所以最佳配体确定为（*R*）-PHANE-PHOS。

6.2.2 溶剂及温度的影响

如表 6-2 所示，从筛溶剂的结果来看，当溶剂为二氯乙烷（DCE）时，收率及对映选择性都不理想（序号：1）。当溶剂为四氢呋喃（THF）、（MTBE）时，有着良好的收率和 *ee* 值（序号：3、4）。当溶剂为乙醚时，能够得到 92% 收率和

92% *ee* 的结果（序号：5）。而溶剂为 DMA 时，收率及对映选择性都较差，而且反应活性降低，反应速率变慢（序号：7）。当甲苯为溶剂时，能够取得最优的结果。接着以甲苯为溶剂对反应温度进行考察，发现降低温度反应活性有所降低，但是收率及对映选择性稍微升高，考虑到节能环保，所以室温为最佳反应温度。

表 6-1 苄醇与氮杂苯并降冰片烯不对称还原开环反应中添加剂及配体的筛选[a]

1a + 2a $\xrightarrow[\text{添加剂(5mol\%), 甲苯, 60°C}]{Pd(OAc)_2(5mol\%)/\mathbf{L}^*(6mol\%)}$ 3a

序号	添加剂	配体	时间/h	收率/%[b]	*ee*/%[c]
1	$AgBF_4$	(*R*)-DIFLUORPHOS	7	49	52
2	$Zn(OTf)_2$	(*R*)-DIFLUORPHOS	2	94	71
3	CuOTf	(*R*)-DIFLUORPHOS	3	90	70
4	$Fe(OTf)_2$	(*R*)-DIFLUORPHOS	3	94	70
5	AgOTf	(*R*)-DIFLUORPHOS	3	82	70
6	$Cu(OTf)_2$	(*R*)-DIFLUORPHOS	5	59	70
7	$Fe(OTf)_3$	(*R*)-DIFLUORPHOS	4	53	70
8	$Al(OTf)_3$	(*R*)-DIFLUORPHOS	5	51	70
9	ZnI_2	(*R*)-DIFLUORPHOS	48	不反应	—
10	CuBr	(*R*)-DIFLUORPHOS	48	痕量	—
11	Bu_4NBr	(*R*)-DIFLUORPHOS	48	痕量	—
12	—	(*R*)-DIFLUORPHOS	48	不反应	—
13	$Zn(OTf)_2$	(*R*)-PHANEPHOS	0.6	92	92
14	$Zn(OTf)_2$	(*R*,*R*)-DIOP	1.5	88	37
15	$Zn(OTf)_2$	(*S*,*S*)-BDPP	2	74	38
16	$Zn(OTf)_2$	(*R*)-SDP	0.3	85	55
17	$Zn(OTf)_2$	(*R*)-MONOPHOS	48	Trace	—
18	$Zn(OTf)_2$	(*R*)-P-PHOS	0.6	92	67
19	$Zn(OTf)_2$	(*R*,*R*)-Me-DUPHOS	48	57	35
20	$Zn(OTf)_2$	(*R*)-SEGPHOS	4	94	65

续表

序号	添加剂	配体	时间/h	收率/%[b]	ee/%[c]
21	$Zn(OTf)_2$	(*R*)-BINAP	2	92	77
22	$Zn(OTf)_2$	(*S*)-xylyl-PHANEPHOS	0.6	90	89

a. 反应条件：1a(0.2mmol)，1a/2a/[Pd]/L*/$Zn(OTf)_2$(1/5/0.5/0.06/0.1)于充满氩气的史耐克试管中加入2mL甲苯在油浴60℃下反应，用TLC检测反应终点。b. 收率经过硅胶柱层析得到。c. *ee*值经HPLC用OJ-H手性柱测得。

表6-2　苄醇与氮杂苯并降冰片烯不对称还原开环反应中溶剂和温度的考察[a]

1a + 2a → 3a
$Pd(OAc)_2$(5mol%)/(R)-PHANEPHOS(6mol%)
$Zn(OTf)_2$(10mol%), 溶剂, 温度

序号	溶剂	温度	时间/h	收率/%[b]	ee/%[c]
1	DCE	60℃	0.3	30	22
2	二氧六环	60℃	0.8	86	89
3	THF	60℃	0.5	94	87
4	MTBE	60℃	0.5	86	90
5	Et_2O	60℃	1	92	92
6	DME	60℃	0.5	94	91
7	DMA	60℃	24	43	47
8	甲苯	60℃	0.6	92	92
9	甲苯	40℃	1	92	94
10	甲苯	室温	5	94	94

a. 反应条件：1a（0.2mmol），1a/2a/［Pd］/L*/Zn（OTf）$_2$（1/5/0.5/0.06/0.1）于充满氩气的史耐克试管中加入2mL甲苯在油浴60℃下反应，用TLC检测反应终点。b. 收率经过硅胶柱层析得到。c. *ee*值经HPLC用OJ-H手性柱测得。

到目前为止，已经确定了该反应的最佳反应条件为：金属前体为$Pd(OAc)_2$，手性配体为（*R*）-PHANEPHOS，路易斯酸为$Zn(OTf)_2$，溶剂为甲苯，反应温度为室温。

6.2.3　底物的拓展

以醇提供氢源与氮杂苯并降冰片烯进行开环还原反应，考察电子效应、位阻效应对该反应的影响，实验结果见表6-3。

表 6-3 醇类与氮杂苯并降冰片烯的不对称还原开环反应[a]

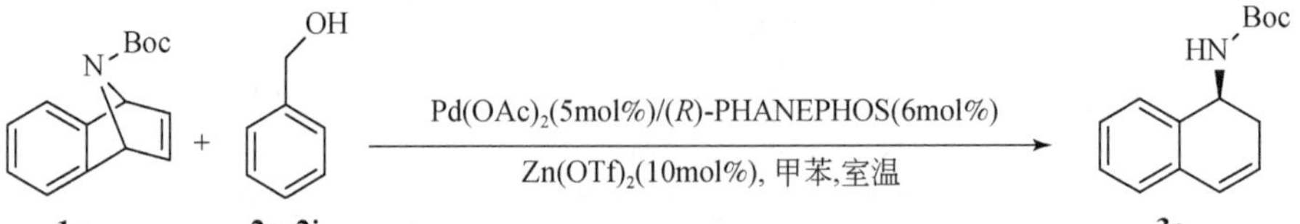

N-Boc + OH

$Pd(OAc)_2$(5mol%)/(*R*)-PHANEPHOS(6mol%)

$Zn(OTf)_2$(10mol%), 甲苯,室温

HN-Boc

1a 2a~2j 3a

序号	醇类	时间/h	收率/%[b]	*ee*/%[c]
1	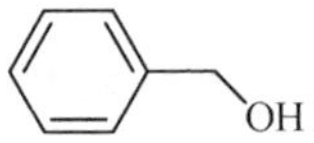 OH	5	94	94
2	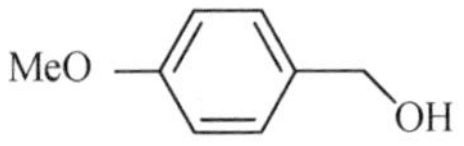 MeO OH	5	88	94
3	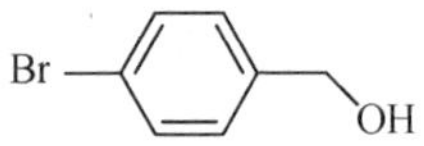 Br OH	5	92	95
4	MeOH	5	94	94
5	EtOH	5	91	91
6[d]	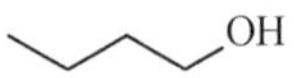 OH	1. 3	82	91
7[d]	 OH	1. 5	79	91
8[d]	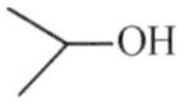 OH	2	81	93
9[d]	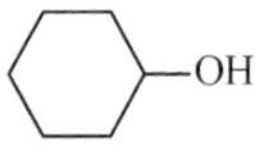 OH	6	73	92
10[d]	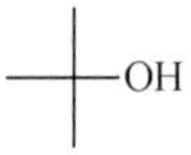 OH	48	—	—

a. 反应条件：1a（0. 2mmol），1a/2a ~ 2j/［Pd］/（*R*）-PHANEPHOS/Zn（OTf）$_2$（1/5/0. 5/0. 06/0. 1）于充满氩气的史耐克试管中加入 2mL 甲苯室温条件下反应，用 TLC 检测反应终点。b. 收率经过硅胶柱层析得到。c. *ee* 值经 HPLC 用 OJ-H 手性柱测得。d. 反应温度为 40℃。

扩展醇类底物结果表明，对位取代基无论是供电子还是吸电子基团的芳香醇（序号：1、2、3），其收率和对映选择性都是较优秀的。对于脂肪醇，随着碳链的增长，反应时间缩短，反应收率有所降低（序号：4、5、6、7）。仲醇的活性比伯醇低（序号：8、9）。叔丁醇（序号：10）没有发生反应的。

通过对醇类底物的扩展发现，苄醇和甲醇无论在收率还是对映选择性上表现都十分优秀。由于苄醇价格比较昂贵，所以以甲醇为氢源与氮杂苯并降冰片烯类衍生物进行不对称还原开环，以考察该反应体系对底物的适应范围。

从研究结果来看，如表 6-4 所示，当苯环上具有吸电子基团的二溴取代基时，反应活性明显降低，收率为 75%，对映选择性为 90%（序号：2）。在苯环上具有供电子基团的氮杂苯并降冰片烯在该体系下能很好地参与反应（序号：3、4、5、6），具有很好的耐受性，都取得了较好的结果。

表 6-4　甲醇与不同取代基的氮杂苯并降冰片烯的不对称还原开环反应[a]

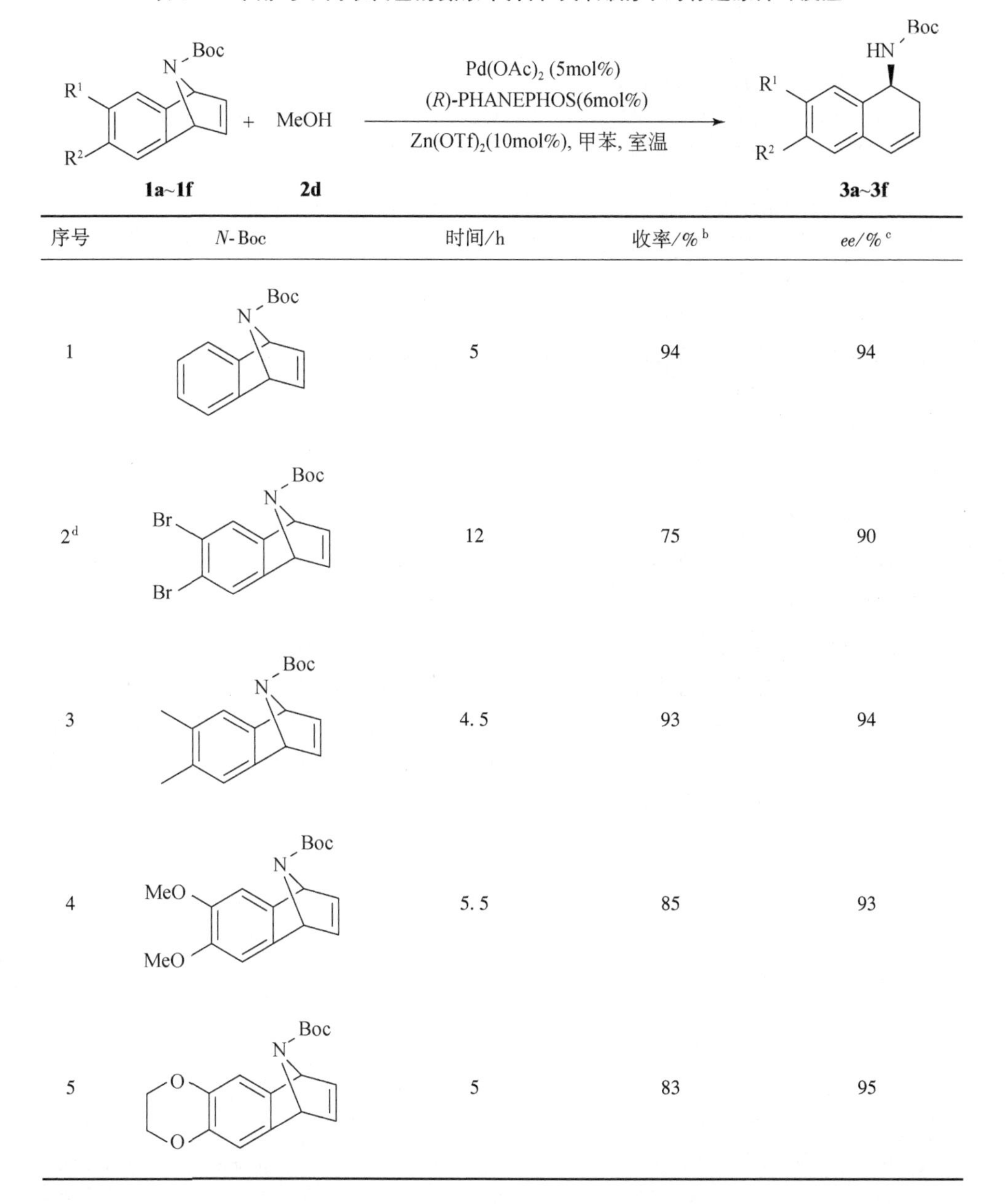

序号	N-Boc	时间/h	收率/%[b]	ee/%[c]
1		5	94	94
2[d]		12	75	90
3		4.5	93	94
4		5.5	85	93
5		5	83	95

续表

序号	*N*-Boc	时间/h	收率/%[b]	*ee*/%[c]
6	Boc N O O	6.5	80	94

a. 反应条件：1a～1f（0.2mmol），1a～1f/2d/［Pd］/（*R*）-PHANEPHOS/$Zn(OTf)_2$（1/5/0.5/0.06/0.1）于充满氩气的史耐克试管中加入2mL甲苯室温条件下反应，用TLC检测反应终点。b. 收率经过硅胶柱层析得到。c. *ee*值经HPLC用AS-H、AD-H及OJ-H手性柱测得。d. 反应温度为40℃。

这表明将路易斯酸成功应用于该体系中，实现了钯催化醇与氮杂苯并降冰片烯的不对称还原开环反应，并能以较高收率及较高对映选择性得到相应的开环产物，*ee*值最高可达95%。

6.3　醇与氧杂苯并降冰片烯类化合物的不对称还原开环反应

6.3.1　催化体系的建立

本书作者课题组在先前的研究中实现了醇与氮杂苯并降冰片烯的不对称开环及不对称还原开环，在同一催化体系下，即在5mol% $Pd(OAc)_2$、6mol%（*R*）-PHANEPHOS和10mol% $Zn(OTf)_2$催化下，采用氧杂苯并降冰片烯为底物，惊喜地发现目标产物，收率为82%，*ee*值为82%。他们对这一反应进行了详细的探索。

为建立更适用的催化体系，首先对配体进行了筛选。在经过图6-1所示的配体筛选中发现，还是（*R*）-PHANEPHOS配体更适合该反应体系，其中收率82%，*ee*值96%。而在其他配体的作用下，主要是活性不够，有大量的原料剩余，或者生成大量副产物萘酚。

4a + MeOH →[$Pd(OAc)_2$, **L**; $Zn(OTf)_2$, 甲苯, 室温] 6a

4a　**5a**　**6a**

(*R*)-PHANEPHOS 收率: 82% *ee*: 96%
(*S*)-NMDPP 收率: 痕量
(*R*)-MONOPHOS 收率: 痕量
(*R*)-(+)-Binap 收率: 14% *ee*:33%
(*R,R*)-DIOP 收率:13% *ee*: 9%

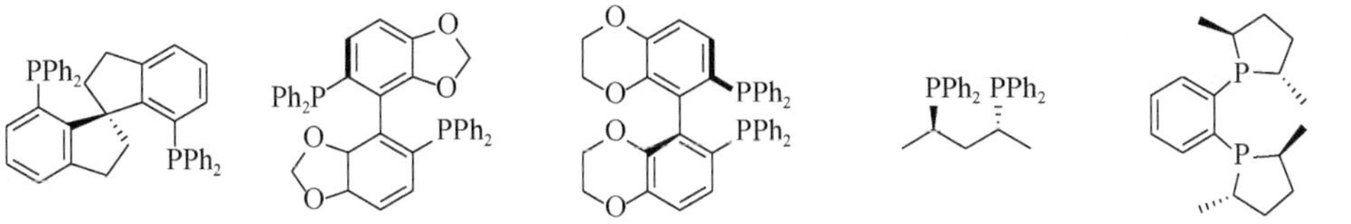

(*R*)-SDP 收率: 12% *ee*: 53%　(*R*)-SEGPHOS 收率: 7% *ee*: 34%　(*R*)-SYNPHOS 收率: 痕量　(*R*,*R*)-BDPP 收率: 痕量　(*R*,*R*)-Me-DUPHOS 未反应

图 6-1　手性配体筛选及结果

如表 6-5 所示，在采用（*R*）-Phanephos 最佳配体的条件下，又对添加剂进行了筛选。根据以往的研究经验，OTf⁻对反应有重大影响，对此筛选了一系列的三氟甲磺酸盐，但发现还是三氟甲磺酸锌最好。在其他添加剂条件下，收率低主要是因为有大量的萘酚加成产物生成。此外在三氟甲磺酸锌的条件下，还发现了苯并环己酮生成。

表 6-5　醇与氧杂苯并降冰片烯不对称还原开环反应中添加剂的筛选[a]

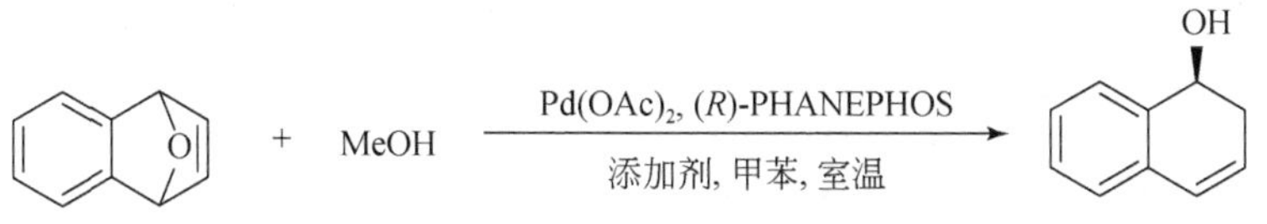

4a + MeOH (**5a**) $\xrightarrow[\text{添加剂, 甲苯, 室温}]{Pd(OAc)_2,\ (R)\text{-PHANEPHOS}}$ **6a**

序号	添加剂	时间/h	收率/%[b]	*ee*/%[c]
1	$AgBF_4$	6. 5	21	78
2	$Al(OTf)_3$	6. 5	23	94
3	AgOTf	4	27	94
4	CuOTf	1	73	91
5	$Cu(OTf)_2$	3	37	97
6	$Fe(OTf)_2$	4	44	87
7	$Fe(OTf)_3$	3	46	95
8	$Zn(OTf)_2$	0. 5	82	96
9	ZnI_2	52	trace	—

a. 反应条件:4a(0. 2mmol),4a/5a/[Pd]/（*R*）-PHANEPHOS/添加剂（1/5/0. 5/0. 06/0. 1）于充满氩气的史耐克试管中加入 2mL 甲苯室温条件下反应,用 TLC 检测反应终点。b. 收率经过硅胶柱层析得到。c. *ee* 值经 HPLC 用 OD-H 手性柱测得。

如表 6-6 所示，在确定添加剂采用三氟甲磺酸锌的条件下，又对反应的溶剂进行了筛选，发现醚类溶剂相对适用，其中在四氢呋喃的条件下，收率进一步升高，达到87%，98% *ee*。其后又在四氢呋喃为溶剂的条件下对反应温度进行筛选，发现无论是升温还是降温收率都有一定的下降。

表 6-6　醇与氧杂苯并降冰片烯不对称还原开环反应中溶剂/温度的筛选[a]

4a + MeOH (5a) → 6a [$Pd(OAc)_2$, (*R*)-PHANEPHOS; $Zn(OTf)_2$, 溶剂, 温度]

序号	溶剂	温度	时间/h	收率/%[b]	*ee*/%[c]
1	甲苯	室温	0. 5	82	96
2	二氧六环	室温	0. 3	80	96
3	MTBE	室温	0. 8	66	96
4	DME	室温	0. 3	57	96
5	DCE	室温	1	68	78
6	THF	室温	1	87	98
7	THF	0℃	17	55	98
8	THF	40℃	0. 5	66	98

a. 反应条件：4a（0. 2mmol），4a/5a/［Pd］/（*R*）-PHANEPHOS/Zn（OTf）$_2$（1/5/0. 5/0. 06/0. 1）于充满氩气的史耐克试管中加入 2mL 甲苯室温条件下反应，用 TLC 检测反应终点。b. 收率经过硅胶柱层析得到。c. *ee* 值经 HPLC 用 OD-H 手性柱测得。

在筛出最佳的反应温度、溶剂条件下，又对添加剂用量进行了微调，如表 6-7 所示，发现添加剂三氟甲磺酸锌是必要的，而且无论是增加还是减少三氟甲磺酸锌的用量，其收率都有一定的下降。

表 6-7　醇与氧杂苯并降冰片烯不对称还原开环反应中 Zn（OTf）$_2$用量的筛选[a]

4a + MeOH (5a) → 6a [$Pd(OAc)_2$, (*R*)-PHANEPHOS; $Zn(OTf)_2$, THF, 室温]

序号	Zn（OTf）$_2$用量/equiv	时间/h	收率/%[b]	*ee*/%[c]
1	—	46	NR	—
2	5	2	76	98
3	10	1	87	98
4	20	0. 7	78	98

a. 反应条件：4a（0. 2mmol），4a/5a/［Pd］/（*R*）-PHANEPHOS（1/5/0. 5/0. 06）于充满氩气的史耐克试管中加入 2mL 甲苯室温条件下反应，用 TLC 检测反应终点。b. 收率经过硅胶柱层析得到。c. *ee* 值经 HPLC 用 OD-H 手性柱测得。

综上，经过一系列严谨的筛选，确定了在 5mol% $Pd(OAc)_2$，6mol%（R）-Phanephos 和 10mol% $Zn(OTf)_2$，THF 为溶剂，25℃下反应最佳。

6.3.2　考察底物的适用性

在 5mol% $Pd(OAc)_2$、6mol%（R）-PHANEPHOS 和 10mol% $Zn(OTf)_2$，THF 为溶剂，25℃最佳反应条件下，首先考察了醇类的底物适用性。

如表 6-8 所示，无论是芳香醇还是脂肪醇为氢源，基本都有中等偏上乃至优秀的收率，其中正辛醇收率最高，达到了 91%。

表 6-8　醇亲核试剂适用性考察[a]

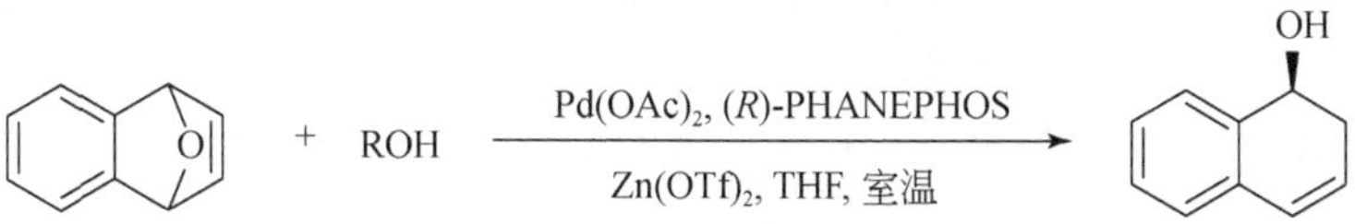

4a + ROH (5a~5k) → 6a (OH)

$Pd(OAc)_2$, (R)-PHANEPHOS; $Zn(OTf)_2$, THF, 室温

编号	醇	时间/h	收率/%[b]	*ee*/%[c]
5a	MeOH	1	87	98
5b	EtOH	0.5	66	98
5c	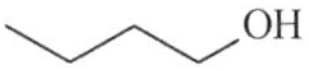 OH	0.4	79	98
5d	 OH (6)	0.5	91	98
5e	 OH (11)	0.2	89	95
5f	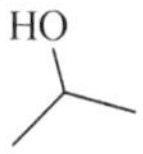 HO	4	49	98
5g	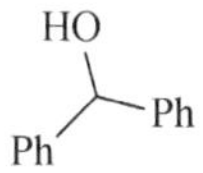 HO, Ph, Ph	2	39	98
5h	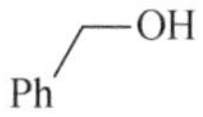 Ph, OH	0.5	90	98
5i	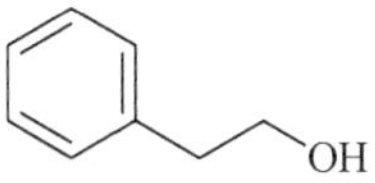 OH	0.2	84	98
5j	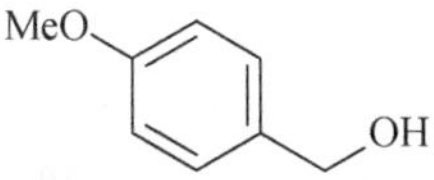 MeO, OH	0.5	71	98

续表

编号	醇	时间/h	收率/%[b]	*ee*/%[c]
5k	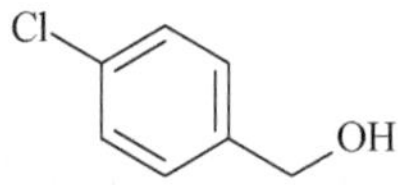 Cl, OH	0.2	83	98

a. 反应条件：4a（0.2mmol），4a/5a-5k/［Pd］/（*R*）-PHANEPHOS/Zn（OTf）$_2$（1/5/0.5/0.06/0.1）于充满氩气的史耐克试管中加入2mL四氢呋喃室温条件下反应，用TLC检测反应终点。b. 收率经过硅胶柱层析得到。c. *ee*值经HPLC用OD-H手性柱测得。

如表6-9所示，对各种氧杂苯并降冰片烯进行了底物适用性考察，发现无论是含有给电子基团还是吸电子基团都有一定的适用性，但相对来讲给电子的更适用于反应体系。还原开环产物绝对构型的确定方法：将产物在二氯甲烷和正己烷为溶剂下，用扩散法养出单晶，通过X射线确实为（*S*）-1，2-二氢萘酚-1-醇。

表6-9　氧杂苯并降冰片烯的适用性考察[a]

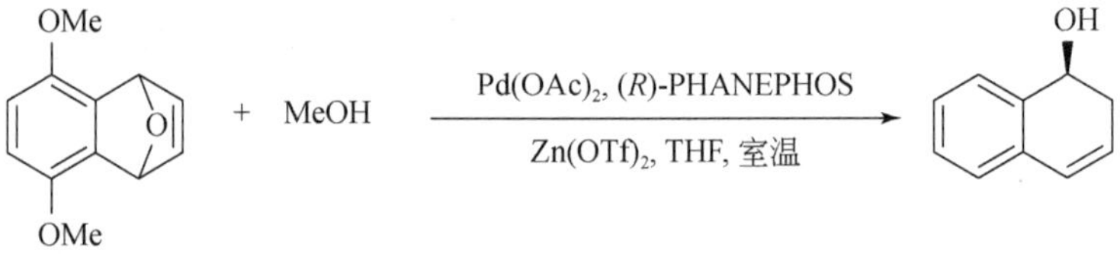

OMe　OMe　**4a~4f**　+　MeOH　**5a**　Pd(OAc)$_2$, (*R*)-PHANEPHOS　Zn(OTf)$_2$, THF, 室温　OH　**6a~6f**

编号	氧杂	时间/h	收率/%[b]	*ee*/%[c]
4a	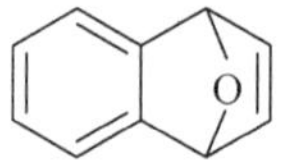	1	87	98
4b	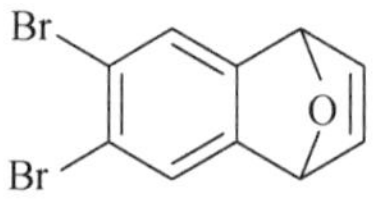 Br, Br	0.5	66	98
4c	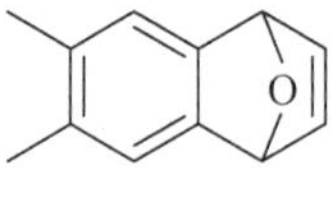	0.8	79	98
4d	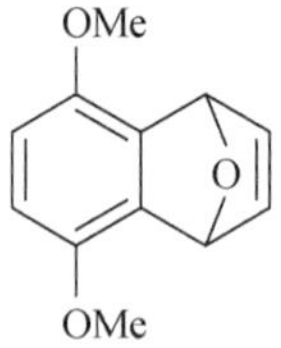 OMe, OMe	2.5	91	98
4e	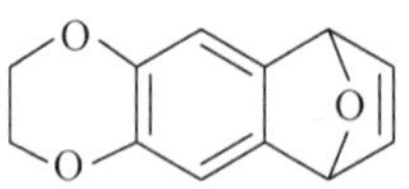	10	89	95

续表

编号	氧杂	时间/h	收率/% [b]	*ee*/% [c]
4f		6	49	98

a. 反应条件：4a-4（0.2mmol），4a-4/5a/［Pd］/（*R*）-PHANEPHOS/Zn（OTf）$_2$（1/5/0.5/0.06/0.1）于充满氩气的史耐克试管中加入 2mL 四氢呋喃室温条件下反应，用 TLC 检测反应终点。b. 收率经过硅胶柱层析得到。c. *ee* 值经 HPLC 用 OD-H 手性柱测得。

该研究在 5mol% Pd(OAc)$_2$、6mol%（*R*）-Phanephos 和 10 mol% Zn(OTf)$_2$ 的催化体系下，实现醇为氢源与氧杂苯并降冰片烯的不对称还原开环，收率最高达 91%，98% *ee*，有广泛的底物适用性。此外又确定了产物的绝对构型。

6.4　二级胺与氮杂苯并降冰片烯类化合物的不对称还原开环反应

6.4.1　催化体系的建立

本书作者课题组在钯催化体系下，成功实现了胺对氮杂苯并降冰片烯的加成开环反应，在此反应研究过程中发现，有些二级胺亲核试剂并不能与氮杂苯并降冰片烯发生加成开环反应。基于对还原开环反应的认识，发现在钯催化体系下，有些不与氮杂苯并降冰片烯发生加成开环反应的二级胺，如二苄胺，却能够很好地发生还原开环反应。基于该发现，本书作者课题组于 2018 年在手性钯催化下成功实现了二级胺与氮杂苯并降冰片烯的不对称还原开环反应[3]。

该反应的研究与以往相同，首先对催化体系进行优化筛选。以 Pd(OAc)$_2$作为催化剂，AgOTf 作为共催化剂，以（*R*）-Binap 作为手性配体，与二苯胺 **8a** 反应，开始了二级胺与氮杂苯并降冰片烯的不对称还原开环反应的研究。

从表 6-10 可以看出，在乙酸钯和三氟甲磺酸银的共同催化下，使用手性单膦配体（*R*）-MONOPHOS（序号：1）和手性双膦配体（*R*）-PHANEPHOS（序号：7）时，该反应活性很低，且有大量原料剩余，立体选择性也很差。当使用（*R*）-BINAP（序号：2）、（*R*）-Cl-OMe-BIPHEP（序号：5）时，虽然可以取得不错的收率，但是 *ee* 值偏低。然而，当使用手性双膦配体（*R*）-OMe-BIPHEP（序号：6）、（*R*）-SYNPHOS（序号：8）、（*R*）-SEGPHOS（序号：9）时，都可以取得很好的收率及中等偏上的立体选择性。然后，选择（*R*）-SEGPHOS 配体对其进行位阻和其他因素的考察，最终还是选择了结果最好的（*R*）-SEGPHOS（序号：9）作为该反应的最佳配体。该手性双膦配体在 90℃ 反应温度下只需反应 11h 便可获得收率为 93%，*ee* 值为 75% 的不对称还原开环产物。之后在此双膦手性配体的基础上进行了下一步添加剂的筛选。

表 6-10　二苄胺与氮杂苯并降冰片烯还原开环反应的配体筛选[a]

7a + 8a (Ph⌒N(H)⌒Ph) —— $Pd(OAc)_2$/**L*** ; AgOTf, 甲苯, 90℃ ——> 9a (HN-Boc) + Ph⌒=N⌒Ph

序号	手性配体	时间/h	收率/%[b]	*ee*/%[c]	*R*/*S*[d]
1	(*R*)-MONOPHOS	48	15	15	*S*
2	(*R*)-Binap	35	88	55	*S*
3	(*R*)-DIOP	24	47	4	*S*
4	(*R*)-P-Phos	48	49	22	*S*
5	(*R*)-Cl-OMe-BIPHEP	45	80	46	*S*
6	(*R*)-OMe-BIPHEP	35	91	75	*S*
7	(*R*)-PHANEPHOS	24	20	7	*S*
8	(*R*)-SYNPHOS	11	89	75	*S*
9	(*R*)-SEGPHOS	11	93	75	*S*
10	(*R*)-DM-SEGPHOS	11	87	65	*S*

a. 反应条件：7a（0.2mmol），7a/8a/Pd（$OAc)_2$/L*/AgOTf（1/3/0.05/0.06/0.1），溶剂甲苯（2mL），反应温度 90℃。b. 收率通过加入内标（1，3-二氧苯并环戊烷）由氢谱确定。c. *ee* 值由 HPLC 用手性柱测得。d. 绝对构型。

在上面的研究基础上使用乙酸钯，手性配体（*R*）-SEGPHOS 对添加剂进行了筛选，结果见表 6-11。

表 6-11　二苄胺与氮杂苯并降冰片烯还原开环反应中添加剂的筛选[a]

7a + 8a (Ph⌒N(H)⌒Ph) —— $Pd(OAc)_2$/(*R*)-SEGPHOS ; 添加剂, 甲苯, 90℃ ——> 9a (HN-Boc) (*R*)/(*S*) + Ph⌒=N⌒Ph

序号	添加剂	时间/h	收率/%[b]	*ee*/%[c]	*R*/*S*[d]
1	$Cu(OTf)_2$	48	40	49	*S*
2	CuOTf	49	32	10	*S*
3	$Fe(OTf)_3$	20	81	78	*S*

续表

序号	添加剂	时间/h	收率/%[b]	*ee*/%[c]	*R*/*S*[d]
4	$Fe(OTf)_2$	22	87	74	*S*
5	$Al(OTf)_3$	22	85	78	*S*
6	$Zn(OTf)_2$	20	60	76	*S*
7	AgOTf	11	93	75	*S*
8	$AgBF_4$	27	80	82	*S*
9	$AgSbF_6$	27	69	76	*S*
10	$AgPF_6$	48	85	82	*S*
11	AgOAc	48	4	21	*R*
12	Ag_2CO_3	48	4	7	*R*
13	CH_3COOH	72	3.3	17	*R*
14	PhCOOH	72	9	68	*R*
15	*p*-BrC_6H_4COOH	72	3	39	*R*
16	*p*-MeC_6H_4COOH	72	2.3	39	*R*
17	*p*-$OMeC_6H_4COOH$	72	1.8	32	*R*
18	PhCOOK	72	3.5	15	*R*
19	TfOH	19	93	74	*S*
20	—	72	4	12	*R*

a. 反应条件：7a（0.2mmol），7a/8a/$Pd(OAc)_2$/(*R*)-SEGPHOS/添加剂（1/3/0.05/0.06/0.1），溶剂甲苯（2mL），反应温度90℃。b. 收率通过加入内标（1，3-二氧苯并环戊烷）由氢谱确定。c. *ee* 值由HPLC用手性柱测得。d. 绝对构型。

从表6-11可以看出，当使用酸性较强的路易斯酸（序号：1～10）或者三氟甲磺酸（序号：19）作为添加剂时，与不加添加剂（序号：20）相比较，首先绝对构型发生了改变，其次在活性和立体选择性上有了很大的提高（序号：3～10，19）。当使用酸性较弱的路易斯酸（如乙酸银、碳酸银）作为添加剂时，产物的绝对构型与不加添加剂时一致，其次反应活性降低（序号：11、12）。该现象引起了本书作者课题组的注意，是否酸的强弱会影响产物的绝对构型。之后为了验证这一猜想，通过使用不同强度的酸（序号：13、14、19），观察产物的绝对构型是否发生改变。研究人员惊奇地发现，不同的酸性的确影响了产物的构型。当使用苯甲酸作为添加剂（序号：14）时，构型再次改变后，产物的立体选择性较好。之后对苯甲酸进行了微调，通过改变含有不同取代基的苯甲酸（序号：15、16、17），观察产物立体选择性的变化。

综合以上数据考虑，当使用酸性较强的路易斯酸六氟磷酸银作为添加剂时，产物可以得到较好的收率及不错的立体选择性。之后，在此基础上，进行下一步的条件优化。在之后的研究中选择了收率最高或 *ee* 值最好的三个路易斯酸分别和苯甲酸进行组合，开始对苯甲酸的当量进行筛选，结果见表 6-12。

表 6-12　二苄胺与氮杂苯并降冰片烯还原开环反应中添加剂当量的筛选[a]

7a + 8a —[$Pd(OAc)_2/(R)$-SEGPHOS, AgOTf, PhCOOH, 甲苯, 90℃]→ 9a (*R*)/(*S*) + Ph⁀N⁀Ph

组号	序号	路易斯酸+苯甲酸	时间/h	收率/%[b]	*ee*/%[c]	*R/S*[d]
一	1	$AgBF_4$	27	81	82	*S*
二	2	$AgBF_4$+10% PhCOOH	16	92	56	*S*
	3	AgOTf	11	93	75	*S*
	4	AgOTf+10% PhCOOH	18	88	78	*S*
	5	AgOTf+20% PhCOOH	22	94	2	*R*
	6	AgOTf+50% PhCOOH	47	91	53	*R*
	7	AgOTf+100% PhCOOH	72	84	77	*R*
	8	AgOTf+200% PhCOOH	72	58	88	*R*
	9	AgOTf+300% PhCOOH	78	28	89	*R*
	10	AgOTf+400% PhCOOH	78	20	87	*R*
三	11	$AgPF_6$	48	85	82	*S*
	12	$AgPF_6$+10% PhCOOH	14	95	34	*S*
	13	$AgPF_6$+20% PhCOOH	17	94	64	*S*
	14	$AgPF_6$+50% PhCOOH	20	93	44	*S*
	15	$AgPF_6$+100% PhCOOH	30	85	20	*S*
	16	$AgPF_6$+200% PhCOOH	40	77	1	*R*
	17	$AgPF_6$+400% PhCOOH	72	57	50	*R*
四	18	10% PhCOOH	72	9	68	*R*
	19	20% PhCOOH	75	3	54	*R*
	20	50% PhCOOH	75	1.6	74	*R*
	21	100% PhCOOH	80	1.4	84	*R*
	22	200% PhCOOH	80	0.9	1	*R*
	23	—	72	4	12	*R*

a. 反应条件：7a（0.2mmol），7a/8a/$Pd(OAc)_2$/(*R*)-SEGPHOS/路易斯酸（1/3/0.05/0.06/0.1），苯甲酸的摩尔百分数是相对于底物 1a 的物质的量，溶剂甲苯（2mL），反应温度 90℃。b. 收率通过加入内标（1，3-二氧苯并环戊烷）由氢谱确定。c. *ee* 值由 HPLC 用手性柱测得。d. 绝对构型。

在表6-12中，为了方便表述将其分成四组：第一组（序号：1）、第二组（序号：3~10），第三组（序号：11~17），第四组（序号：18~23）。第四组是作为对照组，从对照组结果可知，当只加入2equiv. 的苯甲酸或者更多时，由反应现象可知，此时已经严重破坏了金属与配体的络合。为了方便分析，将未加入苯甲酸且只添加路易斯酸的数据以未编序号的形式列出。首先在路易斯酸中加入0.1equiv. 的苯甲酸，通过观察，选择了*ee*值提高（与未加苯甲酸相比）的三氟甲磺酸银（序号：3），以及*ee*值下降明显（与未加苯甲酸相比）的六氟磷酸银（序号：11）进行了进一步对酸量的筛选。由第三组数据可以看出，当苯甲酸用量增加到0.2equiv.（序号：13）时，*ee*值出现上升（与序号12相比）的现象，之后继续增加苯甲酸用量，*ee*值开始呈现下降趋势，当加入2equiv. 的苯甲酸（序号：16）时，产物接近外消旋体，继续增加苯甲酸用量时，产物构型开始改变，继续将苯甲酸用量增加到4equiv.（序号：17）时，只有中等的*ee*值。由第二组数据可知，当加入0.2equiv. 的苯甲酸（序号：5）时，*ee*值急剧下降接近消旋，继续增加苯甲酸用量时，构型开始改变，当苯甲酸达到2equiv. 时（序号：8），*ee*值已接近峰值，继续增加苯甲酸用量到3equiv. 时（序号：9），*ee*值已无明显上升趋势，且收率开始下降，当继续再增加苯甲酸用量到4equiv. 时（序号：10），*ee*值已呈现下降趋势。对比第二、第三组数据，综合考虑，当使用三氟甲磺酸银和2equiv. 苯甲酸时，可以实现很好的手性调控。

通过对表6-12的分析，确定在三氟甲磺酸银和2equiv. 的布朗斯特酸条件下进行再次筛选，并考虑了温度的影响。

表6-13　二苄胺与氮杂苯并降冰片烯还原开环反应中布朗斯特酸和温度的筛选[a]

7a + 8a (Ph⌒NH⌒Ph) —— $Pd(OAc)_2$, (*R*)-SEGPHOS, AgOTf, 甲苯, 90℃, 布朗斯特酸 ——→ 9a′ + Ph⌒N⌒Ph

序号	布朗斯特酸	温度/℃	时间/h	收率/%[b]	*ee*/%[c]	*R*/*S*[d]
1	PhCOOH	90	72	58	88	*R*
2	PhCOOH	80	84	16	90	*R*
3	PhCOOH	100	60	96	83	*R*
4	CH_3COOH	90	31	91	11	*R*
5	*p*-BrC_6H_4COOH	90	74	12	89	*R*
6	*p*-MeC_6H_4COOH	90	72	82	81	*R*
7	*p*-$MeOC_6H_4COOH$	90	72	59	76	*R*

a. 反应条件：7a（0.2mmol），7a/8a/Pd(OAc)$_2$/(*R*)-SEGPHOS/三氟甲磺酸银/布朗斯特酸（1/3/0.05/0.06/0.1/2），溶剂甲苯（2mL），反应温度90℃。b. 收率通过加入内标（1，3-二氧苯并环戊烷）由氢谱确定。c. *ee*值由HPLC用手性柱测得。d. 绝对构型。

通过对表6-13分析可知，当在三氟甲磺酸银中加入酸性比较强的乙酸时（序号：4），立体选择性明显不如在苯甲酸条件下的结果，因此对酸性更强的酸不再进行筛选。当将苯甲酸换成含有吸电子基团的4-溴苯甲酸时（序号：5），立体选择性不仅没有明显提升，反应活性还急剧下降。当换成供电子的对甲基苯甲酸时（序号：6），反应活性虽有所提升，但立体选择性却有所下降。当使用对甲氧基苯甲酸时（序号：7），反应活性竟没有明显变化，而且立体选择性更差。因此，选择了苯甲酸作为最终的布朗斯特酸，并进行下一步的温度筛选。当反应温度为80℃时，反应活性骤降，立体选择性也无明显好转；当反应温度为100℃时，反应活性大幅提高，立体选择性又有少许下降。故而，选择在90℃的反应温度下，加入2equiv. 的苯甲酸进行部分底物拓展。

在乙酸钯、(*R*)-SEGPHOS、六氟磷酸银的条件下，对反应的溶剂和温度进行了筛选，结果见表6-14。

表6-14 二苄胺与氮杂苯并降冰片烯还原开环反应中溶剂和温度的筛选[a]

7a + 8a (Ph⁀N(H)⁀Ph) —— $Pd(OAc)_2/(R)$-SEGPHOS, $AgPF_6$, 溶剂, 90℃ ——→ 9a + Ph⁀=N⁀Ph

序号	溶剂	时间/h	收率/%[b]	*ee*/%[c]	*R*/*S*[d]
1	甲苯	48	85	82	*S*
2	THF	21	89	92	*S*
3	DME	21	91	91	*S*
4	DCE	38	75	83	*S*
5	1,4-二氧六环	14	91	92	*S*
6[e]	1,4-二氧六环	40	88	92	*S*
7[f]	1,4-二氧六环	6	87	90	*S*

a. 反应条件：7a（0.2mmol），7a/8a/$Pd(OAc)_2$/(*R*)-SEGPHOS/六氟磷酸银（1/3/0.05/0.06/0.1），溶剂（2mL），反应温度90℃。b. 收率通过加入内标（1，3-二氧苯并环戊烷）由氢谱确定。c. *ee* 值由HPLC用手性柱测得。d. 绝对构型。e. 反应温度80℃。f. 反应温度100℃。

从表6-14可知，当选择醚类溶剂时，整体效果都比甲苯和1,2-二氯乙烷（DCE）好。在四氢呋喃（THF）、乙二醇二甲醚（DME）、1,4-二氧六环中，这三者在产物的立体选择性上差别不大，但1,4-二氧六环的反应活性与另外两个相比较略胜一筹。当反应温度降低时，反应活性明显下降，且 *ee* 值没有明显上升。而当温度升高时，产物的立体选择性有所下降，并且副反应产物变多。因此，最终选择溶剂为1,4-二氧六环，反应温度为90℃，对底物适用性进行研究。

6.4.2 不同胺作氢源对还原开环反应的影响

经过对反应体系的一系列优化，最终确定最佳的反应条件为金属 $Pd(OAc)_2$，手性配体（*R*）-SEGPHOS，添加剂 $AgPF_6$，溶剂 1,4-二氧六环，反应温度 90℃。下面，主要考察各类不同的二级胺及部分一级胺作氢源与氮杂苯并降冰片烯进行还原开环反应，结果见表 6-15。

表 6-15　不同胺作氢源与氮杂苯并降冰片烯的还原开环反应[a]

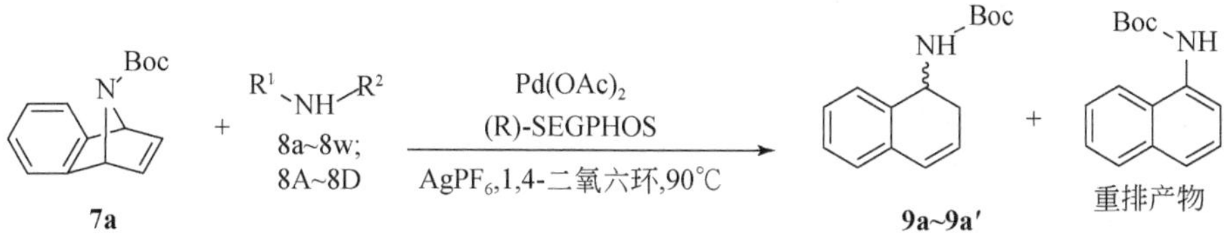

序号	胺	时间/h	收率/%[b]	*ee*/%[c]	*R/S*[d]
1	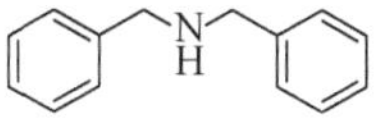	14	91	92	*S*
2	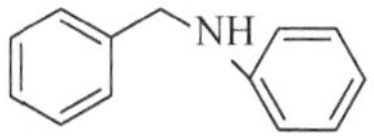	4.5	42	65	*S*
3	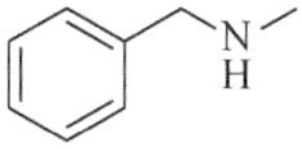	51	34	30	*S*
4	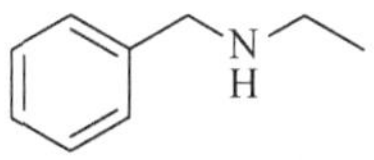	46	94	84	*S*
5	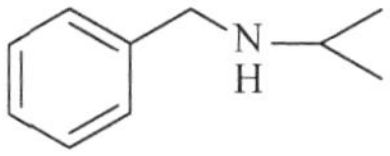	38	94	90	*S*
6	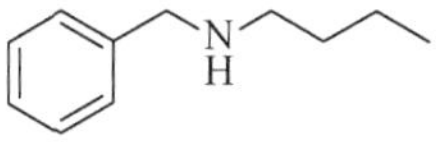	21	95	87	*S*
7	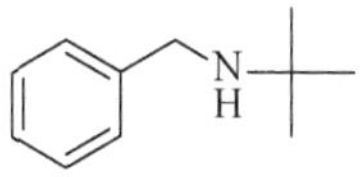	22	94	78	*S*
8	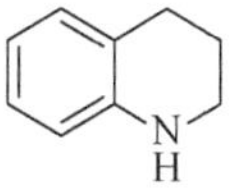	17	75	78	*S*
9	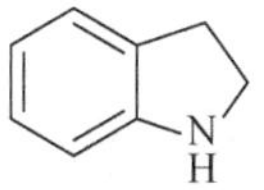	30	54	74	*S*

续表

序号	胺	时间/h	收率/%[b]	*ee*/%[c]	*R*/*S*[d]
10	 NH	42	95	80	*S*
11	 NH	55	17	40	*S*
12	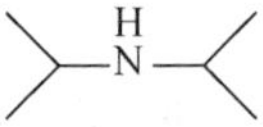 NH	50	90	79	*S*
13	 NH	46	94	51	*S*
14	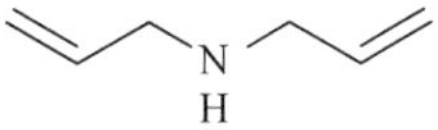 NH	64	7	83	*S*
15	 NH	72	51	50	*R*
16	 NH	72	31	61	*R*
17	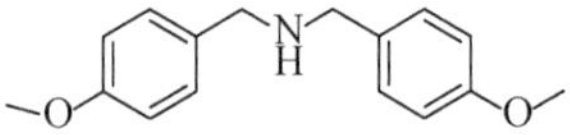 O, NH, O	55	34	77	*S*
18	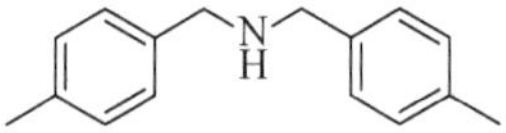 NH	50	92	86	*S*
19	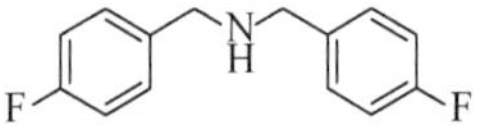 F, NH, F	26	91	91	*S*
20	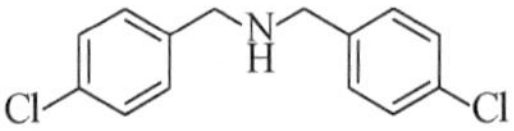 Cl, NH, Cl	6	84	82	*S*
21[e]		46	81	88	*S*
22	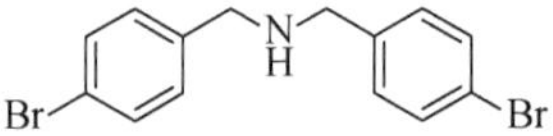 Br, NH, Br	50	56	83	*S*
23	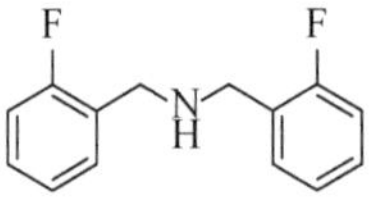 F, NH, F	25	30	88	*S*
24	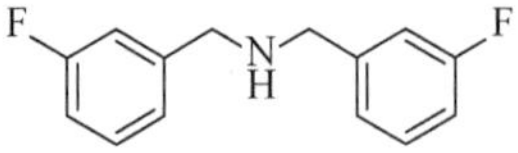 F, NH, F	36	52	81	*S*
25	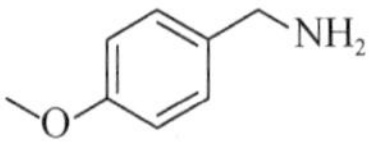 O, NH_2	26	12	35	*S*
26	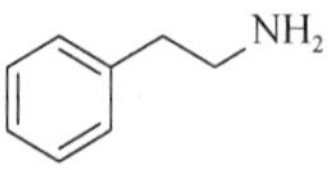 NH_2	26	10	8	*S*

续表

序号	胺	时间/h	收率/%[b]	ee/%[c]	R/S[d]
27	1-苯乙胺（NH_2）	26	9	39	*S*
28	环己胺（NH_2）	26	14	2	*S*

a. 反应条件：7a（0.2mmol），7a/2a/Pd（OAc）$_2$/（*R*）-SEGPHOS/六氟磷酸银（1/3/0.05/0.06/0.1），溶剂1，4-二氧六环（2mL），反应温度90℃。b. 收率通过加入内标（1，3-二氧苯并环戊烷）由氢谱确定。c. ee值由HPLC用手性柱测得。d. 绝对构型。e. 反应温度60℃。

从表6-15的数据分布可以看出，由于二苄胺作氢源时，对氮杂苯并降冰片烯的不对称还原开环反应可以取得很好的收率和立体选择性。因此，尽量先改变二苄胺一边的结构，考察电子和位阻效应（序号：2～7）。发现当供电子能力比较强时，反应活性明显较高，且随着支链的延长，反应活性也有明显提升趋势。当位阻过大时也会影响反应活性及立体选择性。当选择氮原子与苯环直接相连的芳香胺化合物时（序号：2、8、9），这类化合物由于受苯环影响较大，尤其是*N*-苄基苯胺会生成部分开环产物及大量的重排产物。后面继续筛选了一些简单的链状二级胺（序号：10～14），发现当这些二级胺趋于生成一种比较稳定的亚胺时，一般活性都比较高且具有不错的立体选择性。对于二正丙胺和二烯丙基胺由于生成亚胺会出现重排现象生成烯胺，影响了反应进一步发生。然而对于四氢吡咯和哌啶（序号：15、16），在实验观察中发现，该类化合物主要依靠自身的二聚形式提供氢源，所以产物的绝对构型发生了改变。通过以上数据发现还是二苄胺的效果比较好，进而对二苄胺进行了位阻效应及电子效应的考察。当二苄胺上接有吸电子基团时，整体效果要比供电子基团的效果好（序号：17～22），然而利用氟原子考察位阻效应时（序号：19、23、24），发现邻位或者间位的二苄胺会有较多的副反应发生，而且立体选择性也没有对位的好。除了二级胺，还筛选了部分具有代表性一级胺（序号：25～28），通过对反应结果的分析，猜测可能是因为伯胺在脱氢形成亚胺的过程十分困难，并且这种中间体也很不稳定，无法提供充足的氢源，因此在该类反应中活性较差，并且立体选择性也都不尽如人意。

6.4.3　氧/氮杂苯并降冰片烯类化合物的底物拓展

通过不同类型胺的比较，最终选择了二苄胺作氢源与氧/氮杂苯并降冰片烯类化合物进行还原开环反应，以考察该反应体系对底物的适应范围，结果见表6-16。

表 6-16　二苄胺对氧/氮杂苯并降冰片烯类化合物的不对称还原开环反应[a]

7a~7i + 8a →（$Pd(OAc)_2$,(*R*)-SEGPHOS / $AgPF_6$,1,4-二氧六环,90℃）→ 9a~9i

序号	底物	温度/℃	时间/h	收率/%[b]	*ee*/%[c]
1	N-Boc	90	14	91	92
2	N-Boc	90	10	56	88
		80	10	96	90
3	N-Boc	90	46	78	92
		80	48	92	94
4	N-Boc	80	36	95	96
5	MeO, MeO, N-Boc	90	17	75	92
		80	23	78	94
6	Br, Br, N-Boc	90	54	37	73
7	N-Cbz	90	59	87	88
8	O	90	22	40	66
9[d]	N-Ts	90	48	50	8

a. 反应条件：**7a**（0.2mmol），**7a**∶**8a**∶$Pd(OAc)_2$∶(*R*)-SEGPHOS∶六氟磷酸银（1∶3∶0.05∶0.06∶0.1），溶剂 1,4-二氧六环（2mL），反应温度 90℃。b. 收率通过加入内标（1,3-二氧苯并环戊烷）由^{1}HNMR 确定。c. *ee* 值由 HPLC 用手性柱测得。d. 反应温度 80℃。

从表 6-16 中可以看出，带有供电子取代基的氮杂苯并降冰片烯的反应活性和立体选择性都比较好，带有吸电子取代基的氮杂苯并降冰片烯如 **7f**，反应活性较差。对于氧杂苯并降冰片烯的立体选择性也不好，且有较多重排产物萘酚生成。

从图 6-2 中可以看出，当加入 2equiv. 苯甲酸时，还原产物 **9a′**，**9c′**的绝对构型发生了改变，尤其对于**7i**底物，产生了明显的变化。

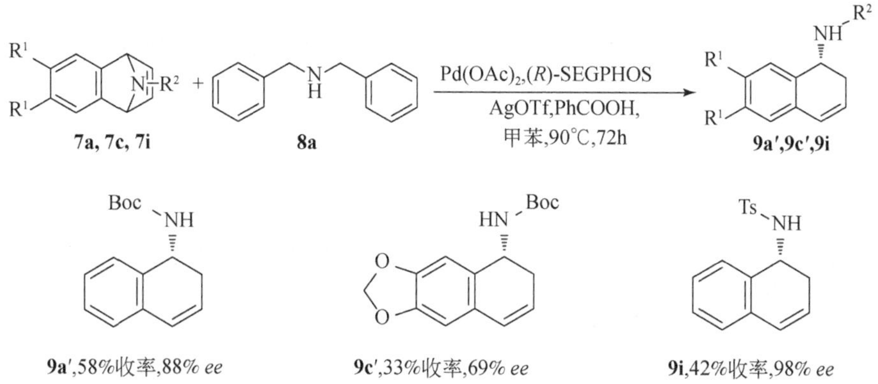

图6-2　苯甲酸对氮杂苯并降冰片烯类化合物的还原开环反应的影响

该反应构建了钯–银共催化体系，成功实现了以二级胺作氢源与氮杂苯并降冰片烯类化合物的不对称还原开环反应，取得了很好的收率及立体选择性，并首次证明了使用苯甲酸作为添加剂可以改变产物的绝对构型。

6.5　三级胺与氮杂苯并降冰片烯类化合物的不对称还原开环反应

6.5.1　催化体系的建立

从2009年以来，本书作者课题组一直致力于对冰片烯类化合物开环反应的研究。在过渡金属钯催化体系下，实现了以 $Pd(OAc)_2$ 为金属前体和（*R*）-DIFLUORPHOS/(*R*)-PHANEPHOS为手性双膦配体来进行手性控制，成功实现了甲醇对氮/氧杂苯并降冰片烯的不对称还原开环反应。结合转移氢化反应领域的相关文献报道和课题组取得的工作成果，做了一些筛选尝试，通过研究发现过渡金属钯和银形成共同催化体系，与路易斯酸混合可以有效催化三级胺对氮杂苯并降冰片烯的不对称转移氢化反应。所以，研究人员选择氮杂苯并降冰片烯作为标准底物，以三乙胺作为氢源，$Pd(OAc)_2$ 作为催化剂前体，（*R*）-Binap作为手性配体，各种类型的路易斯酸和质子酸作为添加剂，甲苯作为溶剂，以此来进行三级胺对氮杂苯并降冰片烯的不对称转移氢化反应的影响研究[4]。

众所周知，手性配体在反应中起着重要作用，它可以诱导和控制产物的对映选择性，因此希望通过对手性配体的筛选来实现手性控制。选择 $Pd(OAc)_2$ 作为金属催化剂前体，Et_3N 作为氢源，$AgBF_4$ 作为路易斯酸，苯甲酸作为质子酸，甲苯作为溶剂，在 90℃ 的条件下对配体进行筛选，结果见表 6-17。

表 6-17　三乙胺对氮杂苯并降冰片烯的不对称转移氢化反应配体的筛选[a]

10a + 11a —— $Pd(OAc)_2$, **L***; $AgBF_4$, PhCOOH, 甲苯, 90℃ ——> 12a

序号	配体	时间/h	收率/%[b]	*ee*/%[c]
1	(*R*)-MONOPHOS	72	5	10
2	(*R*,*R*)-DIOP	72	54	2
3	(*R*,*R*)-BDPP	72	94	9
4	(*R*)-P-PHOS	72	52	85
5	(*R*)-SEGPHOS	72	92	82
6	(*R*)-MeO-BIPHEP	72	93	95
7	(*R*)-Cl-MeO-BIPHEP	72	91	94
8	(*R*)-SYNPHOS	72	94	90
9	(*R*)-tol-Binap	72	93	91
10	(*R*)-Binap	72	94	96

a. 反应条件:1a(0.2mmol),1a∶2a∶[Pd]∶配体∶$AgBF_4$∶$PhCOOH_2$(1∶3∶0.05∶0.06∶0.1∶2)于充满氩气的史奈克试管中加入 2mLToluene,在 90℃ 的油浴下进行反应,用 TLC 监控反应进程。b. 收率经过硅胶柱柱层析纯化后经核磁定收率获得。c. *ee* 值经高效液相色谱仪(HPLC)用 OJ-H 柱判断。

如表 6-17 所示，通过实验发现 (*R*)-MONOPHOS 单膦配体反应效果不好，收率和对映选择性都很低（序号：1）。随后，对双膦配体 (*R*,*R*)-DIOP 进行了筛选，收率由 5% 提高到 54%，但是对映选择性很差，仅为：2%（序号：2）。当使用 (*R*,*R*)-BDPP 作为手性配体时，其收率发生了巨大的改变，高达 94%，但对映选择性没有明显改变（序号：3）。这可能是 (*R*,*R*)-BDPP 的空间位阻小从而导致其立体选择性差。紧接着又对 (*R*)-P-PHOS 手性配体进行了考察，发现产物的对映选择性发生了巨大的改变，达到 85%，同时收率有所下降，达到 52%（序号：4）。这说明配体的空间位阻大有利于手性控制。随后又对一些具有类似骨架的大位阻双膦配体进行了考察，如 (*R*)-SEGPHOS、(*R*)-MeO-BIPHEP、(*R*)-Cl-MeO-BIPHEP、(*R*)-SYNPHOS、(*R*)-tol-Binap、(*R*)-Binap、都取得了非常不错的效果（序号：5～10），其中 (*R*)-Binap 手性配体的效果是最好的，其收率高达 94%，对映选择性高达 96%。

综上所述，选择 (*R*)-Binap 作为最优配体（序号：10），进一步对其他条件进行筛选。

路易斯酸和添加剂在反应中具有重要的作用，所以以 $Pd(OAc)_2$作为金属催化剂前体，（*R*）- Binap 作为手性配体，苯甲酸作为质子酸，甲苯作为溶剂，在 90℃温度下对不同的路易斯酸进行筛选。

从表 6-18 可以看出，路易斯酸和添加剂对反应产生了巨大影响。从表中对比发现，当路易斯酸是 $AgBF_4$ 和 CuBr 时（序号：1、2），反应效果都还不错，当路易斯酸是 Bu4NI 时（序号：3），反应效果不好，收率和对映选择性都很差，当路易斯酸是 ZnI_2 时（序号：4），反应不能正常进行。随后对含 OTf^- 的路易斯酸进行了筛选，发现效果都还不错（序号：5～11），其中 Cu（$OTf)_2$ 和 AgOTf 效果是最好的，收率和对映选择性都为 96%（序号：5、11），从 Cu（$OTf)_2$ 和 AgOTf 的反应时间来看，Cu（$OTf)_2$ 的反应时间缩短了 11h，但是从价格上来看，Cu（$OTf)_2$ 的价格是 AgOTf 的 4 倍，所以 AgOTf 更加经济实惠。随后又对含 Ag^+ 的 $AgSbF_6$ 和 $AgPF_6$ 的路易斯酸进行了考察，发现反应时间缩短了，反应活性提高了许多，24h 就能反应完全，但是其对映选择性有所降低（序号：12、13）。不加路易斯酸或者添加剂时，反应效果都不好（序号：14、15）。综上所述，选择 AgOTf 作为最优路易斯酸。接下来以 Pd（$OAc)_2$ 作为金属催化剂前体，（*R*）- Binap 作为手性配体，AgOTf 作为路易斯酸，甲苯作为溶剂，在 90℃温度下对不同的添加剂进行了筛选。对添加剂质子酸进行筛选，发现苯环上带有供电子基取代的 *p*- MeO- PhCOOH 和 *p*- Me- PhCOOH 的质子酸效果都还不错，同时反应活性提高了很多（序号：17、18），*p*- MeO- PhCOOH 只需要 24h 就能反应完全，而苯环上带有吸电子基的 *p*- Br- PhCOOH 反应效果很差，收率仅有 23%（序号：16）。后面又对 PhCOOK、CF_3COOH 和 CH_3COOH 进行了筛选（序号：19～21），发现其效果都没有 *p*- MeO- PhCOOH 好，所以选择了 *p*- MeO- PhCOOH 作为最优添加剂。综上所述，选择了 AgOTf 作为最优路易斯酸（序号：11），*p*- MeO- PhCOOH 作为最优添加剂（序号：17），进一步对其他条件进行筛选。

表 6-18　三乙胺与氮杂苯并降冰片烯的不对称转移氢化反应中路易斯酸和添加剂的筛选[a]

10a + 11a —— $Pd(OAc)_2$, (*R*)-Binap / 路易斯酸, 添加剂, 甲苯, 90°C ——→ 12a +

序号	路易斯酸	添加剂	时间/h	收率/%[b]	*ee*/%[c]
1	$AgBF_4$	PhCOOH	72	94	96
2	CuBr	PhCOOH	48	91	90

续表

序号	路易斯酸	添加剂	时间/h	收率/%[b]	*ee*/%[c]
3	Bu_4NI	PhCOOH	72	4	60
4	ZnI_2	PhCOOH	NR	—	—
5	CuOTf	PhCOOH	47	96	96
6	$Cu(OTf)_2$	PhCOOH	72	95	94
7	$Zn(OTf)_2$	PhCOOH	72	94	93
8	$Fe(OTf)_3$	PhCOOH	72	95	73
9	$Fe(OTf)_2$	PhCOOH	72	95	87
10	$Al(OTf)_3$	PhCOOH	39	93	91
11	AgOTf	PhCOOH	58	96	96
12	$AgSbF_6$	PhCOOH	24	96	84
13	$AgPF_6$	PhCOOH	24	96	90
14	—	PhCOOH	72	10	30
15	AgOTf	—	72	83	23
16	AgOTf	*p*-Br-PhCOOH	72	23	95
17	AgOTf	*p*-MeO-PhCOOH	24	96	96
18	AgOTf	*p*-Me-PhCOOH	40	95	96
19	AgOTf	PhCOOK	72	93	81
20	AgOTf	CF_3COOH	72	96	91
21	AgOTf	CH_3COOH	36	95	95

a. 反应条件：1a（0.2mmol），1a∶2a∶［Pd］∶配体∶路易斯酸∶添加剂（1∶3∶0.05∶0.06∶0.1∶2）于充满氩气的史奈克试管中加入2mL Toluene，在90℃的油浴下进行反应，用TLC监控反应进程。b. 收率经过硅胶柱柱层析纯化后经核磁定收率获得。c. *ee*值经高效液相色谱仪（HPLC）用OJ-H柱判断。

添加剂用量对反应活性和对映选择性有重要影响，所以对添加剂用量做了进一步的筛选。以$Pd(OAc)_2$作为金属催化剂前体，（*R*）-Binap作为手性配体，AgOTf作为路易斯酸，甲苯作为溶剂，在90℃的温度下对*p*-MeO-PhCOOH添加剂用量进行筛选，结果见表6-19。

如表6-19所示，添加剂用量对反应收率影响明显，但是对反应的对映选择性有一定的影响。随着添加剂用量减少到一定程度时，反应的活性和对映选择性均有所降低，当添加剂量为2equiv. 和1equiv. 时，反应效果很好，活性和对映选择性都是最高的（序号：1、2），所以选择添加剂*p*-MeO-PhCOOH的用量为1equiv.，其收率为97%，对映选择性为96%。综上所述，选择了添加剂*p*-MeO-PhCOOH的最佳用量为1equiv.，进一步对其他条件进行筛选。

表 6-19　三乙胺与氮杂苯并降冰片烯不对称转移氢化反应中添加剂用量的筛选[a]

10a + 11a → 12a
$Pd(OAc)_2$, (*R*)-Binap
AgOTf, *p*-MeO-PhCOOH
甲苯, 90℃

序号	*p*-MeO-PhCOOH 用量/equiv.	时间/h	收率/%[b]	*ee*/%[c]
1	2	24	96	96
2	1	24	97	96
3	0.5	26	96	93
4	0.2	40	96	85

a. 反应条件：1a（0.2mmol），1a：2a：［Pd］：配体：AgOTf（1：3：0.05：0.06：0.1）于充满氩气的史奈克试管中加入2mL Toluene，在90℃的油浴下进行反应，用TLC监控反应进程。b. 收率经过硅胶柱柱层析纯化后经核磁定收率获得。c. *ee*值经高效液相色谱仪（HPLC）用OJ-H柱判断。

为了进一步优化反应条件，提高反应的活性和对映选择性，对溶剂和温度进行了筛选。以Pd（OAc）$_2$作为金属催化剂前体，（*R*）-Binap作为手性配体，AgOTf作为路易斯酸，*p*-MeO-PhCOOH作为添加剂，对不同的溶剂和温度进行了筛选，结果见表6-20。

表 6-20　三乙胺与氮杂苯并降冰片烯不对称转移氢化反应中溶剂和温度的筛选[a]

10a + 11a → 12a
$Pd(OAc)_2$, (*R*)-Binap
AgOTf, *p*-MeO-PhCOOH
溶剂, 温度

序号	溶剂	温度/℃	时间/h	收率/%[b]	*ee*/%[c]
1	THF	90	36	96	84
2	1,4-二氧六环	90	36	95	85
3	DME	90	18	93	87
4	DCE	90	72	61	87
5	甲苯	90	72	34	16
6	甲苯	90	24	97	96
7	甲苯	80	53	95	95
8	甲苯	100	10	95	93

a. 反应条件：1a（0.2mmol），1a：2a：［Pd］：配体：AgOTf：*p*-MeO-PhCOOH（1：3：0.05：0.06：0.1：1）于充满氩气的史奈克试管中加入2mL Toluene，在90℃的油浴下进行反应，用薄层色谱法TLC监控反应进程。b. 收率经过硅胶柱柱层析纯化后经核磁定收率获得。c. *ee*值经高效液相色谱仪（HPLC）用OJ-H柱判断。

通过表 6-20 可以看出，反应的溶剂和温度对反应结果都有影响。在 THF、1,4-二氧六环和 DME 溶剂中反应效果都还不错，收率和对映选择性几乎没有太大变化，但是 DME 的反应活性较高，需 18h 就能反应完全（序号：1～3）。在 MTBE 溶剂中反应的活性不高，反应 72h 后还有许多原料剩余，同时对映选择性有所降低（序号：4）。在 DCE 溶剂中反应的活性不高，对映选择性不好，有大量原料剩余，其收率为 34%，对映选择性仅为 16%（序号：5）。在甲苯溶剂中反应时，取得了很不错的效果，其活性和对映选择性都有很大的提高，只需 24h 就能反应完全，收率高达 97%，对映选择性高达 96%（序号：6）。随后，以甲苯作为溶剂对温度进行了筛选，发现降低温度到 80℃后反应活性降低了，反应时间达到了 53h（序号：7）；升高温度到 100℃后反应活性提高了，只需 10h 就能反应完全，同时产物的对映选择性降低了（序号：8）；而温度为 90℃时反应效果最佳，收率为 97%，对映选择性为 96%，反应时间为 24h（序号：6）。综上所述，选择甲苯作为最佳溶剂，90℃作为最佳温度（序号：6），对其他条件进一步进行筛选。

已经知道这个反应为转移氢化反应，其中最重要的物质之一就是氢源。这个反应所用的氢源为三乙胺，三乙胺用量将会决定反应的效果，所以对三乙胺的用量进行筛选。同样，以 $Pd(OAc)_2$ 作为金属催化剂前体，(*R*)-Binap 作为手性配体，AgOTf 作为路易斯酸，*p*-MeO-PhCOOH 作为添加剂，甲苯作为溶剂，在 90℃的温度下对三乙胺用量进行了筛选，结果见表 6-21。

表 6-21　三乙胺与氮杂苯并降冰片烯不对称转移氢化反应中三乙胺用量的筛选[a]

10a + 11a → 12a

$Pd(OAc)_2$, (*R*)-Binap

AgOTf, *p*-MeO-PhCOOH

甲苯, 90℃

序号	NEt_3用量/equiv.	时间/h	收率/%[b]	*ee*/%[c]
1	1	72	97	87
2	2	29	96	92
3	3	24	97	96
4	5	20	95	95

a. 反应条件：1a（0.2mmol），1a：［Pd］：配体：AgOTf：*p*-MeO-PhCOOH（1：0.05：0.06：0.1：1）于充满氩气的史奈克试管中加入 2mL Toluene，在 90℃的油浴下进行反应，用 TLC 监控反应进程。b. 收率经过硅胶柱柱层析纯化后经核磁定收率获得。c. *ee* 值经高效液相色谱仪（HPLC）用 OJ-H 柱判断。

如表 6-21 所示，可以看出：当三乙胺用量为 1equiv. 时，反应活性不高，对映选择性为 87% （序号：1）；当三乙胺用量为 2equiv. 时，反应活性增强，对映选择性随着提高，达到 92% （序号：2）；当三乙胺用量为 3equiv. 时，反应效果是最好的，其收率高达 97%，对映选择性为 96%，反应时间为 24h（序号：3）。随着三乙胺用量增加到 5equiv. 时，反应效果并没有太大的改变，其收率和对映选择性均有所下降（序号：4）。综上可知，三乙胺用量对反应的活性和对映选择性都会产生影响，当三乙胺用量为 3equiv. 时反应效果是最好的，所以选择三乙胺用量为 3equiv. 作为反应的最佳用量。

6.5.2 胺类底物的拓展

通过对不同类型手性配体、路易斯酸、添加剂、溶剂、温度和三乙胺用量等反应条件进行优化，得到了较优的催化体系。随后在这个催化体系下，将氢源换成不同类型的胺，对氮杂苯并降冰片烯进行不对称转移氢化反应，来考察不同类型的胺对反应的影响，结果见表 6-22。

表 6-22　胺与氮杂苯并降冰片烯不对称转移氢化反应中胺类底物拓展[a]

10a + 胺 (11a) → 12a
$Pd(OAc)_2$, (*R*)-Binap; AgOTf, *p*-MeO-PhCOOH; 甲苯, 90℃

序号	胺	时间/h	收率/%[b]	*ee*/%[c]	*R/S*
1	三乙胺	24	97	96	*R*
2	N-甲基二乙胺	41	92	91	*R*
3	N,N-二甲基乙胺	72	90	86	*R*
4	N,N-二异丙基乙胺	53	95	95	*R*
5	三丙胺	24	94	89	*R*

续表

序号	胺	时间/h	收率/%[b]	ee/%[c]	R/S
6	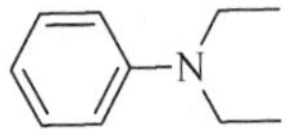 N	72	81	43	*S*
7	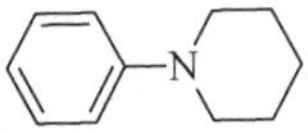 N	72	74	61	*S*
8	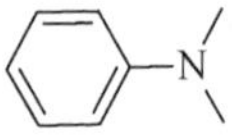 N	72	7	35	*S*
9	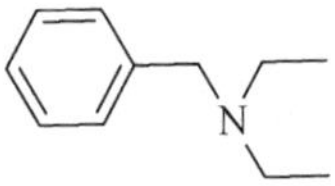 N	40	95	86	*R*
10	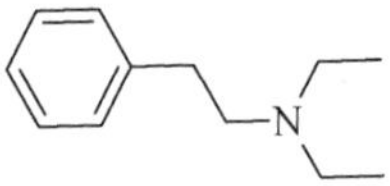 N	24	97	90	*R*
11	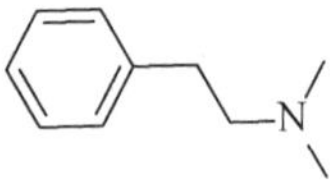 N	72	31	69	*R*
12	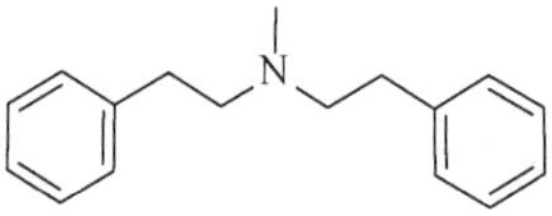 N	15	95	52	*R*
13	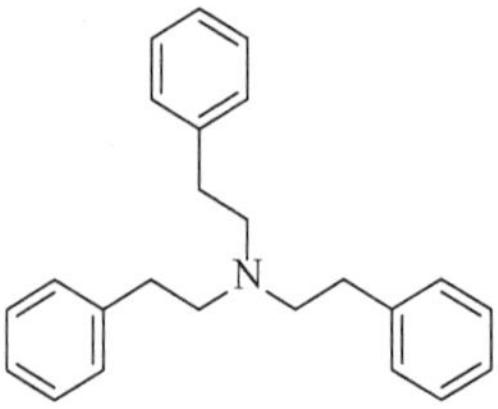 N	15	94	0	—
14	 N (溶于THF中)	72	68	40	*R*
15	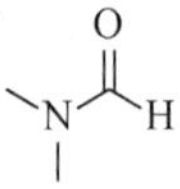 O N H	72	5	27	*S*
16	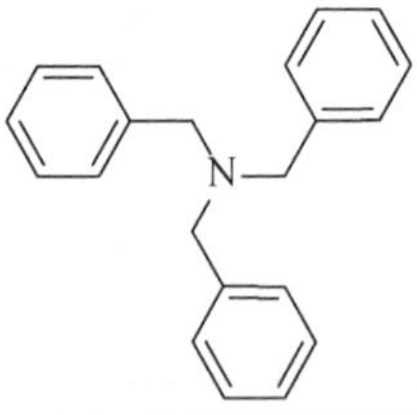 N	72	29	33	*S*

续表

序号	胺	时间/h	收率/%[b]	ee/%[c]	R/S
17	二乙胺（结构式）	72	53	91	R
18	二苄胺（结构式）	39	96	60	R
19	苄胺（结构式，NH_2）	72	12	52	R

a. 反应条件：1a（0.2mmol），1a∶2a∶[Pd]∶配体∶AgOTf∶*p*-MeO-PhCOOH（1∶3∶0.05∶0.06∶0.1∶1）于充满氩气的史奈克试管中加入2mL Toluene，在90℃的油浴下进行反应，用TLC监控反应进程。b. 收率经过硅胶柱柱层析纯化后经核磁定收率获得。c. *ee*值经高效液相色谱仪（HPLC）用OJ-H柱判断。

如表6-22所示，使用不同的胺类与氮杂苯并降冰片烯的不对称转移氢化反应进行研究，其中包括脂肪胺、芳香胺，脂肪胺又可以分为一级胺、二级胺、三级胺，同时这些脂肪胺和芳香胺又分为有β-H和无β-H两种。在这些胺类底物中，三乙胺的反应效果是最好，其收率高达97%，对映选择性高达96%，反应时间仅需24h（序号：1）。无论是反应的活性、收率和对映选择性，有β-H的胺类底物比没β-H的胺类底物效果都要好，这可能与该反应的机理有关，有β-H的胺类底物在反应过程中，α，β上各提供一分子氢形成烯胺（序号：1～13，17），而无β-H的胺类则不能形成烯胺，这种类型的胺不容易提供氢（序号：14～16，18，19），所以有β-H的胺类比没β-H的胺类底物效果都要好。对比三甲胺和*N*,*N*-二甲基甲酰胺可以看出，具有供电子基的反应效果比吸电子基的好（序号：14和15）。从底物（序号：1、2、3、4和10、11、12、13）可以看出，随着胺上β-H数目的减少或者增多，反应的活性也随着减弱或者增强。这些所有的胺类中，苯胺、*N*，*N*-二甲基甲酰胺和三苄胺的产物构型为*S*构型（序号6、7、8、15、16），而其他胺类底物的构型为*R*构型，这应该与这些底物的空间位阻及电子效应有关。综上可知，以三乙胺作为氢源反应效果是最好的，其收率高达97%，对映选择性高达96%，反应时间为24h，产物的绝对构型为*R*构型。

6.5.3　苯并降冰片烯类底物的拓展

以三乙胺作为氢源对氮/氧杂苯并降冰片烯类化合物进行不对称转移氢化反应，从而考察该催化体系对底物的适应性，结果见表6-23。

如表6-23所示，可以看出该催化体系对氮杂苯并降冰片烯类底物适用性很好（序号：1～7），而对于氧杂苯并降冰片烯，其活性明显高于氮杂苯并降冰片烯，故降低温度在80℃的条件下进行反应，反应效果还是不好，收率为61%，大部分原料转化为奈酚，并且对映选择性很差，仅为45%（序号：8）。对于氮杂苯并降冰片烯类底物，苯环上连有供电子取代基时，反应效果都还不错，收率都在90%以上（序号：2、3、4、5）。其中邻甲基氮杂苯并降冰片烯的对映选择性最好，高达99%（序号：2）；苯环上连有吸电子取代基时，反应活性很差，其收率仅为58%；但是产物对映选择性还不错，为94%（序号：6）。对于Boc保护或Cbz保护的氮杂苯并降冰片烯反应效果都很好，收率和对映选择性都在90%以上（序号：1、8）。

表 6-23　三乙胺与氮杂苯并降冰片烯不对称转移氢化反应中氮/氧杂苯并降冰片烯类底物的拓展[a]

10a~10h + 11a —[Pd(OAc)$_2$, (*R*)-Binap; AgOTf, *p*-MeO-PhCOOH; 甲苯, 90℃]→ 12a~12h + N,N-二乙基乙烯胺

序号	苯并降冰片烯	时间/h	收率/%[b]	*ee*/%[c]
1	N-Boc	24	97	96
2	二甲基, N-Boc	72	90	>99
3	MeO, MeO, N-Boc	48	95	76
4	亚甲二氧基, N-Boc	72	93	89
5	亚乙二氧基, N-Boc	28	97	89
6	Br, Br, N-Boc	72[d]	58	94
7	N-Cbz	18	93	90

续表

序号	苯并降冰片烯	时间/h	收率/%[b]	*ee*/%[c]
8	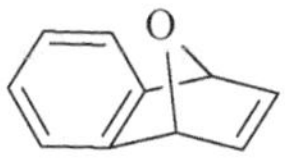 O	29[e]	61	45

a. 反应条件：1a（0.2mmol），1a∶2a∶[Pd]∶配体∶AgOTf∶*p*-MeO-PhCOOH（1∶3∶0.05∶0.06∶0.1∶1）于充满氩气的史奈克试管中加入2mL Toluene，在90℃的油浴下进行反应，用薄层色谱法TLC监控反应进程. b. 收率经过硅胶柱柱层析纯化后经核磁定收率获得. c. *ee*值经高效液相色谱仪（HPLC）用OJ-H，OD-H，AD-H，AS-H柱判断。d. 1a（0.2mmol），1a∶2a∶［Pd］∶配体∶AgOTf∶*p*-MeO-PhCOOH（1∶3∶0.10∶0.12∶0.2∶2）于充满氩气的史奈克试管中加入2mL Toluene，在110℃的油浴下进行反应，用薄层色谱法TLC监控反应进程。e. 1a（0.3mmol），1a∶2a∶［Pd］∶配体∶AgOTf∶*p*-MeO-PhCOOH（1∶3∶0.05∶0.06∶0.1∶1）于充满氩气的史奈克试管中加入2mL Toluene，在80℃的油浴下进行反应，用薄层色谱法TLC监控反应进程。

6.6 结　语

氢化反应是有机合成中最重要的转化之一，从学术实验室到工业操作中的各种应用都证明了这一点。近年来，转移氢化（TH）因其试剂廉价易得、操作简便、所需催化剂无毒易得等优点，成为直接加氢的有力替代品。转移氢化不涉及困难的反应步骤，不需要使用有毒的加压H_2气体。氧/氮杂苯并降冰片烯的不对称还原开环反应与加成开环反应不同，该类反应研究重点集中在不对称转移氢化，以上反应的成功实现不仅丰富了氧/氮杂苯并降冰片烯的开环反应类型，而且将为转移氢化反应提供新的方法，可以基于该方法实现其他类型化合物的不对称转移氢化反应。

参考文献

[1] Yang F, Chen J C, Xu J B, et al. Palladium/Lewis acid co-catalyzed divergent asymmetric ring opening reactions of azabenzonorbornadienes with alcohols. Org Lett, 2016, 18: 4832-4835.

[2] Ma F J, Chen J C, Yang F, et al. Palladium/zinc co-catalyzed asymmetric transfer hydrogenation of oxabenzonorbornadienes with alcohols as hydrogen sources. Org Biomol Chem, 2017, 15: 2359-2362.

[3] Pu D D, Zhou Y Y, Yang F, et al. Asymmetric ring-opening reactions of azabenzonorbornadienes through transfer hydrogenation using secondary amines as hydrogen sources: tuning of absolute configuration by acids. Org Chem Front, 2018, 5: 3077-3082.

[4] Zhang D P, Khana R, Yang F, et al. Palladium/Lewis acid cocatalyzed reductive asymmetric ring-opening reaction of azabenzonorbornadienes with tertiary amines as the hydrogen source. Eur J Org Chem, 2018, 26: 3464-3470.

第 7 章　羧酸与氧/氮杂苯并降冰片烯类化合物的不对称开环反应

7.1　引　言

在过去的十年中，对杂双环烯烃的不对称开环（ARO）反应进行了广泛的研究，因为它代表了一种制备手性二氢萘的有效方法，该手性二氢萘经常出现在多种生物活性化合物中，并容易被氢化转化为手性四氢萘。Lautens 和 Fagnou 课题组，随后是 Yang 等描述了这些反应的重要进展，并且对各种亲核试剂（如有机金属试剂、胺、酚、醇和有机硼酸）进行了深入研究。在杂双环烯烃中，由于氮杂苯并降冰片烯的反应性不及相应的氧杂苯并降冰片烯，因此在我们的研究之前，就底物范围和对映选择性而言，只有氮杂苯并降冰片烯与胺和有机锌试剂的 ARO 反应发展较为成熟。通过在 ARO 中进行了深入研究的路易斯酸作为助催化剂，本书作者研究团队通过使用不同的亲核试剂报道了许多氮杂苯并降冰片烯的高对映选择性开环反应。与胺和酚相比，羧酸是较弱的杂原子亲核试剂，这些应用在草酰苯并降冰片烯的 ARO 反应中受到了一定的限制。最近，本书作者课题组公开了通过钯/银助催化剂进行的氮杂苯并降冰片烯与羧酸的第一个顺位立体选择性 ARO 反应，报道了铱催化系统的发展，该系统能够实现氮杂苯并降冰片烯与羧酸的首次反立体选择性不对称开环反应，从而得到具有高光学纯度的二氢化萘。

7.2　铑催化羧酸与氧杂苯并降冰片烯类化合物的不对称开环反应

2001 年，Lautens 课题组报道了氧杂苯并降冰片烯与羧酸的不对称开环反应，得到了含有二氢化萘结构单元的烯丙基羧酸产物，反应收率高，对映选择性高于 90%（图 7-1）[1]。产物中的烯丙基羧酸结构单元在当前催化体系中稳定性好。他们在催化体系建立的过程中发现，质子添加剂的使用对于提高当前反应的活性至关重要，催化剂中氯原子被置换为碘原子对反应的选择性影响很大。

通过加入乙酸钠将有机羧酸转换为相应的羧酸盐，发现反应并不发生。其后通过尝试加入质子试剂，再加入三乙胺盐酸盐后，反应能以 89% 收率得到产物。

当前催化体系广泛适用于多种羧酸亲核试剂，包括甲酸和丙二酸等羧酸都适用，如表 7-1 所示。

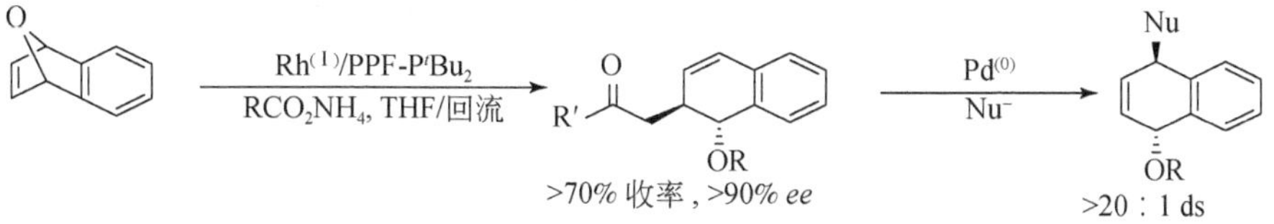

O
Rh(Ⅰ)/PPF-P^{t}Bu$_2$
RCO$_2$NH$_4$, THF/回流
O
R′
OR
>70% 收率，>90% ee
Pd(0)
Nu⁻
Nu
OR
>20：1 ds

图 7-1　氧杂苯并降冰片烯与羧酸的不对称开环反应

表 7-1　反应条件优化

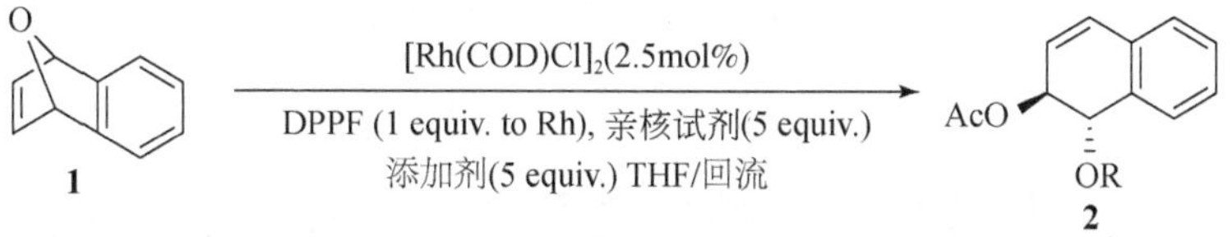

O
1
[Rh(COD)Cl]$_2$(2.5mol%)
DPPF (1 equiv. to Rh), 亲核试剂(5 equiv.)
添加剂(5 equiv.) THF/回流
AcO
OR
2

序号	亲核试剂	添加剂	收率/%
1	AcOH	无	不反应
2	AcONa	无	不反应
3	AcONa	$Et_3N\cdot HCl$	89
4	AcOH	Et_3N	89
5	$AcONH_4$	无	84

此外，还探索了当前反应所得到的烯丙基羧酸化合物的合成应用，如图 7-2 所示。尝试了在铑和钯催化剂的存在下，发生烯丙基官能团化反应的可能性。丙二酸二乙酯与当前反应产物在钯催化下可以以 91% 收率得到烯丙基重排产物。

O
Ph
O
OTBDMS
3
Pd$_2$(dba)$_3$ (2.5mol%), PPh$_3$ (10mol%)
EtO$_2$C
CO$_2$Et
Na⁺
THF/回流
CO$_2$Et
CO$_2$Et
OTBDMS
4 91%
(1)

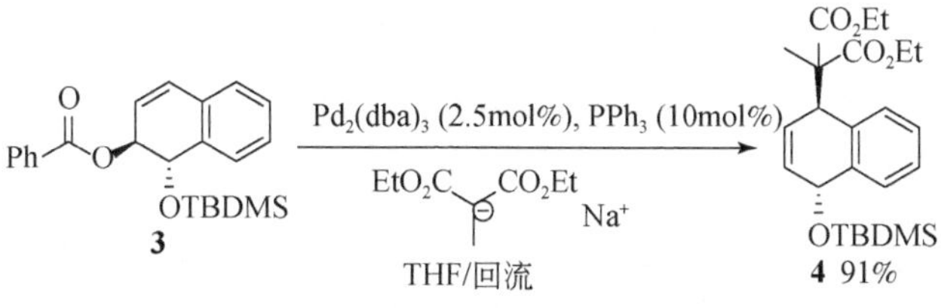

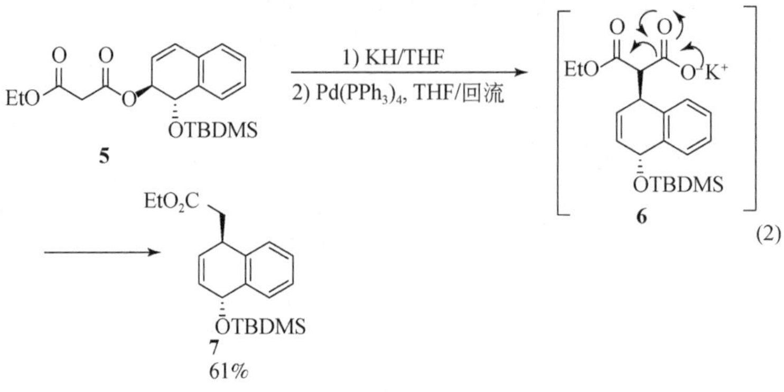

(2)

图 7-2 烯丙基羧酸化合物的合成应用

7.3 铑/锌协同催化羧酸与氧杂苯并降冰片烯类化合物的不对称开环反应

本书作者课题组通过使用［Rh(COD)Cl］$_2$和（S,S)-BDPP 络合物作催化剂，以 ZnI_2作为助催化剂，芳香酸和烷基丙烯酸作为亲核试剂，得到了相应的具有高对映选择性（84%～94% *ee*）的手性氢化萘产品（图 7-3）[2]。因此，该方法为制备富含对映体的氢化萘提供了一种有效的合成方法。

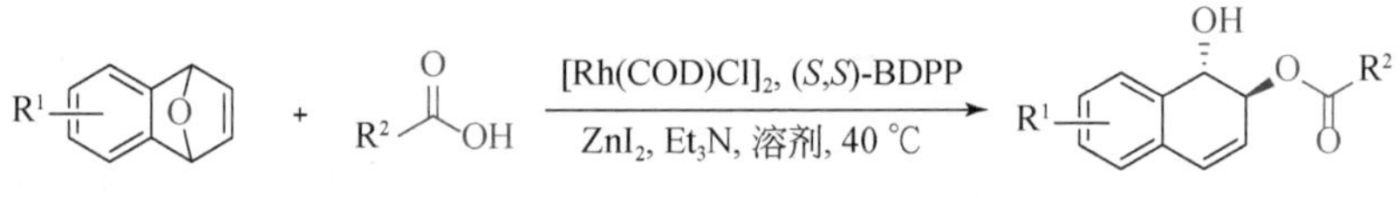

R¹= aryl, alkoxy, bromine; R²=alkyl, aryl
反应条件宽
底物范围广
良好的官能团耐受性
21 例子, 收率达95% yield, 84%~94% *ee*

图 7-3 氧杂冰片烯与羧酸的不对称开环反应

［Rh(COD)Cl］$_2$和（R,R)-BDPP 的配合物在本书作者课题组先前对氧杂苯硼酸二烯与胺的不对称开环反应的研究中被证明是一种有效的催化剂。然而，当研究氧苯甲氧基冰片二烯与羧酸在先前建立的反应条件下的不对称开环反应时，只观察到 1-萘酚的产生，并且没有得到所需的产物。并且在 60℃下进行的氧杂苯并降冰片烯与羧酸的不对称开环反应也未能得到除 1-萘酚以外的任何所需产

物。经推断，1-萘酚的产生是由酸性环境引起的，需要合适的碱来中和它，以及增加羧酸的亲核性。通过添加6equiv. 的三乙胺得到令人满意的95%的收率和89%的对映选择性（表7-2）。通过筛选其他非质子溶剂，注意到使用DCM、乙腈和其他醚破坏了反应收率和*ee*。因此，DCE被确定为该反应的最佳反应溶剂。基于先前对氧/氮杂苯并降冰片烯开环反应的研究，路易斯酸被确定为必需的助催化剂，这显著提高了催化体系的活性。因此，研究了各种路易斯酸在该反应中的作用。证明路易斯酸的阴离子也起着重要作用，因为CuI和FeI_2的使用分别提供了59%和73%的收率。很明显，路易斯酸在目前的方案中是不可或缺的，因为不使用任何路易斯酸的对照实验只能给出低反应收率。

表7-2 添加剂的筛选

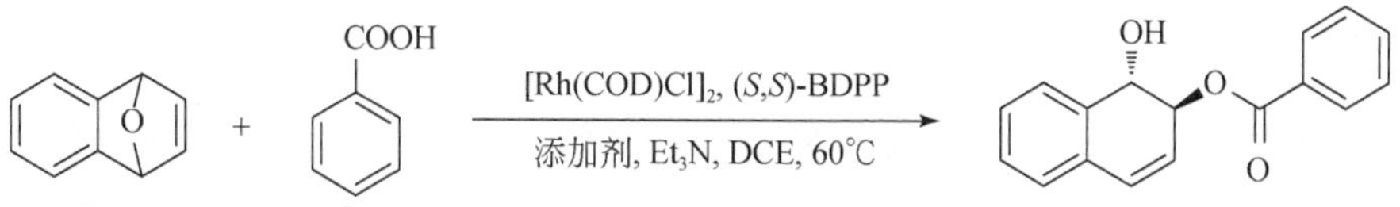

8a + **9a** (COOH) → [Rh(COD)Cl]$_2$, (*S*,*S*)-BDPP；添加剂, Et_3N, DCE, 60℃ → **10aa** (OH, O, O)

序号	添加剂	时间/h	收率/%	*ee*/%
1	ZnI_2	1.5	95	89
2	$ZnCl_2$	72	38	88
3	$ZnBr_2$	72	52	87
4	$Zn(OTf)_2$	48	25	89
5	AgOTf	48	16	88
6	CuBr	72	36	88
7	$Cu(OTf)_2$	48	33	90
8	$Al(OTf)_3$	48	26	89
9	$AlCl_3$	48	52	89
10	CuI	72	59	90
11	FeI_2	24	73	87
12	$^nBu_4NI$	48	39	89
13	ZnI_2	1.5	95	91
14	ZnI_2	72	85	91
15	—	72	20	86

随后，在标准反应条件下，对包括芳香酸和烷基酸在内的一系列羧酸进行考察，如图7-4所示。总体而言，所有羧酸均适合该反应，并具有良好的对映选择

性（88% ~91%）。然而，反应收率受底物影响。例如，当苯甲酸的苯基环上存在 OCH_3、Cl 和 Br 时，反应收率受到电子特性的抑制。应该注意的是，空间位阻效应对苯甲酸的活性影响很小。其他芳香酸，包括 2-萘甲酸、2-呋喃甲酸和 2-噻吩羧酸，也是适合于当前转化的亲核试剂。此外，一系列烷基酸也表现出良好的反应活性，并提供了具有良好对映选择性的目标产物。

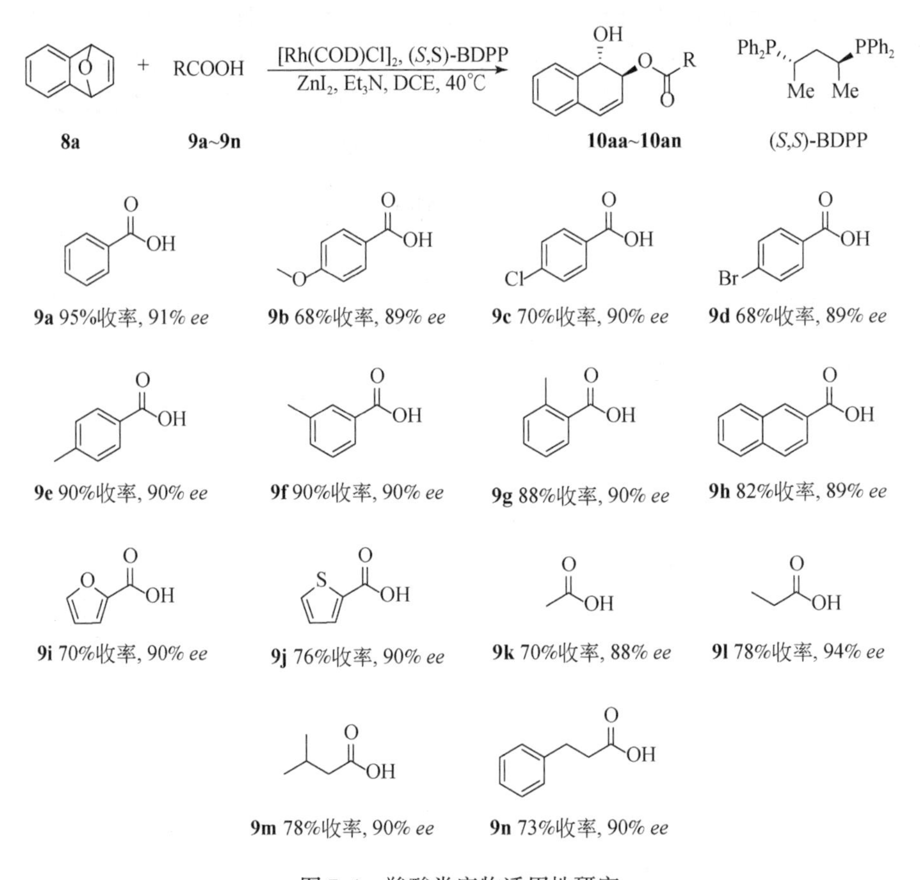

图 7-4　羧酸类底物适用性研究

其后研究组对反应适用范围进行了进一步研究，将一系列氧杂苯并降冰片烯与苯甲酸反应，如图 7-5 所示，得到相应的产物，对映选择性好（84% ~94%）。二甲基取代的氧杂苯并降冰片烯的反应顺利进行，以良好的收率和优异的对映选择性获得相应的开环产物。在当前反应条件下，氧杂苯并降冰片烯苯基环上的溴基是完全耐受的，这为传统的交叉偶联反应提供了潜在应用可能。

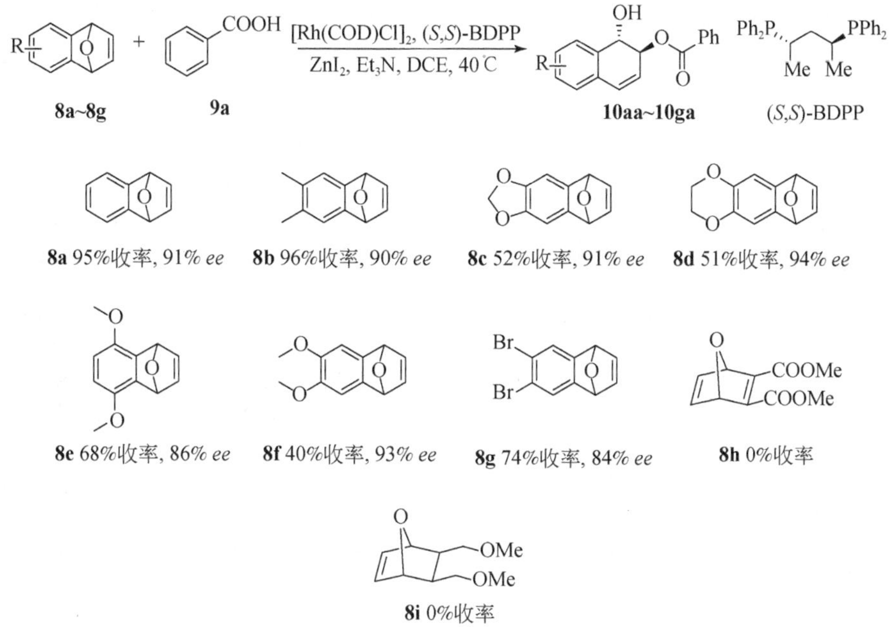
COOH
[Rh(COD)Cl]2, (S,S)-BDPP
ZnI2, Et3N, DCE, 40℃
OH
Ph
Ph2P
PPh2
Me Me
8a~8g
9a
10aa~10ga
(S,S)-BDPP
8a 95%收率, 91% ee
8b 96%收率, 90% ee
8c 52%收率, 91% ee
8d 51%收率, 94% ee
Br
Br
COOMe
COOMe
8e 68%收率, 86% ee
8f 40%收率, 93% ee
8g 74%收率, 84% ee
8h 0%收率
OMe
OMe
8i 0%收率

图 7-5　氧杂苯并降冰片烯类底物适用性研究

7.4　钯催化羧酸与氧/氮杂苯并降冰片烯类化合物的不对称开环反应

研究发现，金属钯和银（Pd/Ag）的协同催化体系对具有弱亲核性的羧酸和具有低反应活性的氮杂苯并降冰片烯的对映选择性开环反应是有效的。芳基羧酸和烷基羧酸都是合适的亲核试剂，具有良好的对映选择性和良好的收率。通过 X 射线晶体结构分析，确定了其中一种产物的绝对构型，并提出了一种合理的反应途径。

该项研究开始于使用 $Pd(OAc)_2$ 和 $AgBF_4$ 共催化剂筛选合适的手性配体。结果如表 7-3 所示，最初的 monodentate 膦配体和螯合膦配体（*R*,*S*）-PPF-P^tBu 均没有得到所需产品。通过使用（*R*）- Binap，结果具有优良的选择性。其他手性 biaryl 配体也进行了测试，结果表明，（*R*）- tol- Binap 和（*R*）- xyl- Binap 的使用能提高反应收率，但 *ee* 值有所降低。手性双齿膦类配体，如（*R*,*R*）- BDPP 和（*R*,*R*）- Me- Duphos 手性控制能力不足。因此，（*R*）- Binap 被确认为该反应最优的手性配体。

表 7-3　配体的筛选[a]

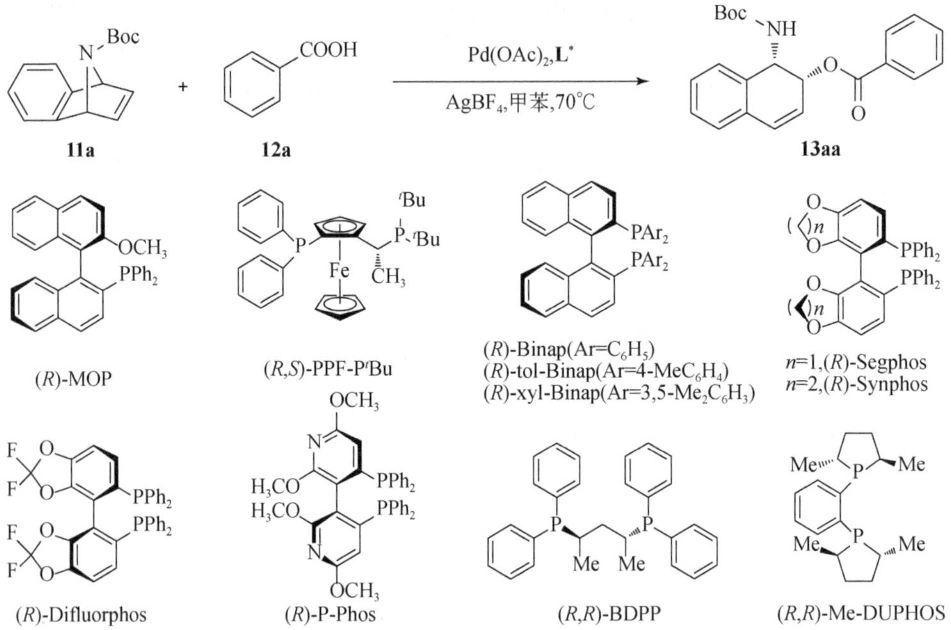

11a + 12a（COOH）$\xrightarrow[\text{AgBF}_4\text{, 甲苯, 70℃}]{\text{Pd(OAc)}_2\text{, }\mathbf{L}^*}$ 13aa

(R)-MOP　(R,S)-PPF-P^{t}Bu　(R)-Binap(Ar=C_6H_5)　(R)-tol-Binap(Ar=4-MeC_6H_4)　(R)-xyl-Binap(Ar=3,5-$Me_2C_6H_3$)　n=1,(R)-Segphos　n=2,(R)-Synphos

(R)-Difluorphos　(R)-P-Phos　(R,R)-BDPP　(R,R)-Me-DUPHOS

序号	配体	时间/h	收率/%[b]	ee/%[c]
1[d]	(R)-MOP	24	Trace	—
2	(R, S)-PPF-P^{t}Bu	24	Trace	—
3	(R)-Binap	7	55	97
4	(R)-tol-Binap	7	71	24
5	(R)-xyl-Binap	7	67	72
6	(R)-Synphos	24	36	36
7	(R)-Segphos	24	21	92
8	(R)-Difluorphos	6	48	93
9	(R)-P-Phos	5	47	92
10	(R, R)-BDPP	24	56	2
11	(R, R)-Me-DUPHOS	24	47	0

a. 反应条件：**11a**（0.2mmol），**11a**：**12a**：$Pd(OAc)_2$：配体：$AgBF_4$（1：5：0.05：0.06：0.1），在70℃（油浴温度）的甲苯（2mL）中，在氩气氛围下进行指定时间。b. 分离收率。c. 使用 Chiralcel AD-H 柱通过 HPLC 测定。d. 使用 0.024mmol(R)-MOP。

课题组在前期研究工作中已经证明，适当的路易斯酸的选择是至关重要的，能使氧/氮杂苯并降冰片烯开环反应达到良好的收率和对映选择性。因此，本书作者课题组研究了路易斯酸的影响来提高反应的结果。如表 7-4 所示，当使用 $AgSbF_6$和 AgOTf 时，开环反应收率分别为 70% 和 73%，选择性提高。其他一些路易斯酸和有机卤化物添加剂包括 ZnI_2、FeI_2、CuBr、$CuBr_2$、$^nBu_4NBr$ 和 $^nBu_4NI$ 未能促进目前反应结果。值得注意的是，当不加入路易斯酸时，72h 后没有观察到预期开环产物。

表 7-4　添加剂的筛选[a]

11a + 12a —Pd(OAc)₂,(R)-Binap / 添加剂, 甲苯, 70℃→ 13aa

序号	路易斯酸	时间/h	收率/%[b]	*ee*/%[c]
1	$AgBF_4$	7	55	97
2	$AgSbF_6$	11	70	99
3	AgOTf	11	73	99
4	$Zn(OTf)_2$	28	71	96
5	CuOTf	12	32	80
6	$Cu(OTf)_2$	12	21	82
7	$Fe(OTf)_2$	8	53	98
8	$Fe(OTf)_3$	6	Trace	—
9	ZnI_2	48	NR	—
10	FeI_2	48	NR	—
11	CuBr	48	NR	—
12	$CuBr_2$	48	NR	—
13	$^nBu_4NBr$	24	NR	—
14	$^nBu_4NI$	24	NR	—
15	—	72	NR	—

a. 反应条件：**11a**（0.2mmol），**11a**∶**12a**∶$Pd(OAc)_2$∶(*R*)-Binap∶添加剂（1∶5∶0.05∶0.06∶0.1），在 70℃（油浴温度）的甲苯（2mL）中，在氩气氛围下进行指定时间。b. 分离收率。c. 使用手性 AD-H 色谱柱通过 HPLC 测定。

在最佳反应条件的情况下，课题组采用不同的羧酸作为亲核试剂，研究了这种不对称开环反应的范围。如表 7-5 所示，所有羧酸均获得优异的对映选择性，收率高。例如，在大多数情况下，使用供电子基团取代的苯甲酸可以获得良好的产量，但空间位阻会导致收率较低。使用卤素取代的苯甲酸进行的反应也使开环产物顺利进行，并且卤素基团在反应过程中保持完整。2-萘甲酸在该反应中具有良好的性能，而且肉桂酸也耐受，得到相应的不对称开环产物。令人高兴的是，脂肪族酸，如3-苯基丙酸、乙酸、丙酸、丁酸、异丁酸和环己烷羧酸都是目前合适的亲核试剂。

表 7-5 羧酸的范围探索[a]

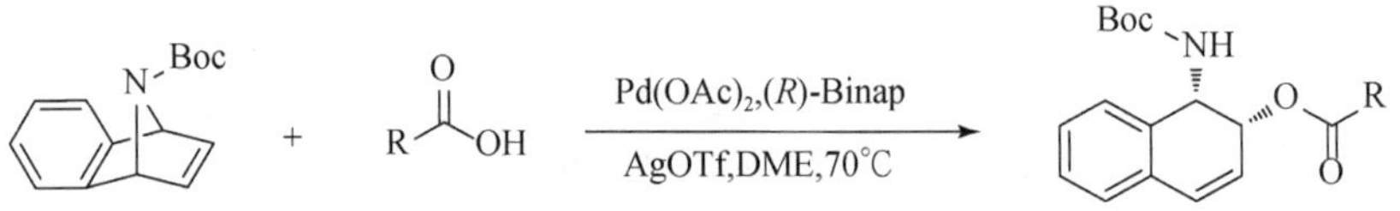

11a + **12a~12q** $\xrightarrow[\text{AgOTf,DME,70°C}]{\text{Pd(OAc)}_2\text{,(}R\text{)-Binap}}$ **13aa~13aq**

序号	羧酸	时间/h	收率/%[b]	*ee*/%[c]
1	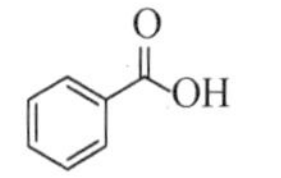 **12a**	11	81	99
2	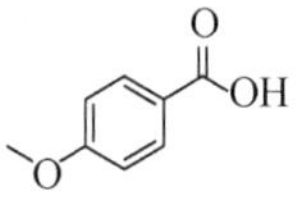 **12b**	12	92	99
3	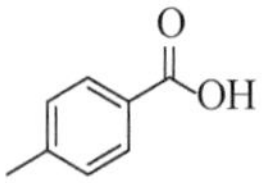 **12c**	17	84	99
4	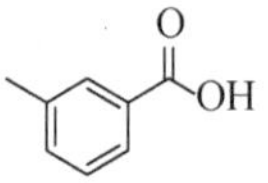 **12d**	17	82	99
5	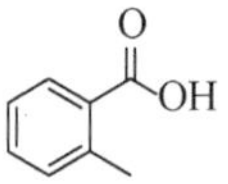 **12e**	17	63	99
6	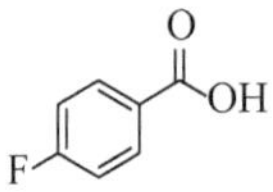 **12f**	17	74	99
7	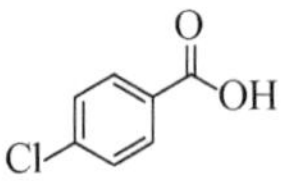 **12g**	17	71	99
8	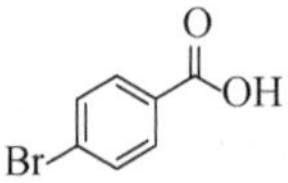 **12h**	17	86	99

续表

序号	羧酸	时间/h	收率/%[b]	ee/%[c]
9	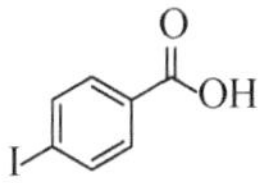 **12i**	17	72	98
10	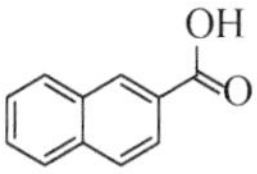 **12j**	11	88	98
11	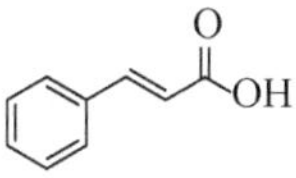 **12k**	12	83	98
12	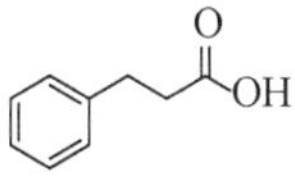 **12l**	11	67	97
13	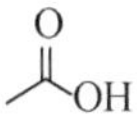 **12m**	11	83	94
14	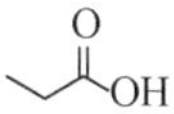 **12n**	12	75	96
15	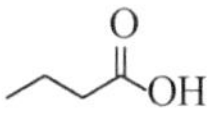 **12o**	12	61	95
16	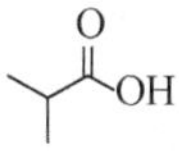 **12p**	12	53	96
17	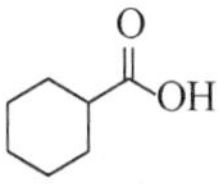 **12q**	21	74	96

a. 反应条件：**11a**（0.2mmol），**11a**：**12a**：$Pd(OAc)_2$：(R)-Binap：AgOTf（1：5：0.05：0.06：0.1），在70℃（油浴温度）的DME（2mL）中，在氩气氛围下进行指定时间。b. 分离收率。c. 使用手性AD-H、OD-H或AS-H色谱柱通过HPLC测定。

随后，使用4-甲氧基苯甲酸作为亲核试剂，通过使用一系列氮杂苯并降冰片烯衍生物研究了这种不对称开环反应的范围，结果见表7-6。一般，所有开环产物均以优异的对映选择性获得，但随着苯基环或氮原子上取代基团的不同，反应收率各不相同。值得注意的是，在目前的催化体系下，苯基环上的溴基团是完全耐受的。通过X射线晶体学分析，产物的绝对构型为（1*S*，2*S*）。

表 7-6　氮杂苯并降冰片烯的范围探索[a]

11b~11g + 12b —[$Pd(OAc)_2$,(*R*)-Binap / AgOTf,DME,70℃]→ 13bb~13gb

序号	11b ~ 11g	时间/h	收率/%[b]	*ee*/%[c]
1	**11b**	11	85	98
2[d]	**11c**	30	54	99
3	**11d**	20	72	99
4	**11e**	35	86	98
5	**11f**	12	69	99
6	**11g**	24	73	99

a. 反应条件：**11a**（0.2mmol），**11a**：**12a**：$Pd(OAc)_2$：(*R*)-Binap：AgOTf（1：5：0.05：0.06：0.1），在70℃（油浴温度）的 DME（2mL）中，在氩气氛围下进行指定时间。b. 分离收率。c. 使用 Chiralcel AD-H、OD-H 或 AS-H 柱通过 HPLC 测定。d. 反应在室温下进行。

本书作者课题组还简要测试了该不对称开环反应的潜在合成应用，如图 7-6 所示，**13aa** 通过水解、脱保护和氢化转化为 *β*-氨基醇 **14**，收率为 72%。未受保护的氨基和羟基官能团使产品的进一步衍生化成为可能。

13aa —[a) K_2CO_3, MeOH, H_2O, 室温; b) H_2, Pd/C, TFA, MeOH]→ **14** (72%收率)

图 7-6　开环产物 **13aa** 的衍生

根据氧/氮杂苯并降冰片烯的不对称开环反应的经验，这种开环反应的合理机理如图 7-7 所示。催化循环由 $Pd(OAc)_2$和（*R*）- Binap 配位启动，形成手性钯催化剂 **A**。随后，催化剂 **A**、银离子、羧酸和氮杂苯并降冰片烯 **11a** 之间的进一步配位得到中间体 **B**。接下来，钯插入羧酸的 O—H 键中，得到中间体 **C**。然后，通过β-N 消除打开吡咯烷环并得到开环物质 **D**。最后，通过与顺式构型的解离给出开环产物 **13aa**。

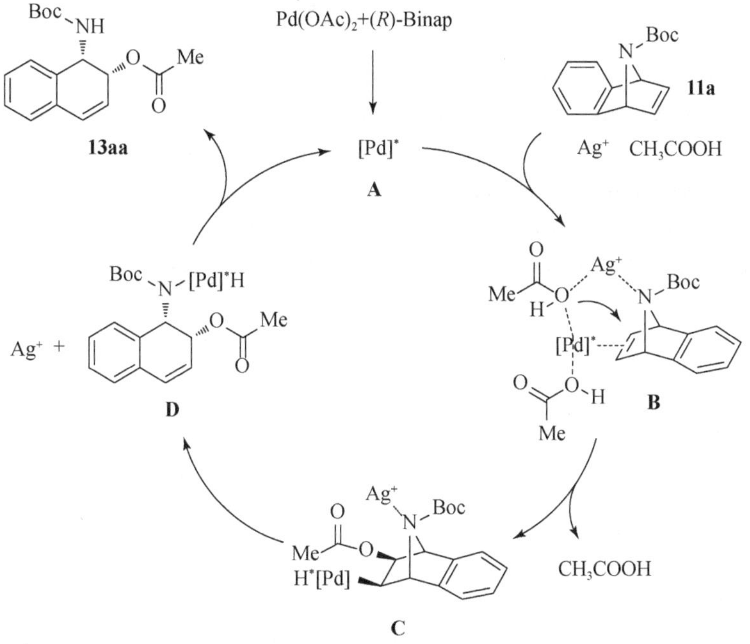

图 7-7　钯/银共催化不对称开环反应的机理

7.5　结　　语

取代的氢化萘是有机合成中的通用底物，广泛存在于天然产物和生物活性分子中。氧/氮杂苯并降冰片烯与杂原子亲核试剂的不对称开环反应为构建具有多个手性中心的取代的氢化萘提供了有力的合成方法，并已进行了广泛研究。在 Lautens Q 研究小组开创了有关氧/氮杂苯并降冰片烯的不对称开环反应的底物之后，Yang、Luo 等小组获得了丰硕的成果。由于氮杂苯并降冰片烯的反应性不及相应的氮杂苯并降冰片烯，因此这种反应主要集中在氧杂苯并降冰片烯上。尽管已经成功地应用了胺，但是必须开发有效的催化体系以用于氮杂苯并降冰片烯与其他杂多亲核试剂的不对称开环反应。本书作者团队对氧/氮杂苯并降冰片烯的不对称开环反应一直抱有浓厚兴趣，并使用过渡金属配合物与路易斯酸的组合作为助催化体系，将末端炔烃、酚和胺作为合适的亲核试剂使用。与胺和酚相比，亲核性较弱的羧酸也可用于氮杂苯并降冰片烯的不对称开环反应。通过应用过渡金属/路易斯酸共催化体系，已经实现了氮杂苯并降冰片烯与具有出色对映选择性（94% ~99%）的羧酸的不对称开环反应[3]。

参 考 文 献

[1] Lautens M, Fagnou K. Rhodium-catalysed asymmetric ring opening reactions with carboxylate nucleophiles. Tetrahedron, 2001, 57: 5067-5072.

[2] He X B, Chen J C, Xu X, et al. Rhodium/zinc co-catalyzed asymmetric ring opening reactions of oxabenzonorbornadienes with carboxylic acids. Tetrahedron: Asymmetry, 2016, 28: 62-68.

[3] Zhou Y Y, Gu C P, Chen J C, et al. Enantioselective ring opening reactions of azabenzonorbornadienes with carboxylic acids. Adv Syn Catal, 2016, 358: 3167-3172.

第 8 章　氮亲核试剂与氧/氮杂苯并降冰片烯类化合物的不对称开环反应

8.1 引　　言

含氮手性小分子结构单元广泛地存在于药物和天然产物中，是药物和天然产物合成的重要中间体。据统计，美国 FDA 近几十年审批通过的药物中，40% 的药物分子含有一个或者多个手性氮结构单元[1]。此外，含氮手性小分子作为有机催化剂或者配体在不对称合成领域也具有非常广泛的应用，如著名的 Noyori 催化剂、金鸡纳碱类手性催化剂、手性胺拆分试剂、仿生二胺催化剂等[2]。鉴于手性胺类小分子在化学、药学等领域的重要作用，近几十年来大量的合成方法学被发现用于此类化合物的合成。其中，在 2 位对映选择性氮取代的四氢化萘类化合物的合成在近二十年来一直是有机化学领域研究的热点。追其原因，首先，手性碳-氮键的构建一直是有机化学家挑战的难题，这种方法学的研究有希望大大缩短药物或者天然产物全合成的步骤。其次，2 位氮取代的四氢化萘类化合物自身也具有非常独特的生物活性，如图 8-1 所示，舍曲林（sertraline）是一种已经上市的抗抑郁类药物，具有非常好的治疗效果，而且在治愈后继续服用舍曲林可有效防止抑郁症的复发和再发。同时，临床上舍曲林也常用于强迫症的治疗[3]。另外，法国施维雅药厂开发了一个新型抗血小板药物特鲁曲班（terutroban），可以改善肝内血管阻力，对心血管疾病具有很好的疗效。其他各种氮基团修饰的四氢化萘类分子，如图 8-1 所示，也具有其他各种不同类型的生物活性，如抗癌、止痛和抗帕金森等[4]。

基于氮取代手性四氢化萘类化合物较好的生物活性，目前已有大量的文献报道了这类分子的合成方法。其中，以冰片烯（氮杂或者氧杂）为底物，通过过渡金属催化的氮亲核试剂不对称加成开环反应，构筑 2 位氮取代手性四氢化萘类化合物的方法是一种非常简便、高效的方法。本章综述了近二十年来国内外经典的相关报道，按照过渡金属催化剂的不同，主要分为三个方面来阐述：①金属铑催化的氮亲核试剂的不对称冰片烯开环反应，金属铑催化也是目前最常用、报道最多的方法；②金属钯催化的氮亲核试剂的不对称冰片烯开环反应；③金属铱催化的氮亲核试剂的不对称冰片烯开环反应，如图 8-2 所示。

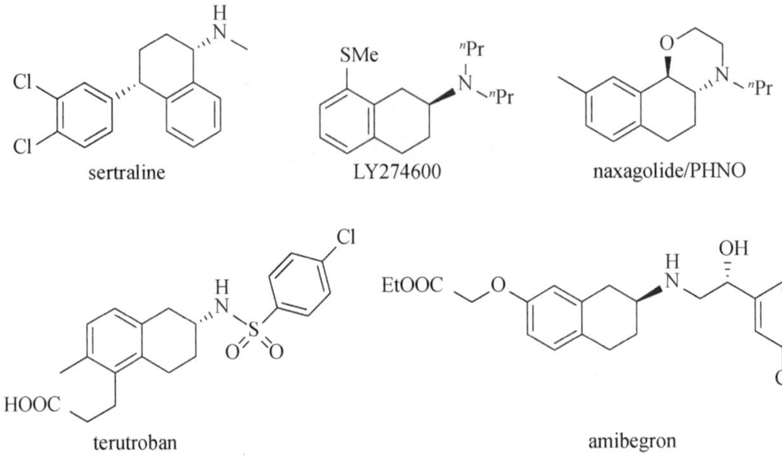

图 8-1　氮取代手性四氢化萘类药物

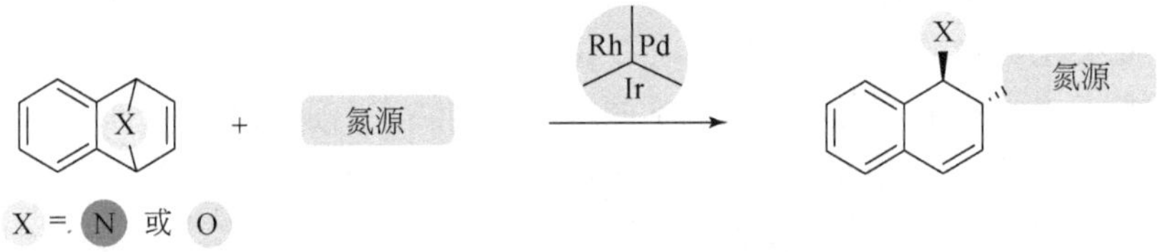

图 8-2　过渡金属催化的氮亲核试剂的不对称冰片烯开环反应

8.2　铑催化氮亲核试剂与氧/氮杂苯并降冰片烯类化合物的不对称开环反应

铑催化体系是最早也是研究最多的用于催化氮亲核试剂的不对称冰片烯开环反应。早在 2001 年，Lautens 团队报道了铑催化的氮亲核试剂与氧杂苯并降冰片烯的不对称开环反应。在此之前，他们已经成功地实现了铑催化醇和酚与冰片烯的不对称开环反应，然而这个催化体系对氮亲核试剂并不适用，只能得到很低的收率和 *ee* 值。造成这种情况的原因很有可能是生成的产物胺本身就是一种很好的配体，且非常容易和催化剂铑形成配合物，从而影响了催化体系，造成催化效率下降。在此报道中，研究者发现以四氢吡咯作为亲核试剂对氧杂苯并降冰片烯开环反应时，不能够得到目标产物。但是，当加入盐酸三乙胺或者 Bu_4NX（X = Cl、Br、I）等添加剂时，开环产物的收率会大幅度提高。近一步研究发现，添加剂卤化铑中卤素配体对反应的收率和 *ee* 值影响较大，当使用碘化铑作为催化剂时，能够得到最佳的结果（表 8-1），收率和 *ee* 值都能达到 90% 以上，且具有很好的氮亲核试剂适用性。另外，对于不同的冰片烯衍生物，在此催化体系下，依然能够得到 90% 以上的 *ee* 值（表 8-2）。这说明此方法具有较好的适用性。总体上讲，这篇报道从实验上近一步证明了铑和不同的卤素配体结合可以很大程度地影响反应结果，为以后此类反应的研究提供了很高的参考价值[5]。

表 8-1　卤素配体对氮单亲核试剂冰片烯开环反应的影响研究

+ N Nu$^{\ominus}$(5equiv.) —PhX (5mol%), PFP-P^{t}Bu$_2$(6mol%)→ N Nu, OH

序号	亲核试剂	收率（*ee*）/%				
		OTf	F	Cl	Br	I
1	*N*-甲基苯胺	93（96）	91（96）	92（74）	90（78）	97（92）
2	四氢喹啉	94（96）	92（96）	89（65）	86（74）	95（91）
3	吲哚	—	90（96）	87（78）	—	93（97）
4	邻苯二甲酰亚胺	0	74（94）	55（45）	78（79）	90（98）
5	丙二酸二甲酯	0	—	56（51）	—	97（98）
6	丙二酸二乙酯	—	—	—	—	95（97）

表 8-2　卤素配体对不同冰片烯开环反应的影响研究

—[PhX](5mol%), PPF-P^{t}Bu$_2$(6mol%), Nu(5equiv.), 110℃→

序号	R	亲核试剂	收率（*ee*）/%
1	Me	对溴苯酚	83（94）
2	PMB	苯酚	84（93）
3	PMB	*N*-甲基苯胺	93（95）

基于以上的研究成果，在 2002 年，Lautens 团队进一步拓展了铑催化冰片烯的不对称开环反应。他们采用同样的催化体系，成功地实现了氮杂苯并降冰片烯的不对称开环反应。从最初的反应条件筛选结果来看，当使用甲基或者苄基保护的氮杂冰片烯作为底物时，并不能够得到目标产物（表 8-3）。另外，当采用 Boc

作为保护基团时，在不添加三乙胺的条件下，可以得到50%收率的开环产物。在反应体系中加入三乙胺后，产物的收率有大幅度提高，达到82%。进一步筛选反应条件发现，对于Tos保护的冰片烯底物，在不添加三乙胺的条件下，也是没有产物生成，只有添加了三乙胺，收率能够达到91%。最后，筛选了Nos保护的氮杂冰片烯，对于不同的添加剂，三乙胺能够得到89%的收率，而碘化铵具有最好的效果，能够在非常短的时间里得到高达94%收率的开环产物。实验结果表明，含卤素的反应添加剂，如盐酸三乙胺和碘化铵对反应有很好的促进作用[6]。

表8-3 四氢吡咯对冰片烯开环反应的初步影响研究

$[Rh(COD)Cl]_2$
DPPF(1 equiv. to Rh)
添加剂
THF/回流

Entry	R	添加剂	时间/h	收率/%
1	Me	$Et_3N \cdot HCl$	24	NR
2	Bn	$Et_3N \cdot HCl$	24	NR
3	$CO_2{}^tBu$	$Et_3N \cdot HCl$	24	NR
4	$CO_2{}^tBu$	无	24	50
5	$CO_2{}^tBu$	$Et_3N \cdot HCl$	24	82
6	Tos	无	24	NR
7	Tos	$Et_3N \cdot HCl$	24	91
8	Nos	$Et_3N \cdot HCl$	24	89
9	Nos	Bu_4NI/CSA	4	72
10	Nos	NH_4I	2	94
11	Nos	NH_4I	18	91

在得到最佳的反应条件后，对不同的胺亲核试剂进行了筛选，如哌啶、苯并哌啶、吗啉、哌嗪、二乙基胺、二苄基胺等都能够得到较好的收率［图8-3(a)］。随后，在反应体系中加入手性二茂铁配体后，不同的氮亲核试剂对氮杂冰片烯的不对称开环反应也能够得到高达96%的*ee*值。另外，此方法学的应用研究表明，通过简单的4步合成，就可以得到临床使用的k-阿片受体激动剂［图8-3 (b)］。

在2006年，Lautens团队又重新将之前发现的胺作为亲核试剂对冰片烯开环

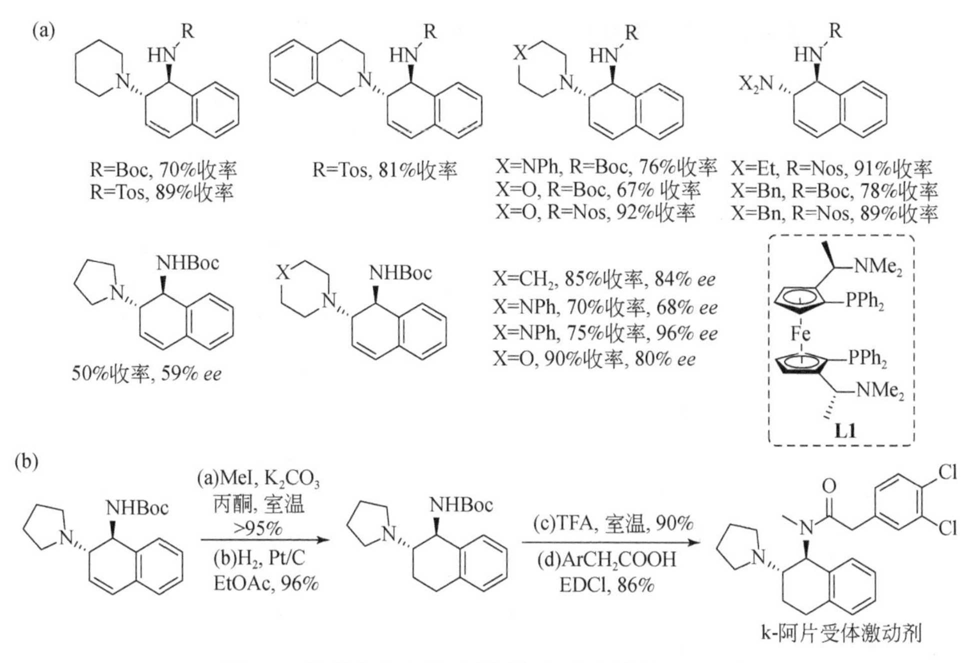

图 8-3　铑催化氮亲核试剂对氮杂冰片烯的开环反应

反应研究做了详细系统的总结。研究发现，在铑催化体系下芳香胺和脂肪胺都可以得到很高的对映选择性，>99% *ee*。另外，三乙胺盐酸盐作为添加剂对四氢吡咯的不对称冰片烯开环反应具有非常好的效果[7]。

如表 8-4 所示，对氮保护基进一步详细的研究表明：叔丁氧羰基、甲氧羰基和苄氧羰基保护的氮杂冰片烯的活性较高，*ee* 值能够达到 86%。有趣的是，苯甲酰基和乙酰基取代底物反应效果最好，特别是乙酰基保护的氮杂冰片烯，可以得到 90% 的收率和 99% 的 *ee*。但是，苯基、甲基和对甲苯磺酰基的反应效果较差，对甲苯磺酰基保护的底物收率非常高，可达到 96%。另外，不同的二茂铁配体对反应的影响比较大。如图 8-4 所示，配体 **L1** 可以得到 92% 的收率，而其他配体 **L2** ~ **L4** 只能得到很低的转化率，这些结果进一步说明了配体在铑催化氮杂冰片烯开环反应中具有重要的作用。随后，本书作者以 L1 为配体，对各种氮亲核试剂和苯并氮杂冰片烯进行了筛选。结果如图 8-5 所示，多种氮亲核试剂和苯并氮杂冰片烯能够适应此反应体系，进一步证明了此方法广泛的适用性。

同时，Lautens 团队提出了此类反应可能的机理。他们认为首先两分子手性铑催化剂络合，形成二聚体 **A**（图 8-6）。然后手性铑催化剂再与氮杂冰片烯底物结合，铑与底物上氮的孤电子对和双键的 π 电子形成中间体 **B**。随后，氮三元环开环，手性铑插入到其中，形成新的氮–铑键中间体 **C**。最后，胺亲核试剂进攻活性较高的中间体 **C**，双键进一步重排，得到目标产物。

表 8-4 四氢吡咯对不同 *N*-保护冰片烯不对称开环反应的研究

序号	R	时间/h	收率/%	*ee*/%
1	COO^{t}Bu	24	77	86
2	COOMe	24	65	63
3	COOBn	24	73	68
4	COPh	24	71	96
5	COMe	24	90	99
6	Ph	24	40	25
7	Me	24	N. d	—
8	Ts	8	96	10

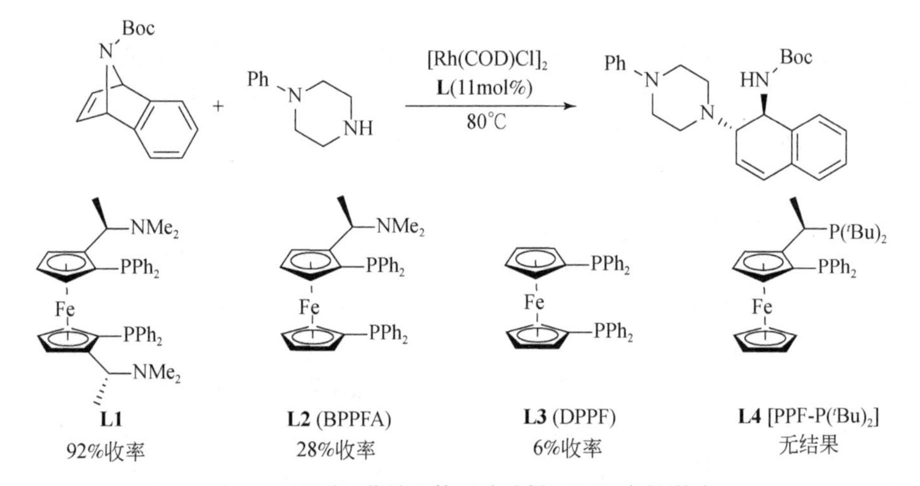

图 8-4 不同二茂铁配体对冰片烯开环反应的影响

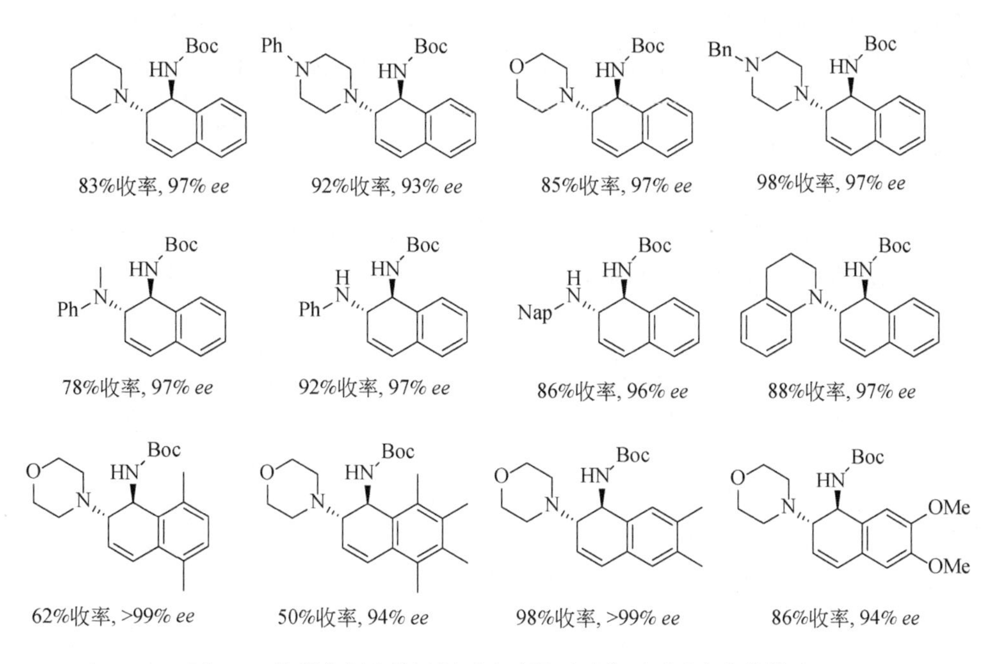

图 8-5　铑催化氮亲核试剂对冰片烯不对称开环反应底物筛选

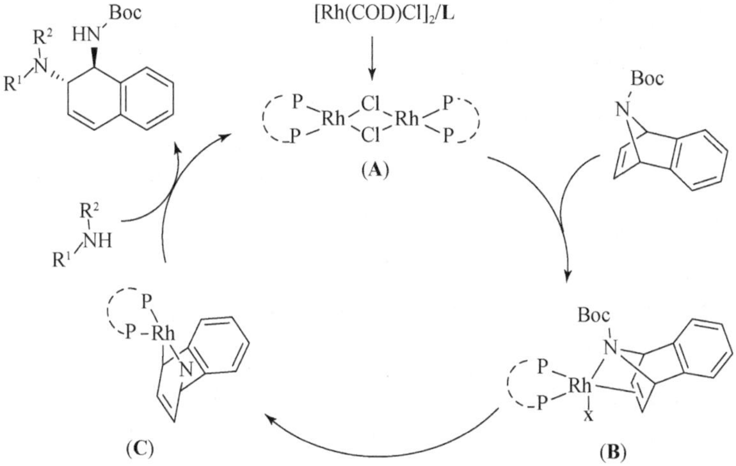

图 8-6　铑催化氮亲核试剂对冰片烯不对称开环反应机理预测

近几十年来，手性二胺分子作为手性配体在不对称催化领域具有非常广泛的应用，如 salen 类配体、trost 类配体。因此，大量的方法学研究着力于此类化合物的合成。虽然目前已经报道了多种手性二胺分子合成的方法，但是从简单廉价的氮杂苯并降冰片烯底物出发，使用胺作为亲核试剂直接得到高手性的二胺分子是一种非常高效、实用的途径。2006 年，Lautens 课题组在他们前期研究的基础上，合成了多种 salen 和 trost 类的手性二胺配体（图 8-7）。首先，采用之前的催化体系，2.5mol% 的 $[Rh(COD)Cl]_2$ 和配体 L1 组成手性铑催化剂，5equiv. 的胺作为亲核试剂，得到 *ee* 值高达 99% 的手性二胺。氮杂苯并降冰片烯开环得到的手性二胺分子是多种催化剂的骨架，随后，经过对胺官能团的多步修饰，得到了两类重要的手性二胺配体，且收率非常高可以放大生产，具有非常高的工业应用价值[8]。

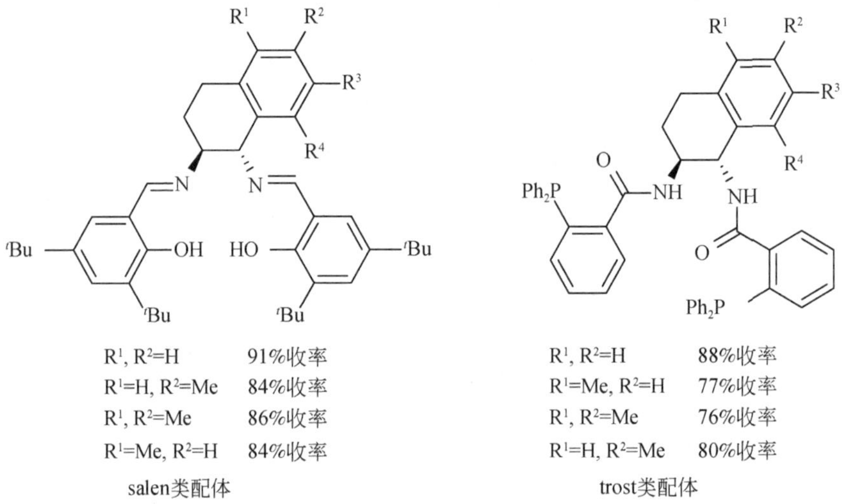

R¹, R²=H　91%收率
R¹=H, R²=Me　84%收率
R¹, R²=Me　86%收率
R¹=Me, R²=H　84%收率
salen类配体

R¹, R²=H　88%收率
R¹=Me, R²=H　77%收率
R¹, R²=Me　76%收率
R¹=H, R²=Me　80%收率
trost类配体

图 8-7　手性二胺配体合成应用

Lautens 团队前期的工作主要围绕不含取代基的氮/氧杂冰片烯底物的不对称开环反应研究，并且取得了非常好的结果。而含有取代基的氮/氧杂冰片烯相对比较复杂，就底物自身而言具有手性和消旋两种对映异构体，并且冰片烯开环后拥有两个手性中心，会产生更加复杂的非对映异构体。另外，对于亲核试剂对冰片烯的加成有两个位置可以选择，这样就具有区域选择性。因此，对于含有取代基的冰片烯的开环反应需要克服区域选择性和荧光选择性两个难题。如图 8-8 所示，含有甲基取代的氧杂苯并降冰片烯本身是消旋的，在铑催化条件下，氧亲核试剂可以进攻位阻较小的一侧，得到高区域选择性的开环冰片烯产物。

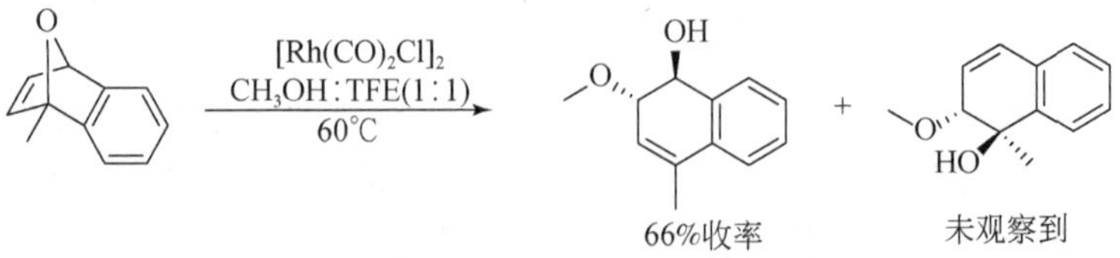

$[Rh(CO)_2Cl]_2$
CH_3OH : TFE(1 : 1)
60℃
66%收率　　未观察到

图 8-8　铑催化取代氧杂苯并降冰片烯的开环反应

随后，进一步的研究表明，当使用 $Rh(CO)_2OTf$ 作为铑催化剂使用时，能够得到很好的区域选择性和对映选择性。对于不含取代基的冰片烯，使用 $Rh(CO)_2OTf$催化剂时，比含有卤素的铑反应更快，不易得到较高的对映选择性。而对于含有取代基的冰片烯，使用 $Rh(CO)_2OTf$，引入手性 Josiphos 二茂铁配体与金属铑络合形成催化剂，作为反应的催化体系。如表 8-5 所示，选取不同取代基的氧杂苯并降冰片烯为底物，多种胺和氧作为亲核试剂，得到了 **A** 和 **B** 混合产物。产物 **A** 的收率略大于产物 **B**，绝大部分的产物 **B** 的 *ee* 值能够达到 99% 以上。另外，对于二苄基胺亲核试剂，苯环上卤素取代的氮杂苯并降冰片烯也能得到 99% 以上的 *ee* 值。此研究弥补了含有取代基的氧杂苯并降冰片烯的开环反应的空白，进一步增加了科研工作者对铑催化冰片烯的不对称开环反应的认识[9]。

表 8-5 铑催化取代氧杂苯并降冰片烯的不对称开环反应

序号	R	X	Nu	产物 A		产物 B	
				收率/%	*ee*/%	收率/%	*ee*/%
1	CH_3	H	CH_3OH	50	—	42	90
2	CH_3	H	Bn_2NH	29	86	32	>99
3	CH_3	H	Et_2NH	48	79	35	>99
4	CH_3	H	$PhNHCH_3$	43	80	35	99
5	CH_3	H	吗啉（NH, O）	50	75	39	>99
6	CH_3	Br	Bn_2NH	50	83	30	99
7	CH_3	F	Bn_2NH	50	90	45	>99
8	CH_3	F	吗啉（NH, O）	50	90	48	>99
9	CH_2OTBS	H	CH_3OH	27	94	49	81
10	CH_2OTBS	H	Bn_2NH	27	99	32	74
11	CH_2Ph	H	Et_2NH	37	91	32	>99

续表

序号	R	X	Nu	产物 **A**		产物 **B**	
				收率/%	*ee*/%	收率/%	*ee*/%
12	CH_2Ph	H	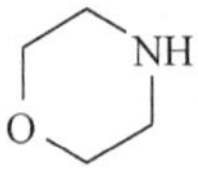 NH, O	47	82	36	>99
13	CH_2CO_2Et	H	CH_3OH	41	>99	35	>99

对于取代的氧杂冰片烯，由于存在区域选择性的开环问题，可以利用此条件得到分子内的环化加成产物。如图 8-9 所示的反应，当采用二苄基胺亲核试剂加成到氧杂冰片烯上时，理论上可以得到两种加成产物。其中一种产物可以发生分子内的环化，且环化后依然具有 99% 的 *ee* 值。

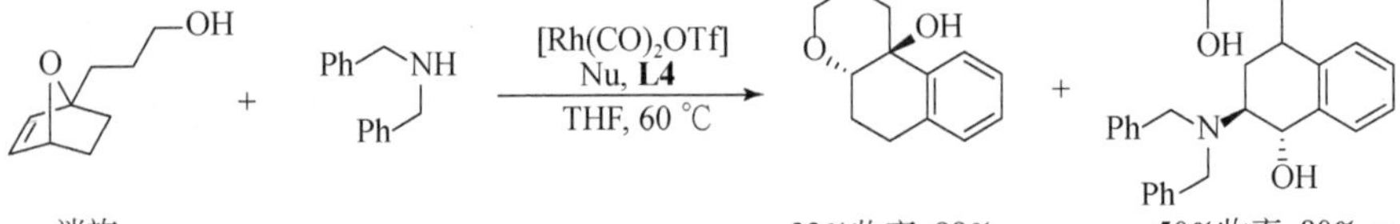

$[Rh(CO)_2OTf]$, Nu, **L4**, THF, 60 ℃

消旋　　33%收率, 99% *ee*　　50%收率, 80% *ee*

图 8-9　选择性分子内和分子间反应

为了进一步探索胺亲核试剂对氧杂苯并降冰片烯的研究，在 2010 年，杨定乔课题组报道了铑催化胺与氧杂冰片烯的不对称开环反应研究。此项研究采用与 Lautens 所报道的同一个催化体系，即 $[Rh(COD)Cl]_2$和手性二茂铁配体组成的催化体系。有所不同的是，所采用的胺亲核试剂种类有所区别且只需要 1equiv. 的胺。如图 8-10 所示，在此反应体系下，氧杂苯并降冰片烯发生不对称开环，得到手性的氨基醇类化合物，收率达 97% 且 *ee* 值可以高达 99.89%[10]。

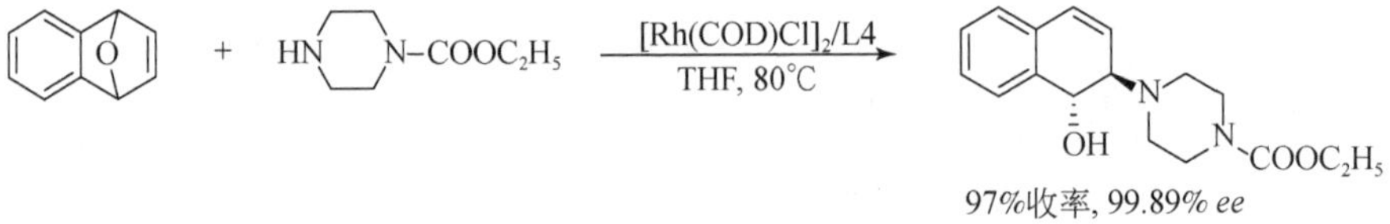

$[Rh(COD)Cl]_2$/L4, THF, 80℃

97%收率, 99.89% *ee*

图 8-10　铑催化氧杂苯并降冰片烯的不对称开环反应

据报道，含有手性 1-氨基四氢喹啉骨架的小分子化合物具有非常好的生物活性。阿片受体广泛分布，在神经系统的分布不均匀。在脑内、丘脑内侧、脑室及导水管周围灰质阿片受体密度高，这些结构与痛觉的整合及感受有关。很多与疼痛、神经系统相关的药物都具有与阿片受体类似的结构骨架，其中手性二胺类骨架具有非常好的活性。2009 年，Tomaszewski 课题组报道了采用金属铑催化氮杂冰片烯的不对称开环反应，合成了一系列具有生物活性的手性二胺分子。经过活性筛选得到了较好的结果，作为 μ-阿片受体，IC_{50}值可以达到 5nmol/L，表现出突出的 μ-受体活性，为寻找新型的阿片受体类药物提供了新的途径（图 8-11）[11]。

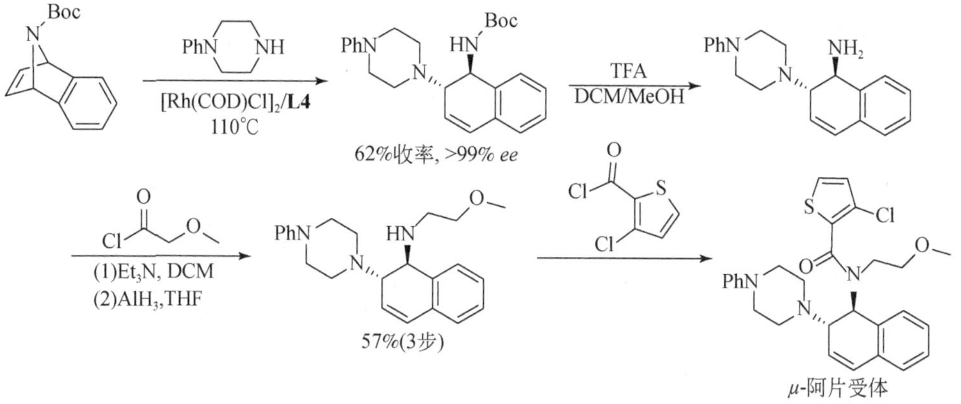

图 8-11　铑催化氮杂苯并降冰片烯的不对称开环合成 μ-阿片受体

在图 8-1 中已经介绍了 2 位氮取代的手性四氢萘酚具有非常好的生物活性，这种分子骨架在药物和天然产物中都非常常见。Lautens 课题组发展了一类铑催化体系，能够高效地催化胺亲核试剂对冰片烯的不对称开环反应。在此基础上，2010 年，同样的团队报道了甲氧基取代的氧杂苯并降冰片烯底物的不对称开环反应研究。与以往不同的是，苯环上甲氧基的存在会造成产物有两种可能性，产生区域选择性。如表 8-6 所示，与以往不同的是，添加剂 NH_4BF_4的加入可以调节反应的活性，得到的两种产物都具有非常高的对映选择性。添加剂对反应结果的影响较大。研究结果表明：溴、碘卤素的加入并没有得到较好的对映选择性，不加添加剂的反应在 60℃能够得到 97% 的 *ee*，但 **A** 的收率只有 9%。有趣的是，反应温度升高到 80℃，反而没有得到目标产物。NH_4BF_4 的加入能够得到两种 40% 以上的产物，且各自的 *ee* 值能够达到 97%，升高温度到 80℃，**B** 的收率下降比较明显。因此，采用 NH_4BF_4作为反应添加剂组成的新体系，可以很好地调节反应的选择性[12]。

随后，在此基础上，该反应体系被近一步用来合成两种药物分子。如图 8-12 所示：铑催化冰片烯的开环反应被用于合成罗替戈汀（rotigotine），这种药物为非麦角类多巴胺受体刺激药，具有刺激脑部多巴胺受体的作用，用作帕金森症的单一治疗或与左旋多巴共用。另外，8-OH-DPAT 分子也是一种非常好的帕金森症临床治疗药物。首先，采用消旋的甲氧基取代的氧杂苯并降冰片烯作为底物，经过铑催化胺的不对称开环，得到两种高手性的开环产物。然后，经过肼脱去氮上的苄基，改用 Boc 保护氮，再通过氢气/钯碳还原，得到 8-甲氧基四氢酚类小分子。在催化量的氯化铁作用下，脱去 *N*-Boc，再经过分子内的 S_N1 反应，得到 1 位和 2 位保护的分子。随后，通过氢气/钯碳还原，释放一分子的二氧化碳，就可以脱去 1 位上的氧原子，最后在氮原子上加上不同的取代基，三溴化硼脱掉甲基，就得到了两种药物分子。最终的总收率分别为 39% 和 41%。

表 8-6　铑催化甲氧基取代的氧杂苯并降冰片烯的不对称开环反应

序号	温度/℃	添加剂	收率（*ee*）/%	
			A	B
1	60	$^nBu_4NBr$	61（18）	37（23）
2	60	$^nBu_4NI$	50（72）	48（71）
3	60	NH_4I	51（85）	45（88）
4	60	无	9（97）	42（97）
5	80	无	—	—
6	60	NH_4BF_4	47（97）	41（97）
7	80	NH_4BF_4	45（95）	30（97）

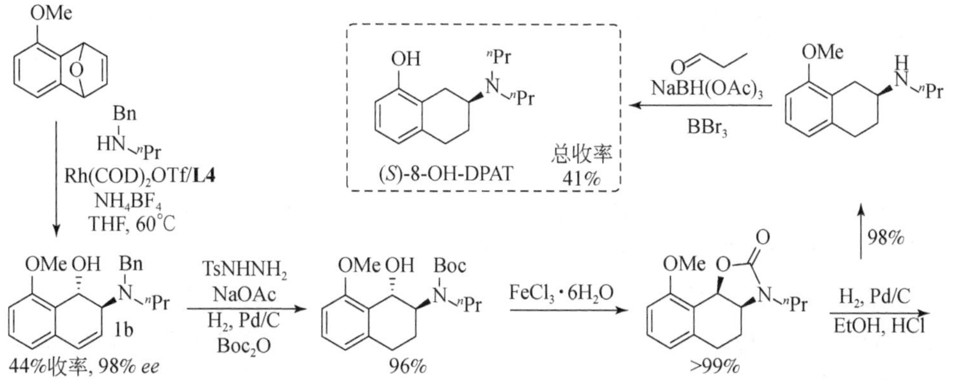

图8-12　铑催化甲氧基取代的氧杂苯并降冰片烯的不对称开环反应合成生物活性分子

麦角碱（ergoline）是天然产物中最常见的生物碱核心骨架之一，常常用于天然产物的全合成，目前已经报道了较多的合成方法用于此类骨架的合成。Lautens课题组在他们前期研究的基础上发现，当使用二醇取代的氧杂冰片烯作底物（从呋喃醇经两步合成）时，采用手性铑催化剂和氮亲核试剂可以得到两种手性的产物。其中，双环的［2.2.2］内酯产物是麦角碱骨架合成非常重要的中间体，因此这种方法的开发为麦角碱类天然产物的全合成提供了一种非常简洁和高效的途径[13]。

表8-7　铑催化多取代的氧杂苯并降冰片烯不对称开环合成双环［2.2.2］内酯

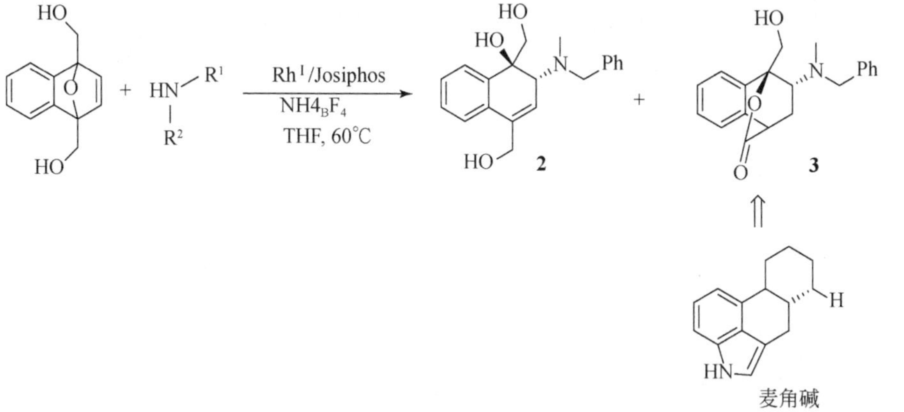

序号	添加剂	条件	**2** 收率（*ee*）/%	**3** 收率（*ee*）/%
1	$^{n}Bu_4NI$	0.1mol/L，60℃，1h	未反应	未反应
2	NH_4BF_4	0.1mol/L，60℃，1h	20（n.d.）	—

续表

序号	添加剂	条件	**2** 收率（*ee*）/%	**3** 收率（*ee*）/%
3	—	0.1mol/L，60℃，1h	65（98）	—
4	—	0.3mol/L，60℃，18h	—	65（98）

如表 8-7 所示，经过简单的条件筛选发现：当反应中采用与前期工作相同的添加剂时，反应效果很差。反而在未使用添加剂的情况下，通过调节反应物的量（0.1～0.3mol/L），且延长反应时间至 18h，能够得到 65% 的内酯产物，并且 *ee* 值高达 98%。在得到了较好收率和高 *ee* 值后，进行了不同氮亲核试剂的筛选。如图 8-13 所示，不同的胺，包括烷烃、环烷烃及杂环和手性的胺都能够适用于此方法，且能够得到非常高对映选择性的环状内酯产物。另外，芳香胺作为氮亲核试剂时，收率较低，但是依然能够得到大于 98% 的 *ee* 值。

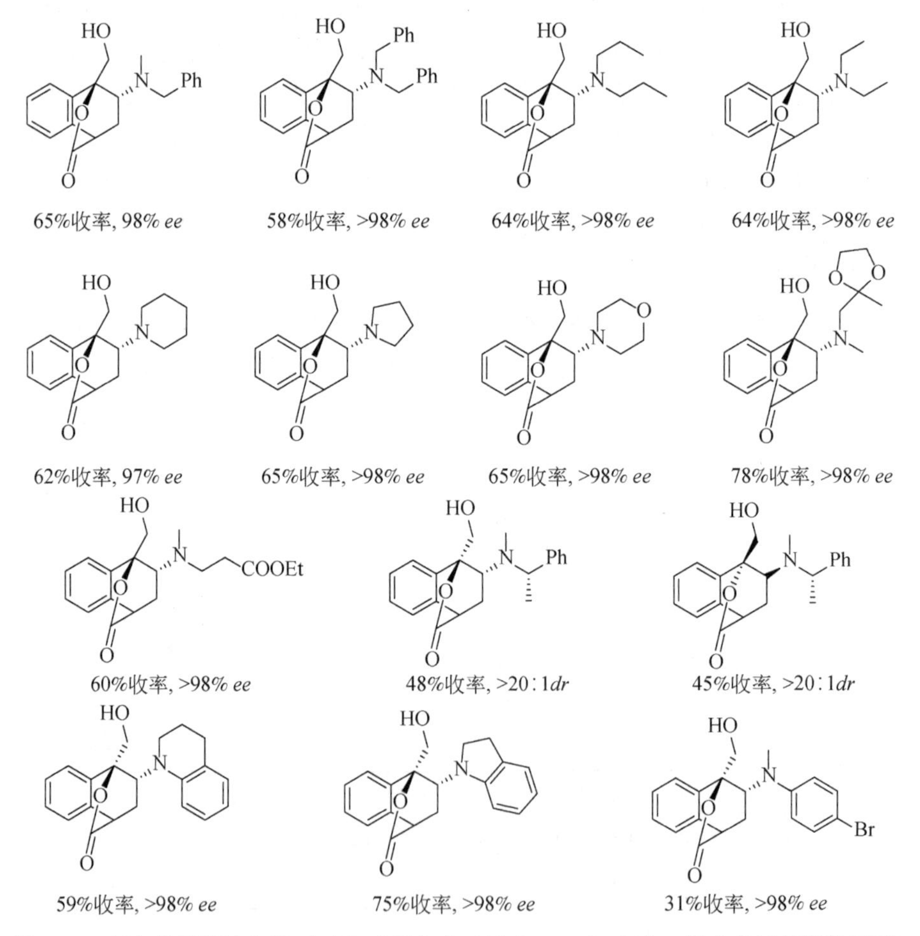

图 8-13　氧杂苯并降冰片烯不对称开环合成双环［2.2.2］内酯（胺亲核试剂底物拓展）

最后，Lautens 课题组也对该反应的机理做了进一步的阐述。如图 8-14 所示：胺作为亲核试剂与氧杂冰片烯在铑催化下，不对称开环得到手性胺醇产物。随后，由于产物中具有烯丙基醇这种不稳定基团，很容易通过烯丙基异构化得到醛，然后分子内羟基 1,2 加成进攻活性较高的醛，最后经过氧化得到双环的［2.2.2］内酯。

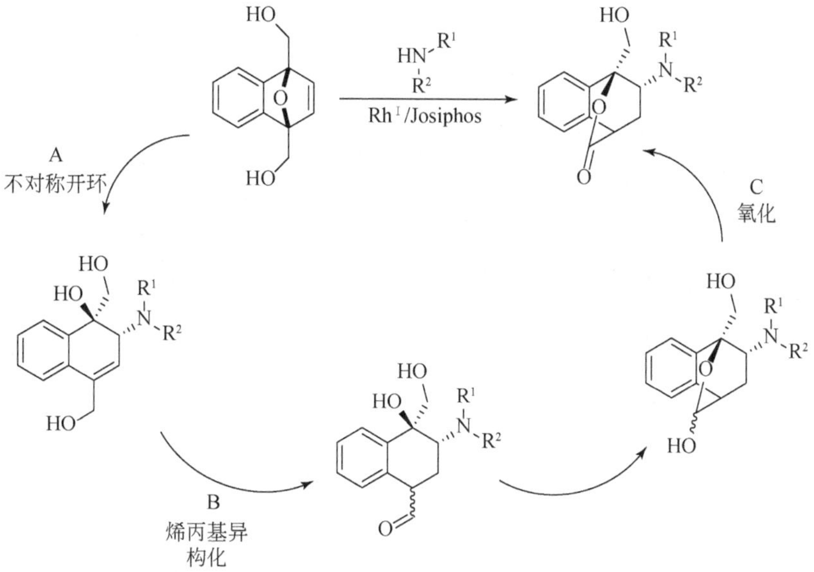

图 8-14　可能的反应机理

弗里德–克拉夫茨反应是在无水三氯化铝等路易斯酸存在下，芳烃与卤烷作用，在芳环上发生亲电取代反应，其氢原子被烷基取代，生成烷基芳烃的反应。这类反应在有机合成中具有非常重要的应用。本章中已经详细介绍了 Lautens 课题组发现的铑催化体系催化的胺亲核试剂与冰片烯的不对称开环反应，用于合成手性的 2-氮四氢萘酚。2011 年，Lautens 课题组在合成了多种 2-氮四氢萘酚类小分子化合物后，进一步研究了此类分子的分子内弗里德–克拉夫茨反应。此类反应的底物是以内 π 键激活的羟基为理论基础，代替毒性较大的卤代烃[14]。

如表 8-8 所示，Lautens 课题组研究了弗里德–克拉夫茨反应的条件筛选。首先，研究发现，当使用氯化铝作为路易斯酸时，在室温和 60℃条件下，60℃反应能够得到更高的分离收率。当用反应溶剂硝基甲烷代替二氯甲烷时，反应的收率降低。有趣的是，使用三氯化铁作为路易斯酸，二氯甲烷作为溶剂的条件下反应收率在 60℃可以达到 95%。然而，在同样条件下，换用其他的溶剂，如硝基甲烷和二氧六环都不能够得到目标产物。另外，将 2equiv. 的氯化铁降到 1equiv.，产物的转化率为零。在得到了最佳反应条件后，对底物的筛选也做了研究（图8-15）。大部分不同取代基团的底物都能够适应此反应条件，且能够得到较高的 *ee* 值。对于杂环弗里德-克拉夫茨反应，噻吩能够得到78%的收率，而呋喃没有转化率。

表8-8　弗里德-克拉夫茨反应制备生物碱

序号	路易斯酸	用量/equiv.	溶剂	温度	收率/%
1	$AlCl_3$	2	DCM	室温	45
2	$AlCl_3$	2	DCM	60℃	56
3	$AlCl_3$	2	$MeNO_2$	室温	32
4	$AlCl_3$	2	$MeNO_2$	60℃	54
5	$FeCl_3 \cdot 6H_2O$	2	DCM	60℃	95
6	$FeCl_3 \cdot 6H_2O$	2	$MeNO_2$	60℃	0
7	$FeCl_3 \cdot 6H_2O$	2	二氧六环	60℃	0
8	$FeCl_3 \cdot 6H_2O$	1	DCM	60℃	0

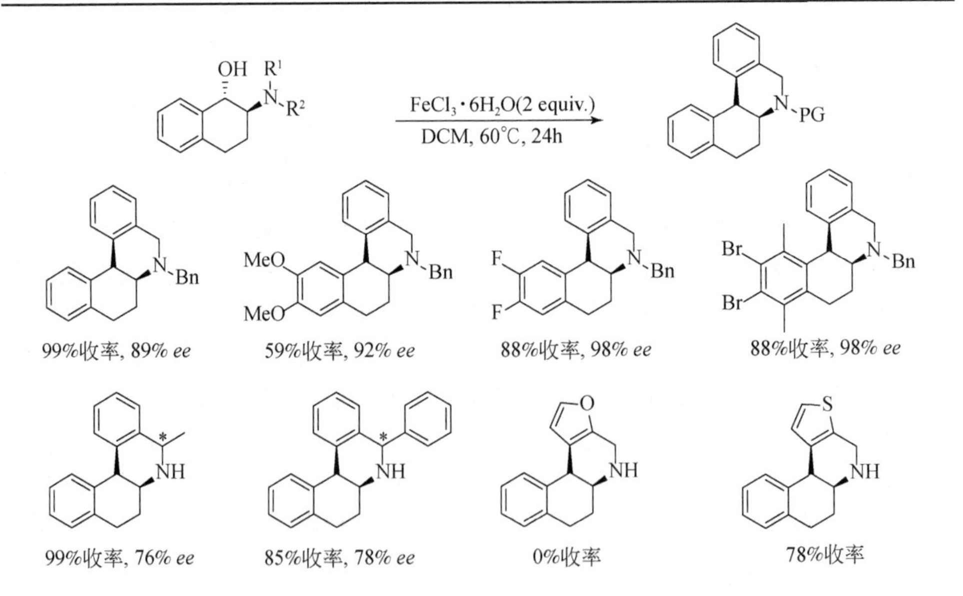

图8-15　弗里德-克拉夫茨反应制备生物碱底物筛选

Lautens 课题组所开发的铑催化氮亲核试剂与冰片烯的不对称开环反应所使用的铑配体基本上都是二茂铁类（Josiphos）二膦配体，未有其他类型的配体介绍。2014 年，Luo 课题组开发了一系列的二芳基单膦配体，并且成功地将这类配体应用到芳香硼酸与醛的不对称加成反应上。在此经验基础上，他们将此类配体与铑形成手性金属催化剂，探索了此类催化剂对冰片烯与氮亲核试剂的不对称加成反应，结果表明配体 L6 对此类反应具有非常好的收率和对映选择性（图 8-16）[15]。

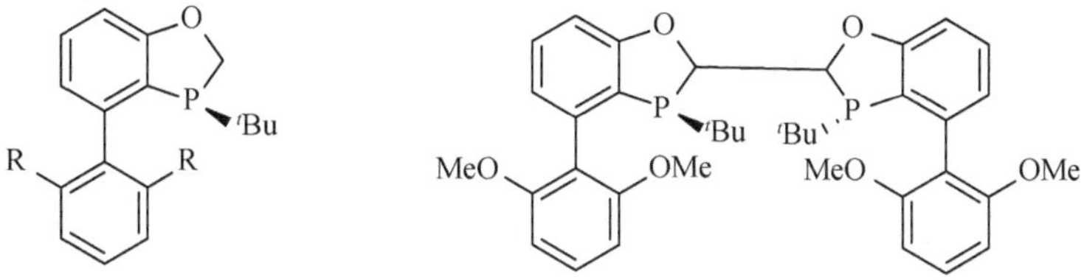

L5: R=H, R′=H
L6: R=MeO, R′=H
L7: R=MeO, R′=Me
L8: R=MeO, R′=P^{t}Bu$_2$

L9

图 8-16　二芳基单膦配体

对于反应条件的筛选，选用氧杂苯并降冰片烯作为底物，经过对不同的铑催化剂和溶剂温度的筛选，最终得到最佳的反应条件为：2.0mol%［$Ph(C_2H_4)_2Cl_2$］$_2$，4.8mol% **L6**，0.2equiv. 的碘化钠在四氢呋喃溶剂中回流反应。随后，在此条件下，对各种不同的氧杂苯并降冰片烯和不同取代基的哌嗪做了筛选（图 8-17）。结果表明，配体 **L6** 与金属铑组成的催化体系具有非常好的效果，收率都在 90% 以上，*ee* 值也都在 93% 以上。然而，在相同反应条件下，当使用氮杂苯并降冰片烯代替氧杂苯并降冰片烯底物时，只能够得到 69% 的收率，且对映选择性也下降到 53%。这说明此催化体系对于活性较弱的氧杂苯并降冰片烯效果最好，而对于活性较强的氮杂苯并降冰片烯很难控制反应结果。

2016 年，本书作者研究团队发现，ZnI 作为路易斯酸的加入，可以促进铑催化氮亲核试剂与氧杂苯并降冰片烯的开环反应。最初的研究采用 CuI 作为添加剂，研究了不同配体对苯胺亲核氧杂苯并降冰片烯的开环反应。如表 8-9 所示，不同的配体对反应的收率和对映选择性影响较大，当使用（*R*,*R*）-BDPP 时，收率可达到 95%，且具有 71% 的 *ee*。然而，当反应体系中不加入 CuI 作为添加剂，收率依然可以达到 95%，但是 *ee* 值从 71% 下降到了 57%。从而，进一步证明了 CuI 在铑催化冰片烯不对称开环反应中并未影响反应收率，而直接影响了反应产物的 *ee* 值[16]。

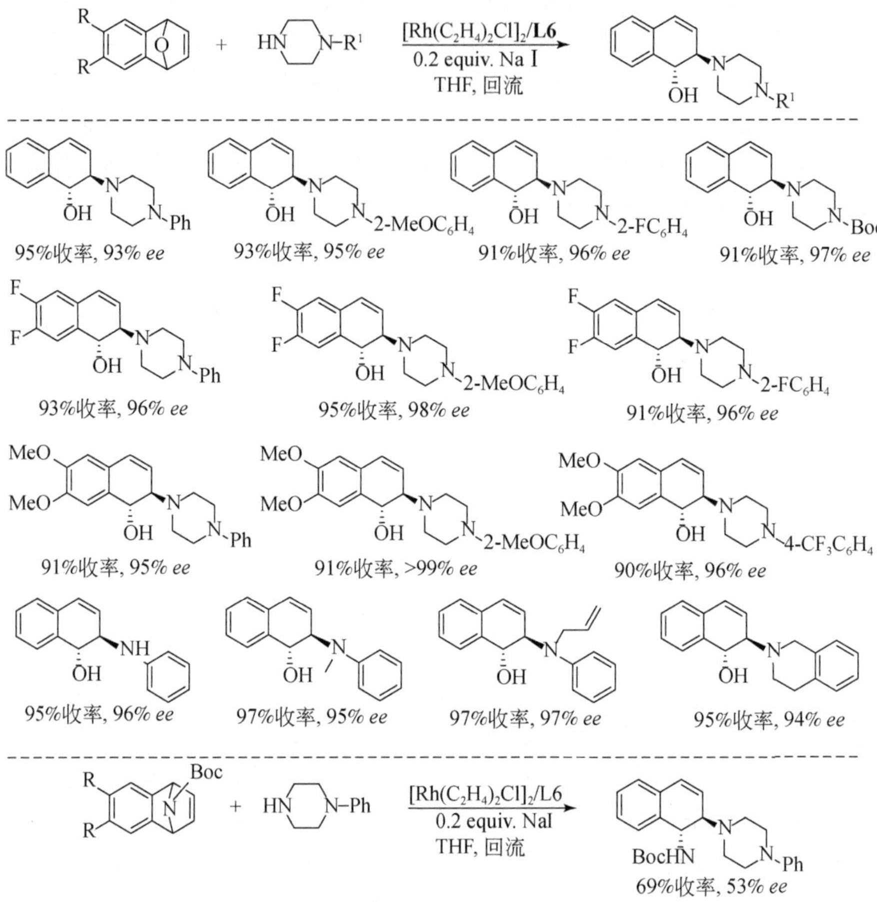

$[Rh(C_2H_4)_2Cl]_2$/**L6**
0.2 equiv. NaI
THF, 回流

95%收率, 93% *ee*　93%收率, 95% *ee*　91%收率, 96% *ee*　91%收率, 97% *ee*
93%收率, 96% *ee*　95%收率, 98% *ee*　91%收率, 96% *ee*
91%收率, 95% *ee*　91%收率, >99% *ee*　90%收率, 96% *ee*
95%收率, 96% *ee*　97%收率, 95% *ee*　97%收率, 97% *ee*　95%收率, 94% *ee*

$[Rh(C_2H_4)_2Cl]_2$/L6
0.2 equiv. NaI
THF, 回流
69%收率, 53% *ee*

图 8-17　底物筛选

表 8-9　催化剂配体筛选

$[Rh(COD)Cl]_2$/**L**
CuI
(*R*,*R*)-BDPP

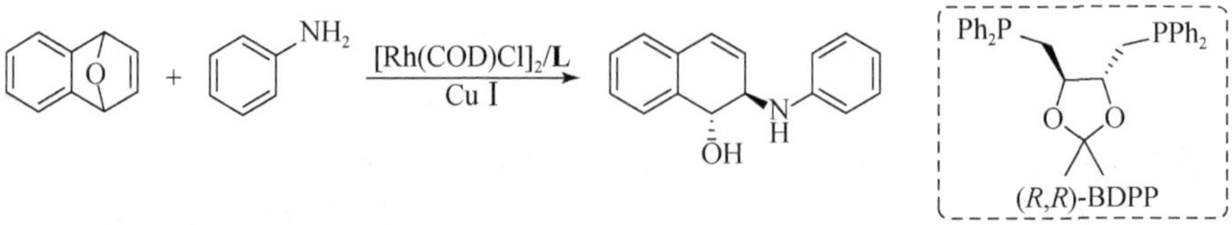

序号	配体	时间/h	收率/%	*ee*/%
1	(*R*, *R*) -Ph-pybox	13	痕量	—
2	(*S*) -NMDPP	14	痕量	—
3	(*R*)-MoNophos	14	痕量	5
4	(*R*)-BINAP	14	20	26

续表

序号	配体	时间/h	收率/%	*ee*/%
5	(*R*)-Segphos	14	83	10
6	(*R*)-Difluophos	13	86	5
7	(*R*, *R*) -DIOP	14	92	54
8	(*R*, *R*) -BDPP	0.2	95	71
9	(*R*, *R*) -BDPP（无 CuI）	0.5	95	57

在得知添加剂对产物的对映选择性影响较大后，本书作者团队对多种路易斯酸进行了筛选。进一步研究发现，当碘化锌作为添加剂时，能够得到94%的收率和82%的*ee*，并且反应时间非常短，只需要0.1h（表8-10）。另外，四丁基卤素季铵盐作为添加剂，也可以得到90%以上的收率，但是*ee*值没有碘化锌高。随后，以碘化锌作为添加剂，对反应的溶剂做了筛选，选用二氯乙烷作溶剂时能够得到94%的收率和94%的*ee*值。

表8-10　催化体系添加剂筛选

序号	添加剂	时间/h	收率/%	*ee*/%
1	CuI	0.2	95	71
2	CuBr	1	71	73
3	CuOTf	14	痕量	—
4	AgOTf	14	不反应	—
5	$ZnCl_2$	15	30	60
6	$ZnBr_2$	1	85	78
7	ZnI_2	0.1	94	82
8	$Zn(OTf)_2$	14	不反应	—
9	$FeCl_2$	5	86	69
10	FeI_2	1.5	84	73
11	$Fe(OTf)_2$	39	不反应	—
12	$AlBr_3$	15	66	73
13	$Al(OTf)_3$	39	不反应	—
14	$^nBu_4NCl$	0.2	93	60
15	$^nBu_4NBr$	0.2	92	64
16	$^nBu_4NI$	0.1	93	74

在得到了新体系最佳反应条件后，他们对底物的种类做了进一步的筛选。结果如图 8-18 所示，对于芳香苯胺作为亲核试剂，在苯环间位和对位的取代基对反应影响不大，都可以得到 80% 以上收率和 99% 的 *ee* 值。但是，对于含有邻位取代基的苯胺，反应的收率只能达到 56%，这可能是因为空间位阻对反应的收率有一定的影响。此催化体系除了对芳香胺类效果很好，环已胺和叔丁胺都能得到很好的结果，对于二苄基胺，*ee* 值明显下降到 87%。另外，苯环上带有各种取代基的氧杂苯并降冰片烯也都能够适用于此催化体系。

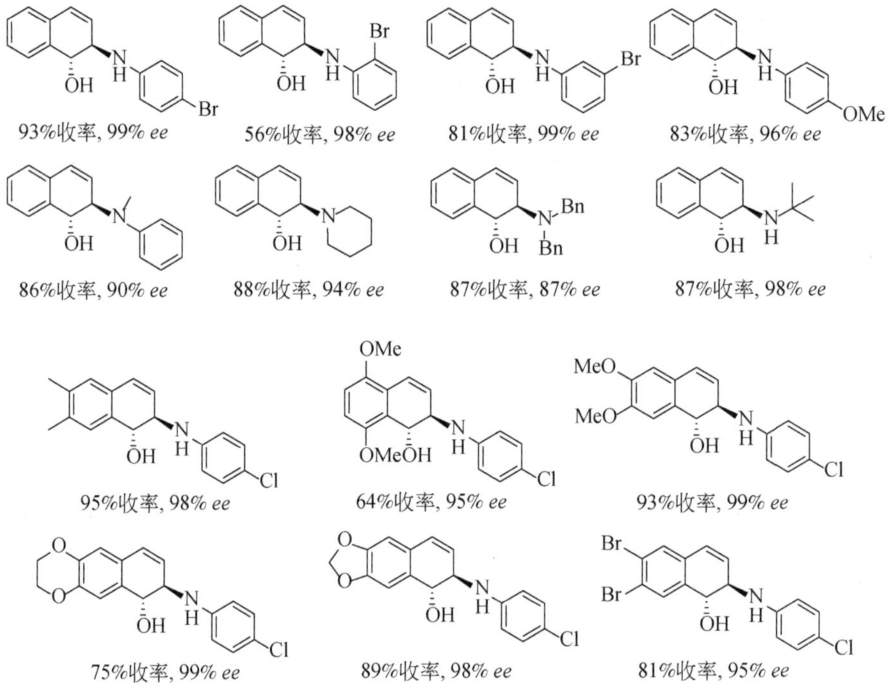

93%收率, 99% *ee*　56%收率, 98% *ee*　81%收率, 99% *ee*　83%收率, 96% *ee*

86%收率, 90% *ee*　88%收率, 94% *ee*　87%收率, 87% *ee*　87%收率, 98% *ee*

95%收率, 98% *ee*　64%收率, 95% *ee*　93%收率, 99% *ee*

75%收率, 99% *ee*　89%收率, 98% *ee*　81%收率, 95% *ee*

图 8-18　底物筛选

2019 年，Lautens 团队报道了手性氨基酸酯作为亲核试剂与氧杂苯并降冰片烯的开环反应，并且通过串联反应，一步合成手性杂环分子。如图 8-19 所示，通常情况下，铑催化的氮亲核试剂与冰片烯的开环反应比较稳定，生成手性的氨基四氢酚类产物。当使用特殊的胺亲核试剂，即手性的氨基酸酯时，反应在得到开环产物后，铑催化剂还会进一步催化酯和醇的缩合反应，最终得到含氮和氧的手性杂环产物（图 8-19）。多环的氮氧杂环产物通常具有非常好的生物活性，如抗氧化、抗肿瘤、抗菌和抗抑郁等活性（图 8-19）。随后，研究者对反应条件进行了筛选（表 8-11）。如表 8-11 所示，在手性金属铑催化条件下，手性氨基酸酯与氧杂冰片烯反应，在不加分子筛的条件下，得到了开环产物和串联产物的混合物。有趣的是，随着分子筛用量的提高，串联反应产物逐渐增多，在分子筛用量达到 25% 以后，得到的产物几乎都是串联反应的产物[17]。

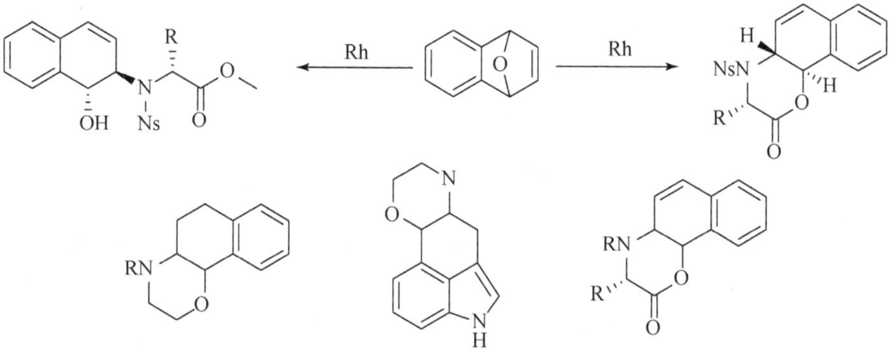

抗多巴胺精神类药物　　抗菌、抗氧化、抗肿瘤、抗抑郁

图 8-19　铑催化氧杂苯并降冰片烯开环和串联反应合成手性杂环

表 8-11　反应条件筛选

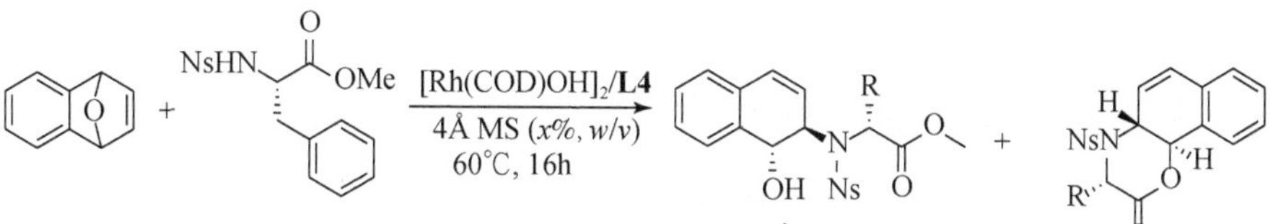

$[Rh(COD)OH]_2$/**L4**, 4Å MS (x%, w/v), 60℃, 16h

序号	分子筛用量/%	收率/%	
		4	**5**
1	0	35	51
2	5	50	34
3	10	8	73
4	15	9	71
5	20	6	79
6	25	<1	86
7	30	<1	70

随后，研究者对底物进行了筛选，结果表明，此催化体系稳定可靠，对芳香性的氨基酸酯和脂肪性的氨基酸酯都具有很好的适用性，绝大部分串联产物的 *ee* 值可以达到 98%（图 8-20）。此方法学为氮氧杂环分子的合成提供了一种新的方法。

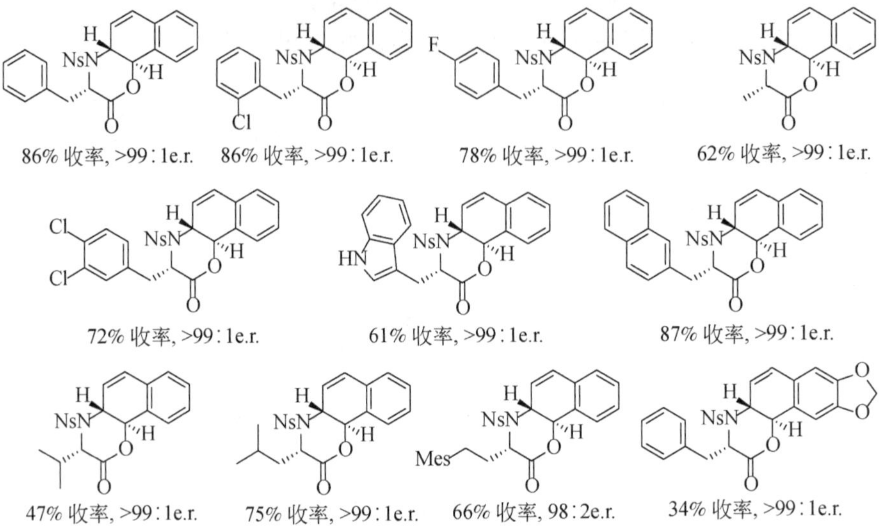

86% 收率, >99∶1e.r.　86% 收率, >99∶1e.r.　78% 收率, >99∶1e.r.　62% 收率, >99∶1e.r.

72% 收率, >99∶1e.r.　61% 收率, >99∶1e.r.　87% 收率, >99∶1e.r.

47% 收率, >99∶1e.r.　75% 收率, >99∶1e.r.　66% 收率, 98∶2e.r.　34% 收率, >99∶1e.r.

图 8-20　铑催化氧杂苯并降冰片烯开环和串联反应底物筛选

8.3　钯催化氮亲核试剂与氧/氮杂苯并降冰片烯类化合物的不对称开环反应

Lautens 课题组最先报道了手性铑催化的冰片烯不对称开环反应，并且将此催化体系应用到天然产物及药物的合成研究上。然而，钯催化氮亲核试剂进攻冰片烯的不对称开环反应发现得较晚，可能是钯催化剂的反应活性不如铑和铱催化剂。2015 年，本书作者研究团队报道了钯催化的芳香胺对氮杂苯并降冰片烯的不对称开环反应。基于此课题组之前的研究，金属钯和 $Zn(OTf)_2$组成的催化体系对冰片烯的不对称开环反应具有很好的效果。于是，研究者将此催化体系展开系统研究。最初的研究结果如表 8-12 所示，在室温条件下使用手性金属钯和 $Zn(OTf)_2$体系，在 72h 后，能够得到 48% 的手性二胺开环产物，值得一提的是，产物具有>99% 的 *ee* 值。随后，升高温度到 50℃和 90℃，在 90℃时，反应 1h 就能够得到 87% 的收率和>99% 的 *ee* 值。然而，同样条件下，随着反应时间延长到 3h，收率从 87% 降低到了 71% 。另外，在同样的温度下，换用其他的路易斯酸，如 AgOTf、$AgBF_4$、$AgPF_6$、$AgSbF_6$、$Cu(OTf)_2$和 $Fe(OTf)_3$都能够得到很高的对映选择性。其中选用 $AgBF_4$作为路易斯酸时，能够得到最佳的反应结果，92% 的收率和>99% 的 *ee* 值。但是亚铜作为路易斯酸只得到了 31% 的 *ee* 值[18]。

表 8-12　钯催化氮杂苯并降冰片烯的不对称开环反应条件筛选

$Pd(OAc)_2$/(*R*)-Difluorphos，路易斯酸

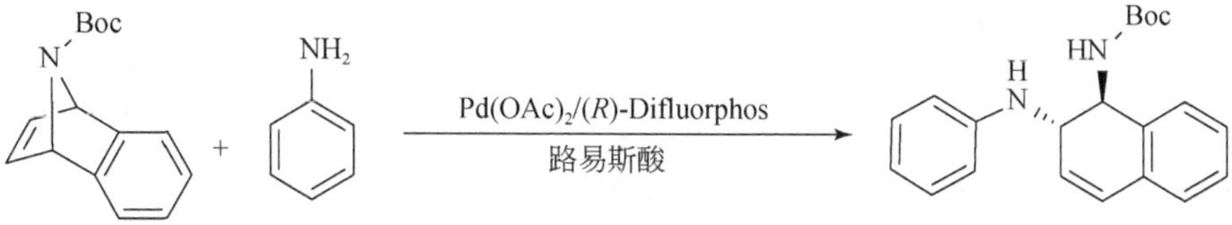

序号	温度	路易斯酸	时间/h	收率/%	*ee*/%
1	室温	$Zn(OTf)_2$	72	48	>99
2	50℃	$Zn(OTf)_2$	24	76	>99
3	90℃	$Zn(OTf)_2$	1	87	>99
4	90℃	$Zn(OTf)_2$	3	71	>99
5	90℃	AgOTf	2.5	86	>99
6	90℃	$AgBF_4$	3	92	>99
7	90℃	$AgPF_6$	5	33	96
8	90℃	$AgSbF_6$	28	64	99
9	90℃	$Cu(OTf)_2$	2.5	80	97
10	90℃	CuOTf	28	30	31
11	90℃	$Fe(OTf)_3$	2	89	98

在筛选到最佳的添加剂路易斯酸后，他们做了进一步配体和溶剂的筛选。在选用 Binap 配体时，能够得到最佳的收率 93% 和>99% 的 *ee* 值。另外，采用 Binap 配体，筛选了 THF、二氧六环、DCE 和 DME 后发现，甲苯依然是效果最好的溶剂。降低催化剂的用量（5% 至 3%）和路易斯酸的量（10% 至 6%）后，反应的收率和 *ee* 值都有轻微的降低（表 8-13）。

表 8-13　钯催化氮杂苯并降冰片烯的不对称开环反应条件筛选

$Pd(OAc)_2$/L，$AgBF_4$，溶剂，90℃

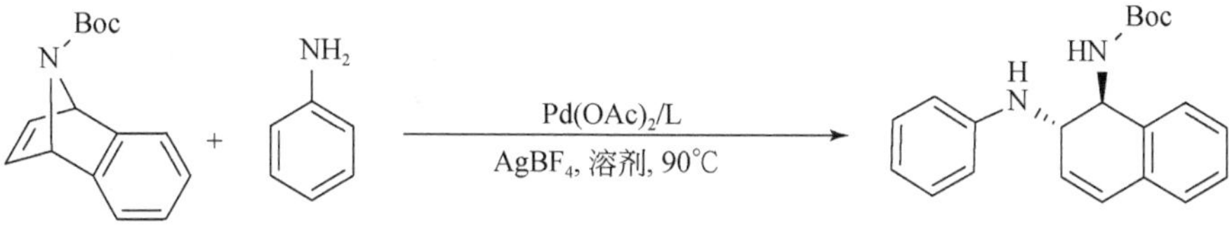

序号	配体	溶剂	时间/h	收率/%	*ee*/%
1	(*R*)-Difluorphos	甲苯	3	92	>99
2	(*R*)-Binap	甲苯	3	93	>99
3	(*R*)-tol-Binap	甲苯	3	91	>99

续表

序号	配体	溶剂	时间/h	收率/%	ee/%
4	(R)-xylyl-Binap	甲苯	3	86	94
5	(R)-Synphos	甲苯	8.5	93	99
6	(S)-Cl-MeO-Biphep	甲苯	3	70	>99
7	(R)-Binap	THF	3	78	99
8	(R)-Binap	二氧六环	2.5	82	98
9	(R)-Binap	DCE	3	76	95
10	(R)-Binap	DME	3	76	>99
11	(R)-Binap	甲苯	4.5	83	>99

筛选了多种反应条件，得到最佳反应条件后，他们继续对此催化体系进行了底物的筛选。如图 8-21 所示，各种不同的芳香胺绝大部分都能够得到非常好的收率和对映选择性。但是，对甲氧基苯胺收率只有 30%，反应生成了 1-四氢萘胺副产物。另外，各种不同取代基的氮杂苯并降冰片烯也完全适用于此方法。钯催化体系相对于早期 Lautens 课题组发现的铑催化体系，具有成本低（催化剂便宜）、结果好的优点。

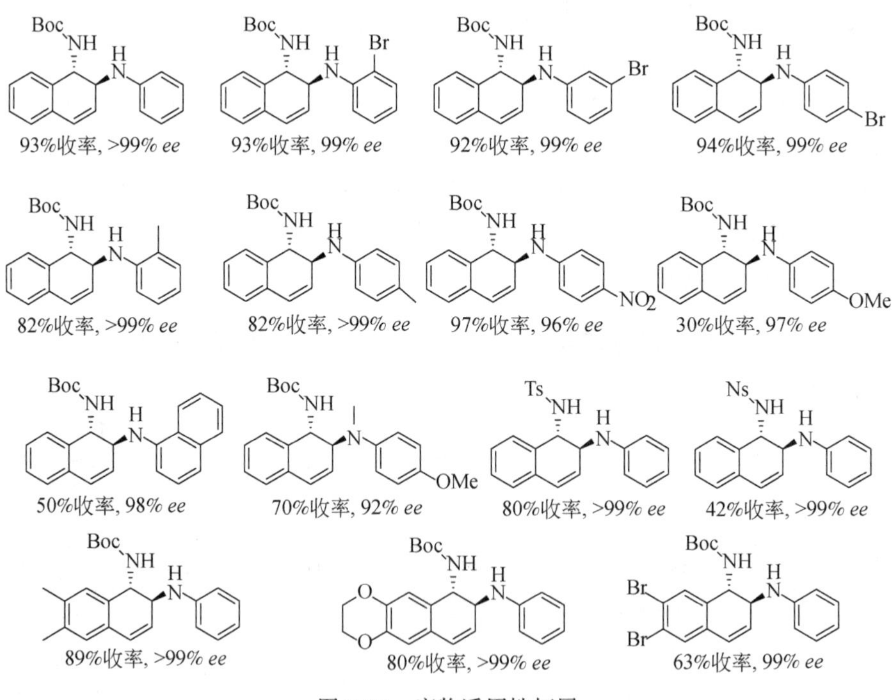

图 8-21　底物适用性拓展

2019 年，本书作者团队在前期工作的基础上进一步拓展了钯催化体系在冰片烯不对称开环领域的应用。前期报道的钯催化冰片烯开环反应用的是活性较高的芳香胺作为亲核试剂，而较低亲和性的磺酰胺、磷酰胺和酰胺并未有报道。钯催化体系成功地被用于多种酰胺类亲核试剂与冰片烯的不对称开环反应。与前期报道不太相同的是，常规冰片烯的开环反应往往得到的是反式的产物，本书作者团队报道了第一个冰片烯的开环反应得到顺式产物的方法学。首先，研究者对反应的溶剂、温度作了筛选。如表 8-14 所示，在 90℃条件下，对反应溶剂筛选，实验结果表明在二氯乙烷溶剂中，能够得到 86% 的收率和 97% 的 *ee* 值。另外，进一步降低反应的温度（从 90℃到 50℃），在 60℃条件下收率高达 94%，且 *ee* 值能够达到 98%[19]。

表 8-14　钯催化氮杂苯并降冰片烯的不对称开环反应条件筛选

Boc N ... + NH_2 O S O ... $Pd(OAc)_2$/(*R*)-Binap ; $AgBF_4$, 溶剂 → ... O S O H N ... HN Boc

序号	温度/℃	溶剂	时间/h	收率/%	*ee*/%
1	90	甲苯	8	76	94
2	90	1,4-二氧六环	24	48	93
3	90	DMF	24	41	8
4	90	THF	24	73	97
5	90	DCE	2.5	86	97
6	80	DCE	5	87	98
7	70	DCE	9	91	98
8	60	DCE	15	94	98
9	50	DCE	46	82	98

之后，对不同的手性膦配体进行了筛选，结果表明 Binap 最适合钯催化体系，能够得到最佳的反应结果。另外，据前期报道，路易斯酸的加入对反应体系的影响较大。从筛选实验的结果来看（表 8-15），在不加路易斯酸添加剂时，没有目标产物生成。四丁基碘化铵的加入，也没有目标产物生成，这是与铑催化体系区别较大的地方。因为，对于铑催化体系，四丁基碘化铵等卤素离子可以促进反应的进行。另外，其他路易斯酸，如 AgOTf、$AgBF_4$、$AgPF_6$、$AgSbF_6$、$Cu(OTf)_2$和 $Fe(OTf)_2$都能够得到很高的对映选择性（97%～98%），区别是在于收率的不同。$AgBF_4$可以得到最高的反应收率（94%）。

表 8-15　钯催化氮杂苯并降冰片烯的不对称开环反应条件筛选

序号	路易斯酸	时间/h	收率/%	*ee*/%
1	Bu_4NI	48	不反应	—
2	CuOTf	13	94	97
3	AgOTf	15	73	97
4	$AgBF_4$	15	94	98
5	$Cu(OTf)_2$	15	84	98
6	$Zn(OTf)_2$	13	91	98
7	$Fe(OTf)_2$	36	80	98
8	$AgSbF_6$	15	86	97
9	$AgPF_6$	15	81	98
10	—	48	不反应	—

随后，研究者对反应的底物进行了全面筛选。研究发现，不同的亲核试剂，如磺酰胺、酰胺和磷酰胺都能够得到很高的收率和 *ee* 值。但是对于二级磺酰胺，却不能够得到目标产物。另外，各种不同取代基的氮杂苯并降冰片烯也完全适用于该方法（图 8-22）。

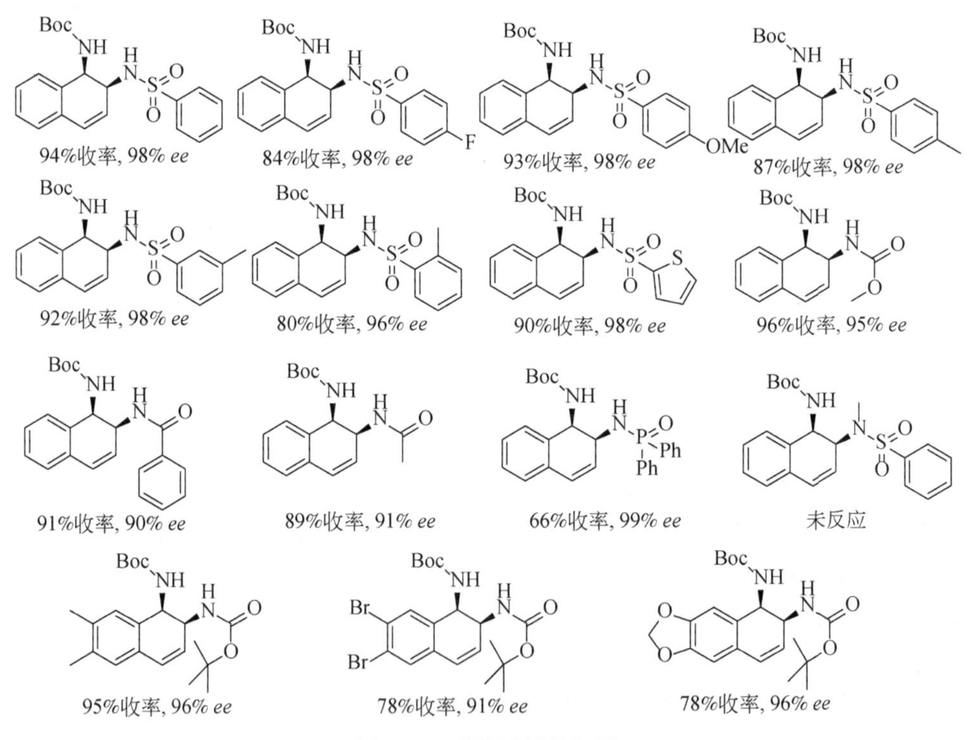

图 8-22　底物适用性拓展

8.4　铱催化氮亲核试剂与氧/氮杂苯并降冰片烯类化合物的不对称开环反应

2009 年，杨定乔课题组第一个报道了铱催化胺与氮杂苯并降冰片烯的不对称开环反应。比较遗憾的是，在这个报道中，研究者只简单筛选了几种常见的双膦手性配体，如 Binap、tol-Binap 等。因此，并未做非常全面的系统研究，导致产物的 *ee* 值较低，大部分产物 *ee* 值在 50% 左右[20]。Renshi Luo 开发了一系列的单膦催化剂。这类配体在 Suzuki 偶联反应及芳香硼酸与醛的不对称加成反应中具有很好的效果。这类配体的合成方法比较简单，如图 8-23 所示，经过几步简单合成就能够得到目标配体。2013 年，Renshi Luo 团队使用这类单膦配体与铱形成催化剂，研究手性铱催化胺对氮杂冰片烯的不对称开环反应[21]。

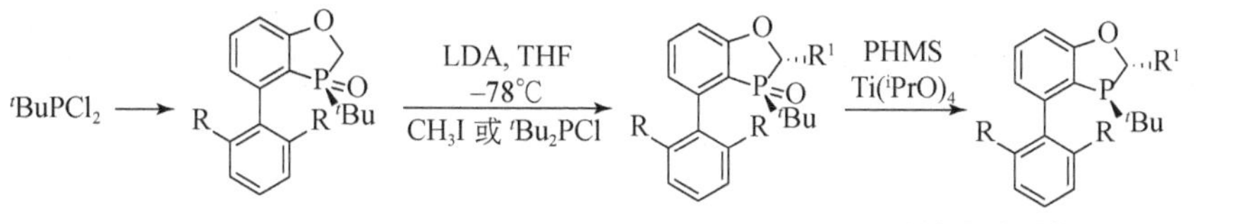

$^tBuPCl_2$ → … LDA, THF, −78℃, CH_3I 或 $^tBu_2PCl$ → … PHMS, $Ti(^iPrO)_4$ → …

L10: R=H, R^1=H (91%)
L11: R=MeO, R^1=H (93%)
L12: R=MeO, R^1=CH_3(95%)
L13: R=MeO, R^1=P^tBu_2(93%)

图 8-23　催化剂合成

最初的研究使用 $[Ir(COE)_2Cl]_2$ 作为催化剂，**L10** 为配体，在未加入添加剂的情况下，反应收率很低（表 8-16）。使用氯化钠作为添加剂，依然不能够得到目标产物。有趣的是，加入溴化钠的情况下，得到了 35% 的产物，且 *ee* 值达到了 88%。碘化钠作为添加剂得到了最好的结果，91% 的收率和>99% 的 *ee* 值。另外，对配体 **L11** ~ **L13** 进行了筛选，结果表明 **L10** 是最佳的配体。另外，对溶剂的筛选表明 THF 是最佳的溶剂。

表 8-16　铱催化氮杂苯并降冰片烯的不对称开环反应条件筛选

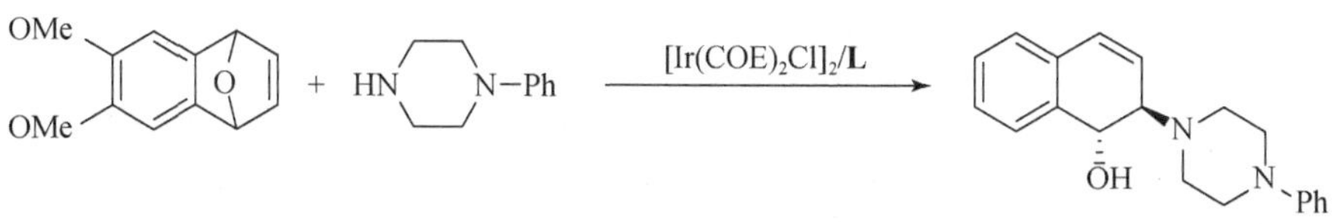

OMe, OMe, O + HN N−Ph → $[Ir(COE)_2Cl]_2$/**L** → N, OH, N, Ph

序号	溶剂	添加剂	L	收率/%	*ee*/%
1	THF	—	**L10**	<5	—

续表

序号	溶剂	添加剂	L	收率/%	*ee*/%
2	THF	NaCl	**L10**	<5	—
3	THF	NaBr	**L10**	35	88
4	THF	NaI	**L10**	91	>99
5	THF	NaI	**L11**	95	89
6	THF	NaI	**L12**	95	13
7	THF	NaI	**L13**	93	−61
8	THF	Bu_4NI	**L10**	93	81
9	THF	KI	**L10**	95	58
10	THF	NaI	**L10**	91	79
11	THF	NaI	**L10**	93	78
12	THF	NaI	**L10**	93	69
13	DME	NaI	**L10**	96	93
14	甲苯	NaI	**L10**	88	80
15	THF	NaI	**L10**	51	>99

最后，研究者对底物进行了筛选，如图 8-24 所示。首先，各种不同的吡嗪胺亲核试剂都能够适用此方法。另外，不同的氧杂苯并降冰片烯都能够得到很高的收率和 *ee* 值。然而，对于氮杂苯并降冰片烯，只能够得到 19% 的收率和 35% 的 *ee* 值。

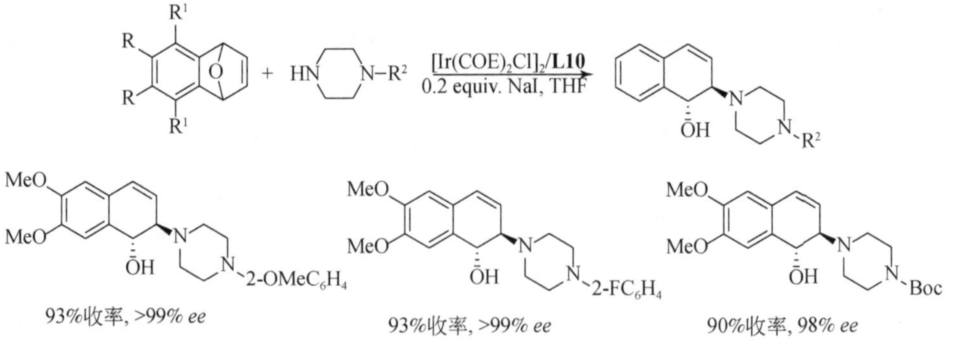

R¹
R
R
R¹
O
HN
N–R²
[Ir(COE)₂Cl]₂/L10
0.2 equiv. NaI, THF
N
N
OH
R²
MeO
MeO
OH
2-OMeC₆H₄
93%收率, >99% ee
2-FC₆H₄
93%收率, >99% ee
Boc
90%收率, 98% ee

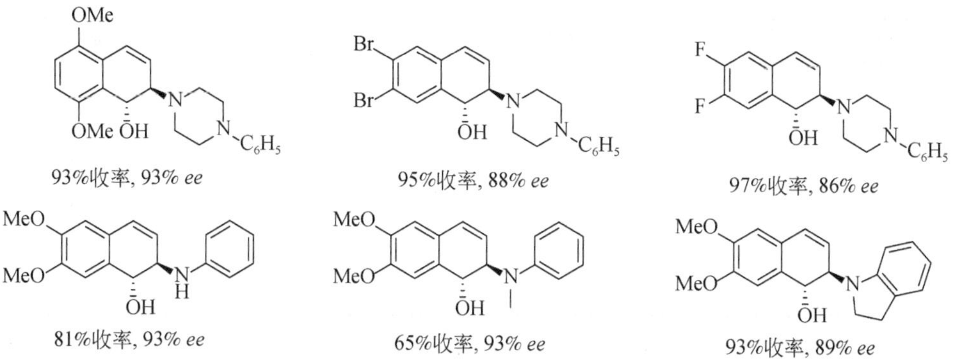

93%收率, 93% *ee*　　95%收率, 88% *ee*　　97%收率, 86% *ee*

81%收率, 93% *ee*　　65%收率, 93% *ee*　　93%收率, 89% *ee*

图 8-24　底物适用性拓展

2014 年，本书作者团队发现金属铱和（*S*）-NMDPP 配体组成的催化体系在不加添加剂的条件下就可以催化胺与氮杂苯并降冰片烯的不对称开环反应。反应条件的筛选如表 8-17 所示，首先对反应溶剂做了筛选，结果表明在 DMF 中能够得到最好的结果，即 93% 的收率和 88% 的 *ee* 值。在不加配体情况下，没有得到目标产物。随后做了配体和金属铱的比例筛选，发现配体和铱的比例为 3∶1 时得到更好的结果[22]。

表 8-17　铱催化氮杂苯并降冰片烯的不对称开环反应条件筛选

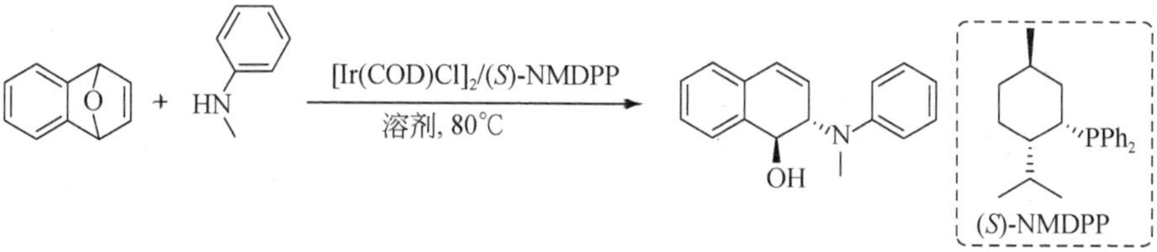

[Ir(COD)Cl]$_2$/(*S*)-NMDPP，溶剂, 80℃

(*S*)-NMDPP

序号	溶剂	L/Ir	时间/h	收率/%	*ee*/%
1	DMF	3∶1	4	93	88
2	THP	3∶1	21	92	87
3	甲苯	3∶1	21	90	86
4	DME	3∶1	21	82	87
5	二氧六环	3∶1	7	93	88
6	DMAc	3∶1	3	93	87
7	THF	3∶1	23	87	88
8	MTBE	3∶1	72	36	88
9	DCE	3∶1	74	18	54
10	DMSO	3∶1	48	27	72

续表

序号	溶剂	L/Ir	时间/h	收率/%	*ee*/%
11	DMF	0 : 1	5	NR	—
12	DMF	1 : 1	36	93	85
13	DMF	2 : 1	13	97	86
14	DMF	4 : 1	2	94	88
15	DMF	3 : 1	48	44	90
16	DMF	3 : 1	0. 67	98	86

最后，研究者对底物进行了筛选（图 8-25）。首先，各种不同的胺亲核试剂

+ HN(R1)(R2) —[Ir(COD)Cl]$_2$(1.5mol%), (*S*)-NMDPP(9.0mol%), DMF, 80℃→

(*S*)-NMDPP

93%收率, 88% *ee*　86%收率, 87% *ee*　92%收率, 87% *ee*　93%收率, 87% *ee*

90%收率, 88% *ee*　91%收率, 82% *ee*　89%收率, 87% *ee*　78%收率, 87% *ee*

85%收率, 87% *ee*　80%收率, 86% *ee*　82%收率, 80% *ee*

85%收率, 82% *ee*　81%收率, 86% *ee*　78%收率, 84% *ee*

图 8-25　底物适用性拓展

(一级胺、二级胺）都能够适用此方法。另外，不同的氧杂苯并降冰片烯底物都能够得到很高的收率和 *ee* 值。此方法学与之前已经报道的金属铱催化相比，具有操作简单、不需要添加剂、反应时间短、效率高等优点。

铱催化胺亲核试剂参与的氧杂苯并降冰片烯的不对称开环反应已经非常成熟，而活性较差的氮杂苯并降冰片烯往往不能得到较好的结果。2013 年，Renshi Luo 开发的手性单膦配体只能得到 19% 的收率和 35% 的 *ee* 值。随后，在 2018 年，Renshi Luo 和廖建华团队再次研究了铱催化胺亲核试剂参与的氧杂苯并降冰片烯的不对称开环反应，并使用了新的（*R*,*S*）-PPFA 配体。金属铱和配体（*R*,*S*）-PPFA 组成的新催化体系可以高效地催化胺与氮杂苯并降冰片烯的不对称开环反应，收率可以高达 97%，*ee* 值可达 98%。反应条件的筛选如表 8-18 所示，在不添加配体或者不含金属铱和添加剂的条件下，反应的收率都小于 5%。因此，铱、配体和催化剂对组成催化体系缺一不可。另外，使用 Binap 配体，反应的收率依然低于 5%，说明配体对催化效率也具有很大的影响。进一步筛选配体 **L14** ~ **L18**，配体 **L14** 表现比较突出，得到 95% 的收率和 93% 的 *ee* 值。改变添加剂的种类表明，不同的碘盐对反应产物的 *ee* 值影响较大，对收率影响较小。不同种类的金属铱，对反应的结果影响也较大。随后，研究者筛选了 10 种常用的溶剂，其中 THF 表现最佳，被选择用于底物的筛选[23]。

表 8-18　铱催化氮杂苯并降冰片烯的不对称开环反应条件筛选

[Ir]/**L**, 添加剂, THF

L14: R=Ph
L15: R=3,5-(^{t}Bu)$_2$C$_6$H$_3$
L16: R=3,5-(CH$_3$)$_2$C$_6$H$_3$
L17: R=C$_{10}$H$_{21}$
L18: R=Cy

序号	催化剂	添加剂	配体	收率/%	*ee*/%
1	[Ir (COE)$_2$Cl]$_2$	—	—	<5	—
2	[Ir (COE)$_2$Cl]$_2$	NaI	—	<5	—
3	[Ir (COE)$_2$Cl]$_2$	—	**L14**	<5	—
4	[Ir (COE)$_2$Cl]$_2$	NaI	Binap	<5	未检测到
5	[Ir (COE)$_2$Cl]$_2$	NaI	**L14**	95	93
6	[Ir (COE)$_2$Cl]$_2$	NaI	**L15**	92	77
7	[Ir (COE)$_2$Cl]$_2$	NaI	**L16**	93	68

续表

序号	催化剂	添加剂	配体	收率/%	*ee*/%
8	[Ir（COE）$_2$Cl]$_2$	NaI	**L17**	90	21
9	[Ir（COE）$_2$Cl]$_2$	NaI	**L18**	91	20
10	[Ir（COE）$_2$Cl]$_2$	Bu_4NI	**L14**	98	60
11	[Ir（COE）$_2$Cl]$_2$	KI	**L14**	96	39
12	[Ir（COE）$_2$Cl]$_2$	LiI	**L14**	95	92
13	[Ir（COE）$_2$Cl]$_2$	NaI	**L14**	70	85
14	[Ir（COE）$_2$Cl]$_2$	NaI	**L14**	95	79
15	Ir（NBD）BF_4	NaI	**L14**	93	55
16	[IrCp*Cl]$_2$	NaI	**L14**	<5	未检测到

最后，研究者对底物进行了筛选（图 8-26）。首先，对于不同氮取代基的吡嗪胺亲核试剂，都能够得到非常好的结果。但是对于芳香苯胺，收率低于 5%，表明芳香苯胺不能够适用于此体系。苄胺亲核试剂可适用于此催化体系，但 *ee* 值有所降低。

[Ir(COE)$_2$Cl]$_2$/**L14**
0.5 equiv. NaI

95%收率, 93% *ee*　　98%收率, 92% *ee*　　98%收率, 94% *ee*

95%收率, 93% *ee*　　90%收率, 94% *ee*　　91%收率, 97% *ee*　　93%收率, 93% *ee*

93%收率, 96% *ee*　　91%收率, 89% *ee*　　90%收率, 96% *ee*

<5%收率　　93%收率, 88% *ee*　　90%收率, 77% *ee*

图 8-26　底物适用性拓展

8.5　结　　语

本章综述了近二十年来氮作为亲核试剂参与过渡金属催化的冰片烯不对称开环反应的研究进展。从最早发现的铑催化到后期的钯和铱参与的催化反应，此类反应已经逐渐发展成熟，成为复杂杂环合成的一种重要方法。从目前有机化学发展的趋势来看，趋向于更加绿色、原子经济更高的方向发展。因此，对于此类反应：①绿色手性催化剂或者非贵金属催化是一个很好的发展方向，如铁、镍、锰等催化剂。②光化学或者电化学为手段的冰片烯不对称开环自由基反应目前报道较少，非常具有研究价值。总之，氮作为亲核试剂参与过渡金属催化的冰片烯不对称开环反应在复杂分子的合成上具有非常重要的应用，为有机化学及药物化学的发展提供了很大的帮助。

参 考 文 献

[1] Wu X, Ren J, Shao Z, et al. Transition-metal-catalyzed asymmetric couplings of α-aminoalkyl fragments to access chiral alkylamines. ACS Catal, 2021, 11: 6560-6577.

[2] Yin Q, Shi Y, Wang J, et al. Direct catalytic asymmetric synthesis of α-chiral primary amines. Chem Soc Rev, 2020, 49: 6141-6153.

[3] De Vane C L, Liston H L, Markowitz J S. Clinical pharmacokinetics of sertraline. Clin Pharmacokinet, 2022, 41: 1247-1266.

[4] Fox K, Bousser M G, Amarenco P, et al. Heart rate is a prognostic risk factor for myocardial infarction: a post hoc analysis in the PERFORM (prevention of cerebrovascular and cardiovascular events of ischemic origin with terutroban in patients with a history of ischemic stroke or transient ischemic attack) study population. Int J Cardiol, 2013, 168: 3500-3505.

[5] Lautens M, Fagnou K. Effects of halide ligands and protic additives on enantioselectivity and

reactivity in rhodium-catalyzed asymmetric ring-opening reactions. J Am Chem Soc, 2001, 123: 7170-7171.

[6] Lautens M, Fagnou K, Zunic V. An expedient enantioselective route to diaminotetralins: application in the preparation of analgesic compounds. Org Lett, 2002, 4: 3465-3468.

[7] Cho Y, Zunic V, Senboku H, et al. Rhodium-catalyzed ring-opening reactions of *N*-Boc-azabenzonorbornadienes with amine nucleophiles. J Am Chem Soc, 2006, 128: 6837-6846.

[8] Cho Y, Fayol A, Lautens M. Enantioselective synthesis of chiral 1, 2-diamines by the catalytic ring opening of azabenzonorbornadienes: application in the preparation of new chiral ligands. Tetrahedron: Asymmetry, 2006, 17: 416-427.

[9] Webster R, Böing C, Lautens M. Reagent-controlled regiodivergent resolution of unsymmetrical oxabicyclic alkenes using a cationic rhodium catalyst. J Am Chem Soc, 2009, 131: 444-445.

[10] Long Y, Zhao S, Zeng H, et al. Highly efficient rhodium-catalyzed asymmetric ring-opening reactions of oxabenzonorbornadiene with amine nucleophiles. Catal Lett, 2010, 138: 124-133.

[11] Dockendorff C, Jin S, Olsen M, et al. Discovery of μ-opioid selective ligands derived from 1-aminotetralin scaffolds made via metal-catalyzed ring-opening reactions. Bio Med Chem Lett, 2009, 19: 1228-1232.

[12] Webster R, Boyer A, Fleming M J, et al. Practical asymmetric synthesis of bioactive aminotetralins from a racemic precursor using a regiodivergent resolution. Org Lett, 2010, 12: 5418-5421.

[13] Boyer A, Lautens M. Rhodium-catalyzed domino enantioselective synthesis of bicyclo [2.2.2] lactones. Angew Chem Int Ed, 2011, 50: 7346-7349.

[14] Liébert C, Brinks M K, Capacci A G, et al. Diastereoselective intramolecular Friedel-Crafts alkylation of tetralins. Org Lett, 2011, 13: 3000-3003.

[15] Luo R, Xie L, Liao J, et al. Tunable chiral monophosphines as ligands in enantioselective rhodium-catalyzed ring-opening of oxabenzonorbornadienes with amines. Tetrahedron: Asymmetry, 2014, 25: 709-717.

[16] Xu X, Chen J, He Z, et al. Rhodium-catalyzed asymmetric ring opening reaction of oxabenzonorbornadienes with amines using ZnI_2 as the activator. Org Biomol Chem, 2016, 14: 2480-2486.

[17] Yen A, Pham A H, Larin E M, et al. Rhodium-catalyzed enantioselective synthesis of oxazinones via an asymmetric ring opening-lactonization cascade of oxabicyclic alkenes. Org Lett, 2019, 21: 7549-7553.

[18] Lu Z, Wang J, Han B, et al. Palladium-catalyzed asymmetric ring opening reaction of azabenzonorbornadienes with aromatic amines. Adv Synth Catal, 2015, 357: 3121-3125.

[19] Shen G, Khan R, Lv H, et al. Palladium/silver co-catalyzed syn-stereoselective asymmetric ring-opening reactions of azabenzonorbornadienes with amides. Org Chem Front, 2019, 6: 1423-1427.

[20] Yang D, Hu P, Long Y, et al. Iridium-catalyzed asymmetric ring-opening reactions of

oxabicyclic alkenes with secondary amine nucleophiles. Beilstein J Org Chem, 2009, 5: 53-62.

[21] Luo R, Liao J, Xie L, et al. Asymmetric ring-opening of oxabenzonorbornadiene with amines promoted by a chiral iridium-monophosphine catalyst. Chem Commun, 2013, 49: 9959-9961.

[22] Yu L, Zhou Y Y, Xu X, et al. Asymmetric ring opening reaction of oxabenzonorbornadienes with amines promoted by iridium/NMDPP complex. Tetrahedron Lett, 2014, 55: 6315-6318.

[23] Luo R, Cheng G, Wei Y, et al. Enantioselective iridium-catalyzed ring opening of low-activity azabenzonorbornadienes with amines. Organometallics, 2018, 37: 1652-1655.

第 9 章　苯酚与氧/氮杂苯并降冰片烯类化合物的不对称开环反应

9.1　引　　言

在各种不同类型的反应中，冰片烯类化合物展示了其特殊的化学性质。由于不同的亲核试剂与氧/氮杂苯并降冰片烯类化合物开环后能生成具有不同取代基及构型的四氢萘骨架分子，因此，科研工作者已经对该类反应做了相应的研究。本章主要介绍苯酚与氧/氮杂苯并降冰片烯类化合物的不对称开环反应。酚是一类应用非常广泛的化学品，是合成的中间体，主要来源于苯的氧化。

9.2　铑催化苯酚与氧杂苯并降冰片烯类化合物的不对称开环反应

苯酚（PhOH）作为一种软亲核试剂，可能是由于 Ph 基团有较大的空间位阻效应，其反应活性低于 H_2O 和 MeOH。但在氧杂苯并降冰片烯的不对称开环反应中，Lautens 课题组[1]已经证明酚类是一种有用的亲核试剂，在［$Rh(COD)Cl_2$］{或［$Rh(CO)_2Cl]_2$} 和 PPF-P^{t}Bu$_2$形成的催化剂体系下，开环产物的收率可以达到很高（图 9-1）。

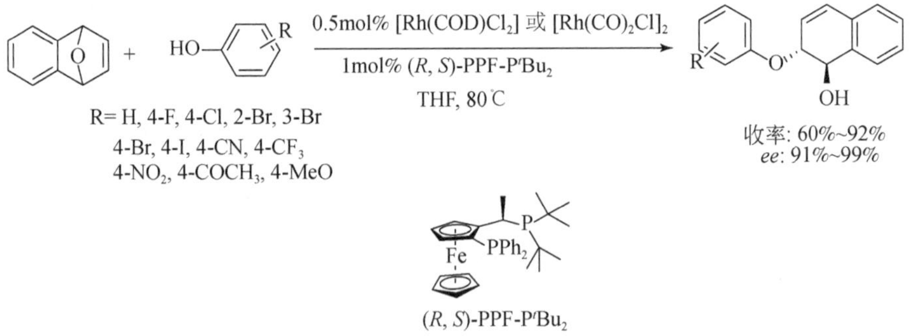

0.5mol% [$Rh(COD)Cl_2$] 或 [$Rh(CO)_2Cl]_2$
1mol% (*R*, *S*)-PPF-P^{t}Bu$_2$
THF, 80℃
R= H, 4-F, 4-Cl, 2-Br, 3-Br
4-Br, 4-I, 4-CN, 4-CF_3
4-NO_2, 4-$COCH_3$, 4-MeO
收率: 60%~92%
ee: 91%~99%
(*R*, *S*)-PPF-P^{t}Bu$_2$

图 9-1　Rh 催化苯酚与氧杂苯并降冰片烯的不对称开环反应

他们充分考察了反应的位阻效应和电子效应。当存在吸电子基时反应效果明显优于供电子基，并且能够取得非常好的结果（表9-1）。在对位阻效应进行考察时，发现邻溴苯酚收率仅有17%，但是将金属前体更换为［$Rh(CO)_2Cl$］$_2$时，该反应收率可达92%。他们报道了一种催化效果较好的催化体系，使得反应活性较低的邻卤苯酚都能得到非常高的收率，收率最高可达94%，*ee*值最高可达99%。但该反应主要对对位取代的苯酚进行了拓展研究，对于底物的适用性和配体的特殊性还有待改善。

表9-1　不同对位取代的苯酚的不对称开环反应

苯酚(X)	收率/%	*ee*/%	苯酚(X)	收率/%	*ee*/%
F	92	97	CF_3	87	95
Cl	89	92	CH_3	60	91
Br	94	98	CN	88	97
I	92	98	MeO	85	95
$COCH_3$	91	>99			

9.3　过渡金属铱催化苯酚与氧杂苯并降冰片烯类化合物的不对称开环反应

本书作者课题组对苯酚与氧/氮杂苯并降冰片烯的不对称开环反应非常感兴趣，并且也取得了很好的研究进展。2013年，本书作者课题组[2]报道了一种手性铱催化体系，即由［$Ir(COD)Cl$］$_2$和手性单丁酯（*S*）-NMDPP组成的铱络合物催化剂，事实上，到目前为止还没有报道过含有单核苷酸型手性膦的催化剂。因此，对于不对称开环反应的高效催化体系的持续发展仍然是值得期待的，也是非常有趣的（图9-2）。

[$Ir(COD)Cl]_2$, (*S*)-NMDPP

DMF, 70℃

R^1 = OCH_3, CH_3
R^2 = CH_3, Br

R = 4-F, 4-Cl, 4-Br, 2-Br, 3-Br, 4-I, 4-CN, 4-NO_2, 4-CH_3

收率: 51%~96%
ee: 80%~88%

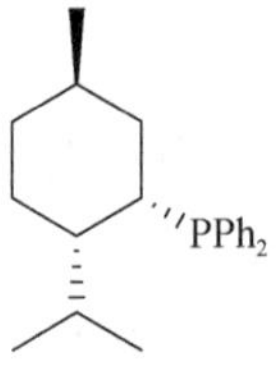
PPh₂

(*S*)-NMDPP

图 9-2 铱催化的酚类与氧杂苯并降冰片烯的不对称开环反应

9.4 铂催化苯酚与氧杂苯并降冰片烯类化合物的不对称开环反应

2015，杨定乔课题组[3]成功地证明了铂（Ⅱ）催化氧杂苯并降冰片烯与多种酚的 ARO 可以制备出具有中等至良好对映选择性的 1,2-顺式开环产物。此外，他们还成功地优化了氧杂苯并降冰片烯与苯酚的 ARO 反应的适宜反应条件。与铑和铱催化剂相比，该铂催化体系对富电子底物表现出更高的催化活性，收率高达 99%（图 9-3）。

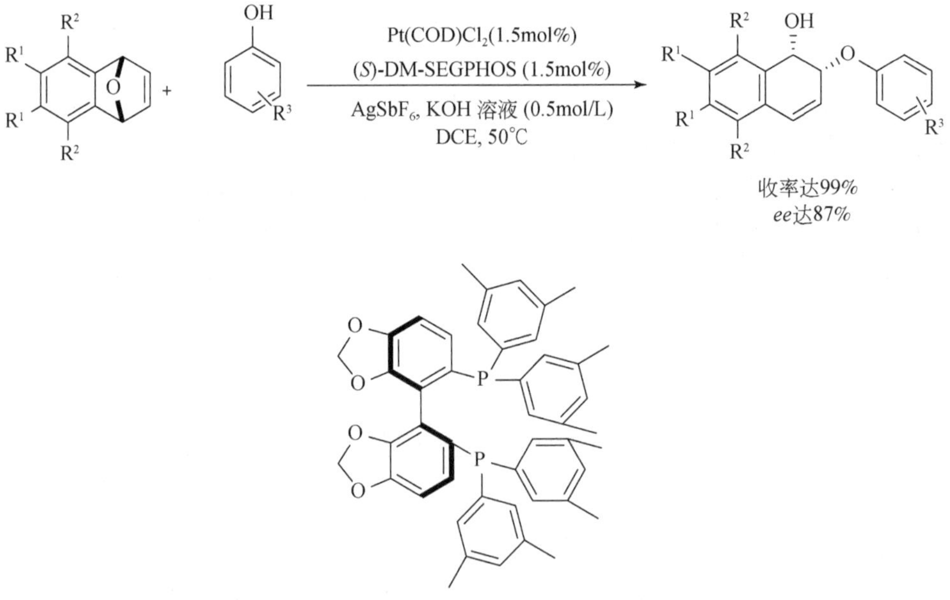
R2
R1
O
R1
R2
+
OH
R3
Pt(COD)Cl2(1.5mol%)
(S)-DM-SEGPHOS (1.5mol%)
AgSbF6, KOH 溶液 (0.5mol/L)
DCE, 50℃
R2
OH
R1
O
R1
R2
R3
收率达99%
ee达87%
O
O
P
O
O
P

(*S*)-DM-SEGPHOS

图 9-3 铂催化的酚类与氧杂苯并降冰片烯的不对称开环反应

9.5　钯/锌协同催化苯酚与氧杂苯并降冰片烯类化合物的不对称开环反应

不同过渡金属催化的不对称开环反应已经有很多文献报道，近年来，很多课题组陆续报道了过渡金属和路易斯酸协同催化的催化体系，该类催化体系具有更温和、更高效、更经济的优点。

2015 年，本书作者课题组[4]报道了一种新型钯/锌协同催化剂体系与手性 (*R*)-Difluorphos 配合使用，用于氧杂苯并降冰片烯的不对称开环反应。该催化体系使产物顺二芳基氧基-1,2-二氢萘-1-醇具有良好的收率（高达 95%）和优良的对映选择性（高达 99% 的 *ee*）（图 9-4）。通过 X 射线晶体结构分析，确定了产物的顺式构型。该体系具有反应条件温和（如室温）和基底范围广的特点。

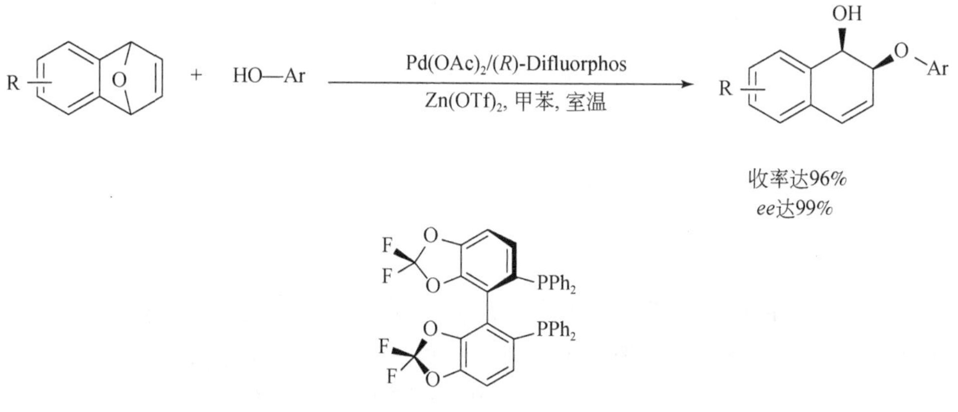

(*R*)-Difluorphos

图 9-4　钯/锌协同催化的酚类与氧杂苯并降冰片烯的不对称开环反应

2018 年，本书作者课题组[6]成功地开发了一种高效的 $Pd(OAc)_2$/(*R*,*R*)-DIOP/$Zn(OTf)_2$催化体系（图 9-5），用于苯酚与氮杂苯并降冰片烯的合成反应。该催化体系对氮杂苯并降冰片烯苯环上的大量酚类和各种取代基具有较好的耐受性。另外，还展示了手性配体 (*R*)-xyl-SDP 对 ARO 产物动力学拆分的影响（图 9-6）。

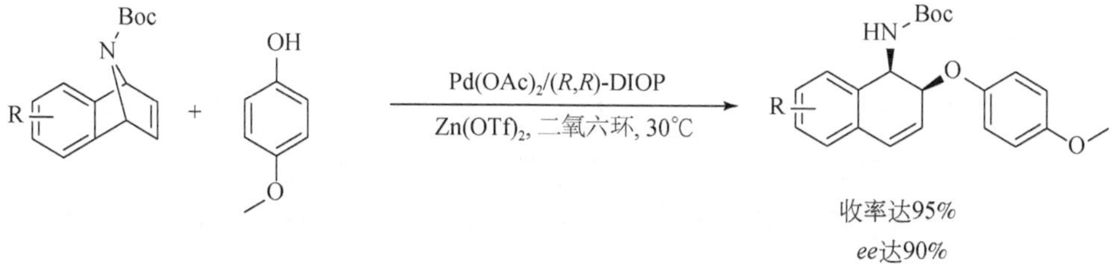

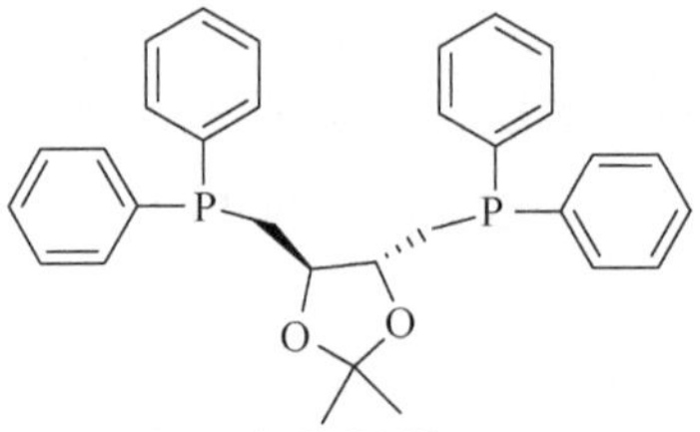

P　P　O　O

(*R*,*R*)-DIOP

图 9-5　钯/(*R*,*R*)-DIOP 络合物促进氮杂苯并降冰片烯与酚类化合物的不对称开环反应

HN-Boc　O

$Pd(OAc)_2$/(*R*)-xyl-SDP

$Zn(OTf)_2$, 二氧六环, 70℃

HN-Boc　O　+　HN-Boc　+　OH

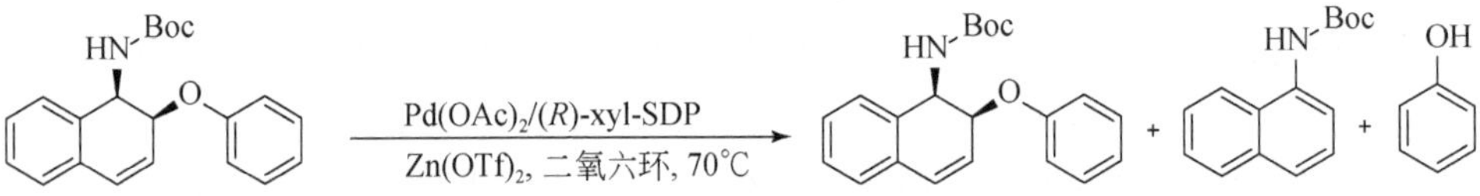

手性

图 9-6　动力学拆分

9.6　铑/锌协同催化苯酚与氧杂苯并降冰片烯类化合物的不对称开环反应

2018 年，本书作者课题组[5]通过研究发现 $[Rh(COD)Cl]_2/ZnI_2/(R, R)$-BDPP 作为协同催化体系（图 9-7），能有效催化酚类亲核试剂与氧杂苯并降冰片烯的不对称亲核开环反应，获得较好的收率和良好的对映选择性。在优化后的反应条件下，该协同催化体系具有良好的催化活性和底物适应性，能够实现各种取代的酚类亲核试剂对氧杂苯并降冰片烯的不对称开环，构建高效而又经济的含手性四氢萘结构单元的化合物。

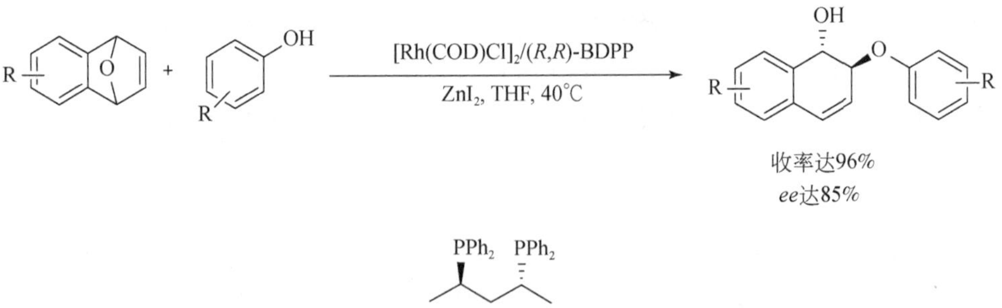

R　O　+　OH　R

$[Rh(COD)Cl]_2$/(*R*,*R*)-BDPP

ZnI_2, THF, 40℃

OH　R　O　R

收率达96%
*ee*达85%

PPh_2　PPh_2

(*R*,*R*)-BDPP

图 9-7　铑/锌协同催化苯酚与氧杂苯并降冰片烯的不对称开环反应

9.7 结　　语

苯并降冰片烯类化合物在催化条件下能够发生多种反应，包括开环反应、加成反应、自身二聚反应及环加成反应等。其中，经开环反应后生成的四氢萘结构广泛存在于天然产物及具有药物活性的分子中。因此，利用不同的催化体系催化该类反应来构建含不同取代基及不同构型的四氢萘结构分子具有重要意义。

参考文献

[1] Lautens M, Fagnou K, Taylor M. Rhodium-catalyzed asymmetric ring opening of oxabicyclic alkenes with phenols. Org Lett, 2000, 2 (12): 1677-1679.

[2] Li S, Chen H, Yang Q, et al. Iridium/NMDPP catalyzed asymmetric ring-opening reaction of oxabenzonorbornadienes with phenolic or naphtholic nucleophiles. Asian J Org Chem, 2013, 2 (6): 494-497.

[3] Meng L, Yang W, Pan X, et al. Platinum-catalyzed asymmetric ring-opening reactions of oxabenzonorbornadienes with phenols. J Org Chem, 2015, 80 (5): 2503-2512.

[4] Li S, Xu J, Fan B, et al. Palladium/zinc co-catalyzed *syn*-stereoselectively asymmetric ring-opening reaction of oxabenzonorbornadienes with phenols. Chem-Eur J, 2015, 21 (25): 9003-9007.

[5] He Z, Zhou Y, Sun W, et al. Asymmetric ring-opening reaction of oxabenzonorbornadienes with phenols promoted by rhodium/zinc complexes. Chin J Org Chem, 2019, 39: 754-760.

[6] He Z, Zhou Y, Han B, et al. Asymmetric ring-opening reaction of azabenzonorbornadienes with phenols promoted by palladium/(*R*, *R*)-DIOP complex. Tetrahedron, 2018, 74 (17): 2174-2181.

第 10 章 有机硼酸与氧/氮杂苯并降冰片烯类化合物的不对称开环反应

10.1 引 言

过渡金属催化的氧杂环烯烃和氮杂环烯烃的不对称开环（ARO）反应已成为构建碳-碳键和碳-杂原子键的重要方法[1]。这些转化是特别有价值的，因为多个立体中心可以在一个步骤中建立，并由此产生的萘支架存在于广泛的天然产物和生物活性分子中。自 Miyaura 的首次报道以来，铑催化芳基和烯基硼酸与活化烯烃的结合已经取得了重大进展。Hayash 报道了硼酸与烯烃的高度对映选择性结合反应。这些反应的一个常见步骤是碳-碳双键的碳硼结合。含有四氢萘核心的生物活性分子和治疗重要分子是发展氧杂苯并降冰片烯和有机卤化物、芳基锡烷和有机锌的烷基化亲核开环反应的推动力。合成的产物可以用来合成其他化合物，如白屈菜碱。白屈菜碱也是药物 Ukrain 的主要成分，这是一种半合成的抗肿瘤制剂，从马菊苣生物碱中提取。白屈菜碱的 *O*-酰基和 *O*-烷基衍生物也显示出抗接种作用和抗血清素作用。亲核开环反应有多种，这取决于所使用的金属催化剂和亲核试剂。如图 10-1 所示，可以通过氢化物亲核试剂和镍[2]催化还原开口

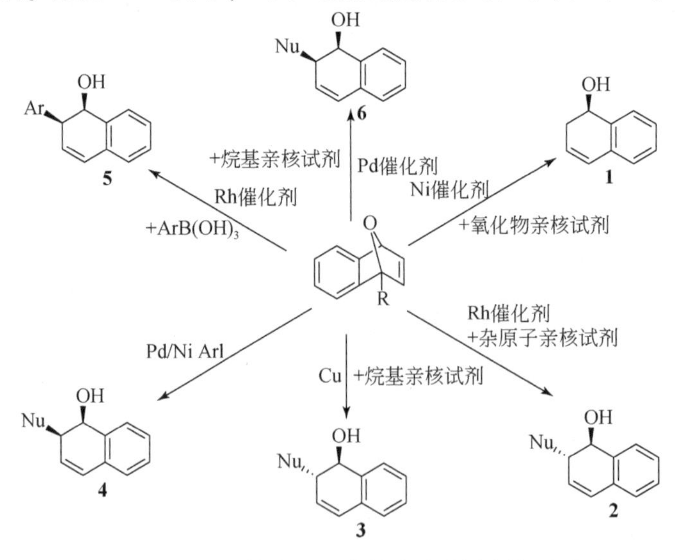

图 10-1 过渡金属催化的 7-苯并降冰片烯亲核开环反应

得到未取代的开环产物 **1**，通过在铑[3]催化剂条件下加入异原子亲核试剂和通过铜[4]催化加入烷基亲核试剂分别得到反式立体异构开环产物 **2** 和 **3**；在铑、钯或镍[5]的催化下，通过芳烃亲核试剂的亲核加成得到顺式立体异构开环产物 **4～6**，在镍[6]和钯[7]催化下，也可以通过烷基亲核试剂的加成得到。

10.2　铑催化有机硼酸与氧/氮杂苯并降冰片烯类化合物的开环反应

催化芳基硼酸加成烯烃是目前有机合成中一个活跃的研究领域。2001 年，本书作者是课题组在具有 $P(OEt)_3$ 配体的铑（Ⅰ）络合物催化量下，芳基硼酸与氧杂苯并降冰片烯进行了简单的加成反应，如图 10-2（a）所示，可立体选择性地生成顺-2-芳基-1,2-二氢-1-萘酚，且不需要硼酸的反应，收率高，并拓宽了硼酸催化加成反应的范围，具有很好的底物适用性。

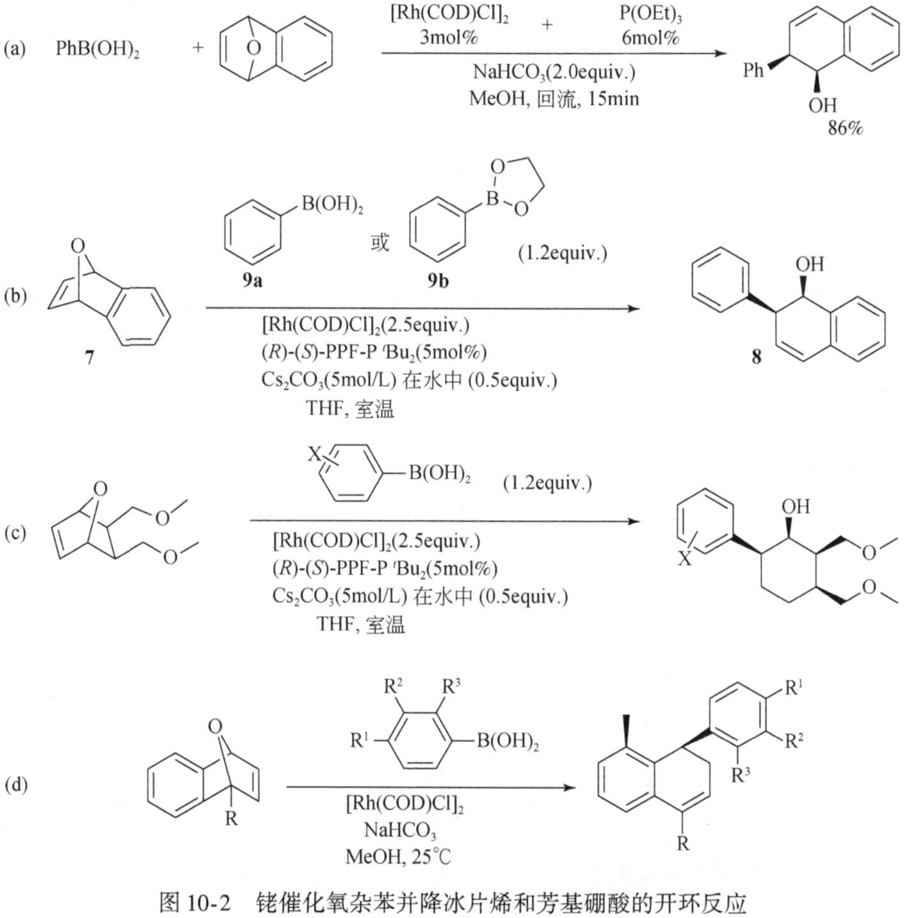

(a) $PhB(OH)_2$ + [氧杂苯并降冰片烯] —— $[Rh(COD)Cl]_2$ 3mol% + $P(OEt)_3$ 6mol%; $NaHCO_3$(2.0equiv.), MeOH, 回流, 15min → Ph, OH 产物 86%

(b) **7** + **9a** ($PhB(OH)_2$) 或 **9b** (1.2equiv.) —— $[Rh(COD)Cl]_2$(2.5equiv.); (*R*)-(*S*)-PPF-P ^{t}Bu$_2$(5mol%); Cs_2CO_3(5mol/L) 在水中 (0.5equiv.); THF, 室温 → **8**

(c) 芳基硼酸 X-C_6H_4-$B(OH)_2$ (1.2equiv.) —— $[Rh(COD)Cl]_2$(2.5equiv.); (*R*)-(*S*)-PPF-P ^{t}Bu$_2$(5mol%); Cs_2CO_3(5mol/L) 在水中 (0.5equiv.); THF, 室温

(d) R^1, R^2, R^3 取代芳基 $B(OH)_2$ —— $[Rh(COD)Cl]_2$; $NaHCO_3$; MeOH, 25℃

图 10-2　铑催化氧杂苯并降冰片烯和芳基硼酸的开环反应

2002 年第一次报道了铑（Ⅰ）催化有机硼酸使氧杂环烯烃进行不对称开环反应。这种不对称开环反应可以在 $[Rh(COD)Cl]_2$/PPF-P^tBu_2催化剂体系非常温和的条件下以高度的非对映选择性和对映选择性对不同的有机硼酸进行。氧杂苯并降冰片烯 **7** 通过各种苯基硼酸的快速开环加成得到 **8**，如图 10-2（b）所示。以芳基硼酸为亲核试剂，外加水和碱，在 $[Rh(COD)Cl]_2$/PPF-P^tBu_2催化剂体系下，氧杂环烯烃底物的 ARO 可以高产量，如图 10-2（c）所示，并具有优良的对映选择性。

2014 年，本书作者课题组用铑催化 C1-氧杂苯并降冰片烯和芳基硼酸的开环反应，如图 10-2（d）所示，研究了取代对芳基硼酸的影响，以及氧杂苯并降冰片烯的 C1 位置对亲核开环的影响。富电子的芳基硼酸在所有情况下都能产生良好的开环产物，而缺电子的硼酸则更依赖于取代基的位置。所有由铑催化的 C1 取代的氧化双环烯烃与芳基硼酸的开环反应都发现具有高度的区域选择性，在所有情况下都得到单一的区域异构体，广泛的 C1 取代的氧杂苯并降冰片烯受到开环作用，并在每种情况下产生区域异构体，这是由 C1 取代基旁边的碳上的碳硼化作用所决定的。

2012 年，本书作者课题组成功地证明了可以合成手性二氢苯并呋喃骨架结构，通过以 Rh 催化的不对称开环反应和 Pd 催化的分子内 C—H 偶联反应，如图 10-3 所示。对 2-氯/溴苯硼酸及其乙二醇酯的开环反应进行了广泛的研究，在 Rh/(*R*, *S*)-PPF-P^tBu_2催化剂条件下实现了完全转化，$Pd(OAc)_2$/X-Phos 是分子内 C—O 偶联反应的最佳催化体系。此外，以不对称开环反应的对映选择性为指标，对一锅的干扰成分进行了系统的研究。这种研究金属配体的新方法可以为研究不同类型的多金属催化的多米诺反应提供一个新的模型。

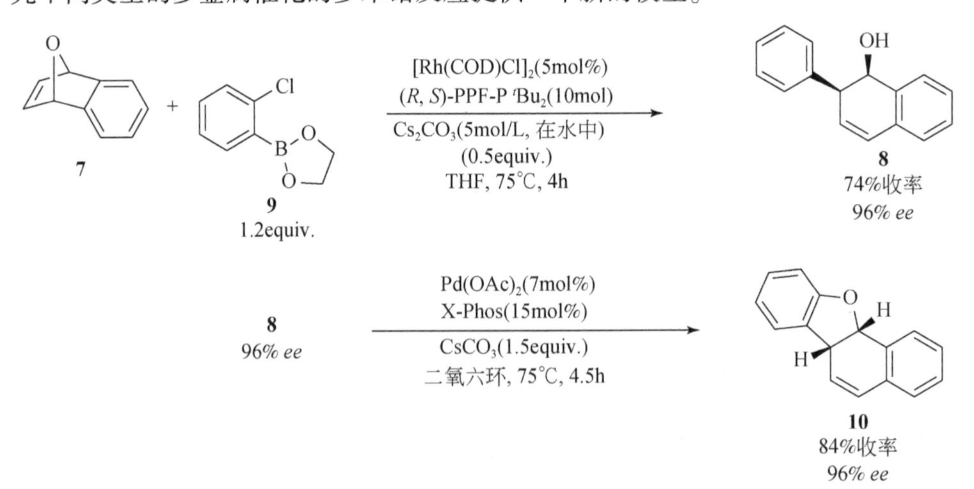

图 10-3　Rh 催化的氧杂苯并降冰片烯不对称开环反应及 Pd 催化的分子内 C—O 偶联反应

10.3　钯催化有机硼酸与氧/氮杂苯并降冰片烯类化合物的开环反应

1995 年，Moinet 和 Fiaud 等首次报道了以 BINAP（2,2′-双二苯膦基-[1,1′]-双萘）作为手性配体，Pd 催化的氧杂苯并降冰片烯与碘代苯的不对称开环反应，得到氢化萘结构单元的化合物。2000 年，Lautens 等尝试用有机锌化合物作为亲核试剂与氧杂苯并降冰片烯的开环反应，得到了具有一定对映选择性的目标产物。一种氢化萘结构单元的手性化合物的合成方法，在甲苯/水溶剂体系中，在催化剂乙酸钯及 *R*-Binap 的存在下，三氟硼酸钾类衍生物与氧杂苯并降冰片烯在室温下反应得到氢化萘结构单元的手性化合物，如图 10-4 所示。

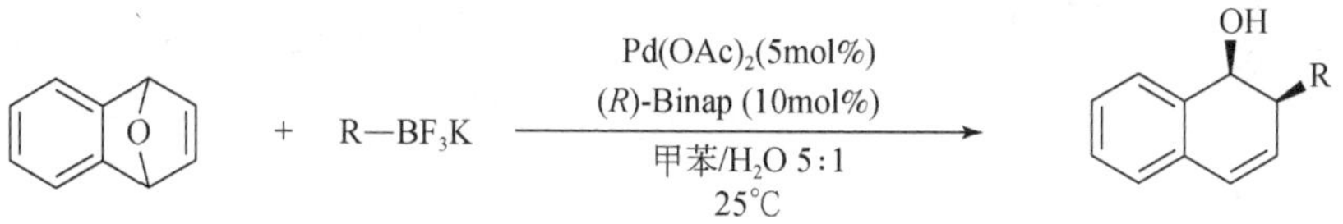

O　+　R—BF_3K　$\xrightarrow[\text{甲苯}/H_2O\ 5:1,\ 25^\circ C]{Pd(OAc)_2(5mol\%),\ (R)\text{-Binap}\ (10mol\%)}$　OH, R

图 10-4　Pd 催化氧杂苯并降冰片烯合成一种氢化萘结构单元

2014 年，本书作者课题组发现了新的手性钯环催化剂在不对称芳环开环上具有高的对映选择性，对 1,4-环氧-1,4-二水萘和芳基硼酸的反应如图 10-5（a）所示。这些新型手性钯环催化剂在其他催化反应中的应用正在进行中。在不对称芳环开口具有较高的对映选择性对 1,4-环氧-1,4-二水萘和芳基硼酸的反应，生成的钯环具有高达 94% 的对映选择性。图 10-5（b）是以喹啉基三芳基膦 **15** 作为 PQXphos 膦单元的模型，得到环钯化合物 **16**。采用同样的方法，证实了环钯化合物 **16** 可以形成一个在空气和水分中稳定的环钯化合物–胺配合物 **17**，以 PQXphos 膦单元的模型，得到环钯化合物 **10** 也是一种不溶性物质。

2003 年，本书作者课题组研究的钯催化芳基硼酸加成氮杂双环烯烃的开环反应如图 10-6 所示，各种芳基的加入获得了良好的收率，包括异芳基。这些反应使用容易处理和相对无毒的硼酸，而且 Pd（Ⅱ）催化剂使用非常方便，因为它们对空气不敏感，并且与未经蒸馏的溶剂兼容。在氮杂和氧杂环烯烃中加入各种芳基硼酸获得了良好的收率。

2017 年，本书作者课题组用 $Pd(OAc)_2$、(*R*)-Binap 和 $Zn(OTf)_2$ 组成的高活性协同催化体系，完成了双环烯烃与硼酸的不对称开环反应。该体系适用于氮杂苯并降冰片烯和氮杂苯并降冰片烯，底物适用性给出优秀的结果，并以高收率（高达 99%）和高光学纯度（高达 98% *ee*）转化成相应的手性萘产物，如图 10-7 所示。

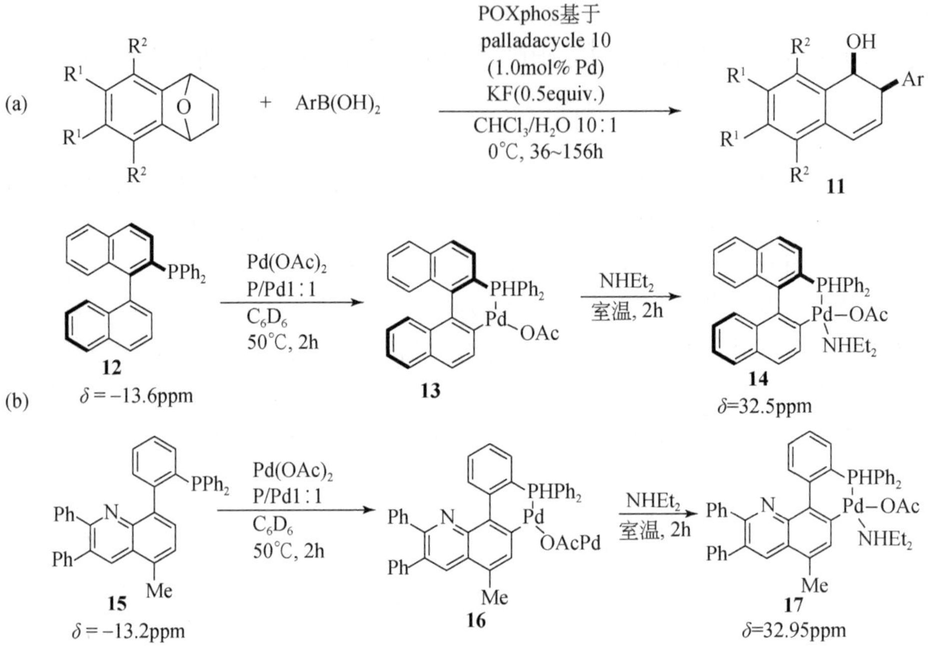

(a)

R^2　R^1　O　R^1　R^2　+　$ArB(OH)_2$

POXphos基于
palladacycle 10
(1.0mol% Pd)
KF(0.5equiv.)
$CHCl_3/H_2O$ 10∶1
0℃, 36~156h

R^2　OH　R^1　Ar　R^1　R^2　11

(b)

PPh_2
12
$\delta = -13.6$ppm

$Pd(OAc)_2$
P/Pd1∶1
C_6D_6
50℃, 2h

$PHPh_2$　Pd　OAc
13

$NHEt_2$
室温, 2h

$PHPh_2$　Pd−OAc　$NHEt_2$
14
δ=32.5ppm

PPh_2　Ph　N　Ph　Me
15
$\delta = -13.2$ppm

$Pd(OAc)_2$
P/Pd1∶1
C_6D_6
50℃, 2h

$PHPh_2$　Pd　Ph　N　OAcPd　Ph　Me
16

$NHEt_2$
室温, 2h

$PHPh_2$　Ph　N　Pd−OAc　$NHEt_2$　Ph　Me
17
δ=32.95ppm

图 10-5　手性钯环催化不对称芳环开环

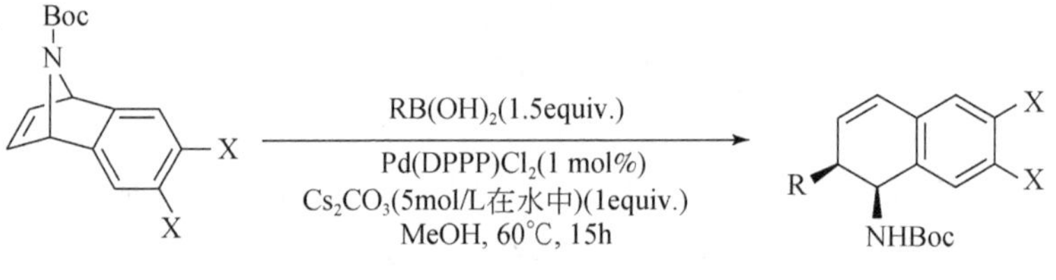

Boc　N　X　X

$RB(OH)_2$(1.5equiv.)
$Pd(DPPP)Cl_2$(1 mol%)
Cs_2CO_3(5mol/L在水中)(1equiv.)
MeOH, 60℃, 15h

X　R　X　NHBoc

图 10-6　钯催化芳基硼酸加成氮杂苯并降冰片烯的开环反应

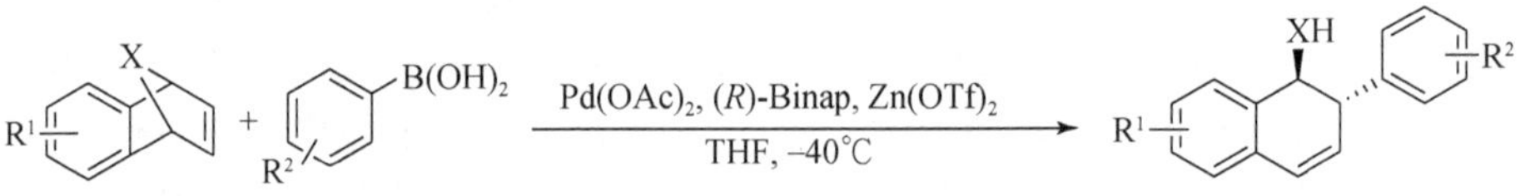

X　R^1　+　$B(OH)_2$　R^2

$Pd(OAc)_2$, (*R*)-Binap, $Zn(OTf)_2$
THF, −40℃

XH　R^2　R^1

图 10-7　钯/锌协同催化氮杂和氧杂双环烯烃与硼酸的不对称开环反应

2007 年，本书作者课题组研究了以芳基硼酸为关键步骤，以钯（Ⅱ）催化的新型高对映选择性氮杂环开环反应合成六氢苯并［*c*］菲内啶类生物碱的新方法，如图 10-8（a）所示。已经证明了这种方法的力量，第一次在天然产物的合成，并完成了第一个对映选择性全合成（+）−homochelidonine。

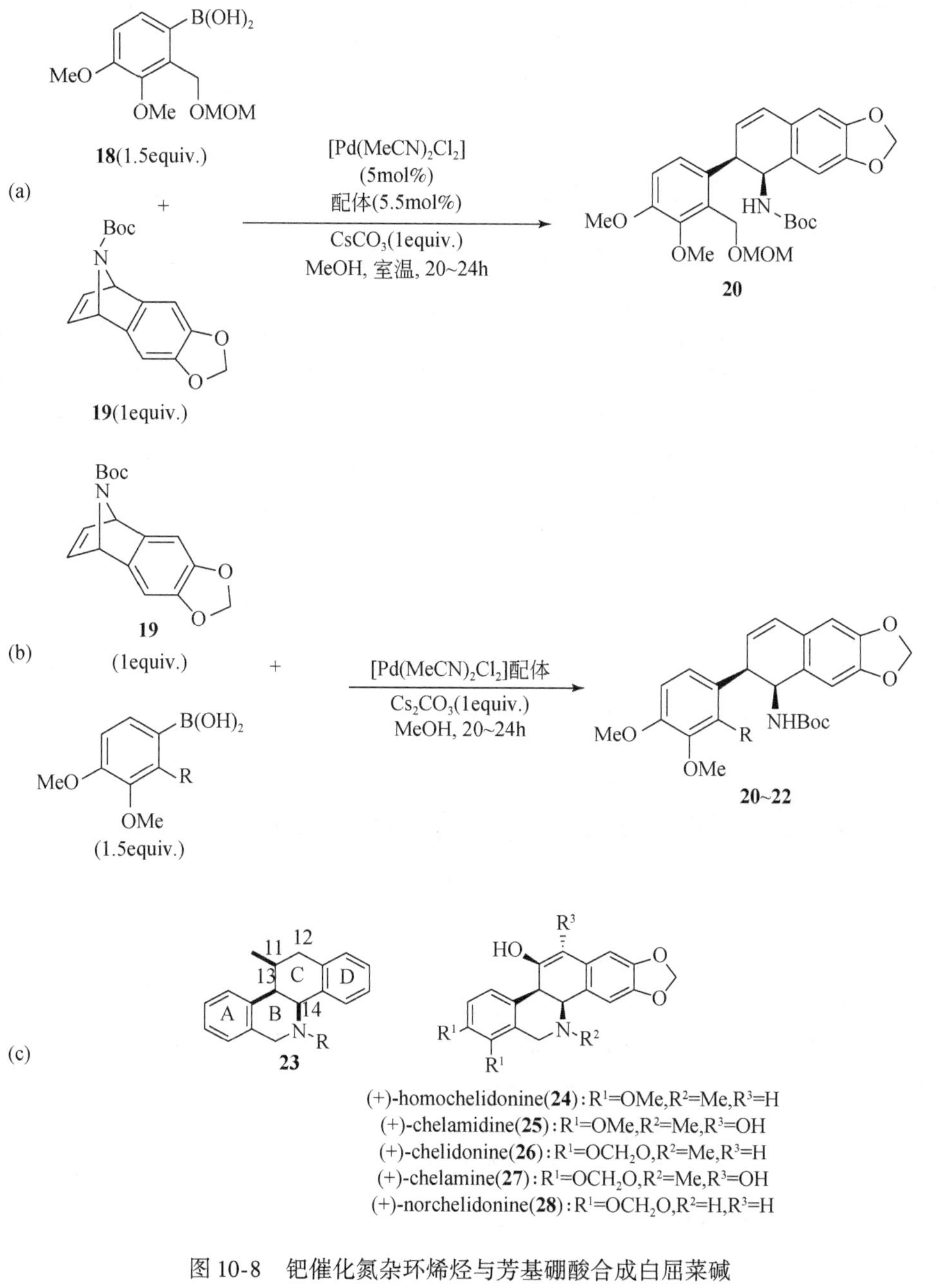

(a) **18**(1.5equiv.) + **19**(1equiv.) $\xrightarrow[\text{CsCO}_3\text{(1equiv.), MeOH, 室温, 20\sim24h}]{[\text{Pd(MeCN)}_2\text{Cl}_2]\text{(5mol\%), 配体(5.5mol\%)}}$ **20**

(b) **19** (1equiv.) + (1.5equiv.) $\xrightarrow[\text{Cs}_2\text{CO}_3\text{(1equiv.), MeOH, 20\sim24h}]{[\text{Pd(MeCN)}_2\text{Cl}_2]\text{配体}}$ **20~22**

(c) **23**

(+)-homochelidonine(**24**): R^1=OMe, R^2=Me, R^3=H
(+)-chelamidine(**25**): R^1=OMe, R^2=Me, R^3=OH
(+)-chelidonine(**26**): R^1=OCH_2O, R^2=Me, R^3=H
(+)-chelamine(**27**): R^1=OCH_2O, R^2=Me, R^3=OH
(+)-norchelidonine(**28**): R^1=OCH_2O, R^2=H, R^3=H

图 10-8　钯催化氮杂环烯烃与芳基硼酸合成白屈菜碱

2008 年，本书作者课题组选择高对映选择性的钯催化的中间氮杂双环烯烃与芳基硼酸的开环反应，如图 10-8（b）所示。完成对映选择性全合成（+）-homochelidonine、（+）-chelamidine、（+）-chelidonine、（+）-chelamine 和（+）-

norchelidonine，如图 10-8（c）所示。这类天然产物的快速聚合途径包括 Pd（Ⅱ）催化的氮杂环烯烃与芳基硼酸的不对称开环反应的开发和应用，这是关键步骤。通过筛选各种功能化的邻取代芳基硼酸、手性配体，得到了所需的顺-1-氨基-2-芳基二水萘的高收率和高达 90% *ee* 的反应条件。

10.4　铂催化有机硼酸与氧/氮杂苯并降冰片烯类化合物的开环反应

2013 年，本书作者课题组研究了一种新的 Pt(Ⅱ) 催化的芳基硼酸不对称开环加成氧杂苯并降冰片烯的方法。该方法采用 Pt(COD)Cl_2和（*S*）-（−）-DM-SEGPHOS 作为 ARO 的催化体系，获得了相应的顺-2-芳基-1,2-二氢萘-1-醇产物，收率高达 97%，对映选择性达到 89%，如图 10-9 所示。考察了不同配体、催化剂负载、碱、溶剂和温度对反应收率和对映选择性的影响。

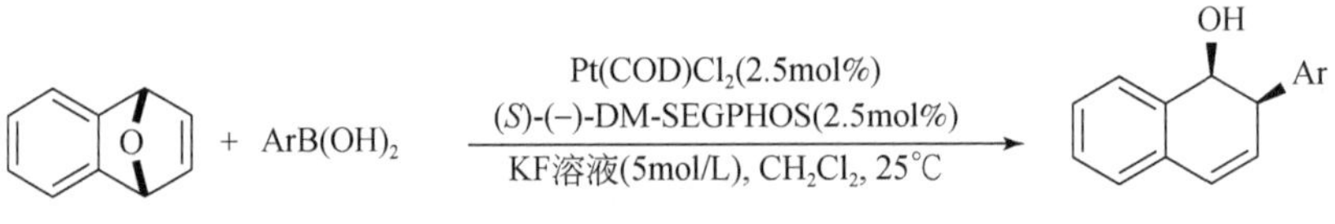

O　+ $ArB(OH)_2$　—Pt(COD)Cl_2(2.5mol%), (*S*)-(−)-DM-SEGPHOS(2.5mol%) / KF溶液(5mol/L), CH_2Cl_2, 25℃→　OH, Ar

图 10-9　Pt（Ⅱ）催化的芳基硼酸不对称开环加成氧杂苯并降冰片烯

10.5　镍催化有机硼酸与氧/氮杂苯并降冰片烯类化合物的开环反应

2014 年，本书作者课题组研究了一种新型、高效的镍催化氧杂苯并降冰片烯与多种芳基硼酸的不对称开环反应，在非常温和的条件下得到顺-2-芳基-1，2-二氢萘-1-醇，收率高达 99%，对映选择性高达 99%，如图 10-10 所示。与之前的铑、钯、铂催化体系相比，该镍催化体系具有更廉价的催化剂前驱体、更低的催化剂负载量、更高的效率和对映选择性，以及更好的官能团兼容性。具有不同取代基的氧杂苯并降冰片烯都可以与各种芳基硼酸顺利反应，生成预期的开环产物，收率高，对映选择性好。

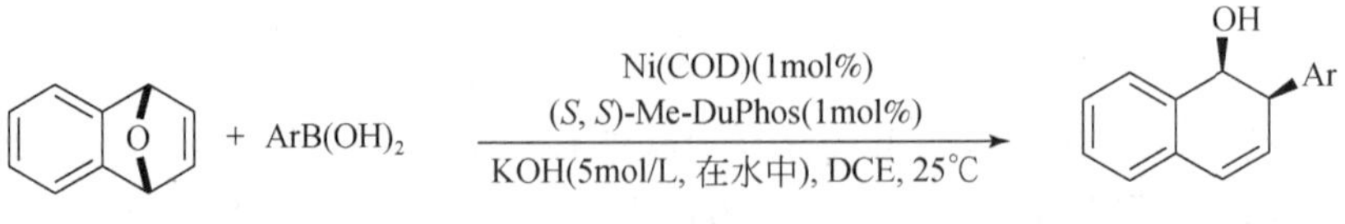

O　+ $ArB(OH)_2$　—Ni(COD)(1mol%), (*S*, *S*)-Me-DuPhos(1mol%) / KOH(5mol/L, 在水中), DCE, 25℃→　OH, Ar

图 10-10　镍催化氧杂苯并降冰片烯与芳基硼酸的不对称开环反应

10.6　铜催化有机硼酸与氧/氮杂苯并降冰片烯类化合物的开环反应

由于之前没有报道过温和亲核试剂在铜催化氮杂双环烯烃开环时具有高度对映选择性的例子，本书作者课题组决定通过筛选各种手性双磷配体来研究氮杂双环与 B_2pin_2 的对映选择性开环。2016 年，本书作者课题组开发了一种铜（Ⅰ）催化的，具有高对映选择性的双环开环的硼亲核试剂。以（*R*,*R*）-taniaphos 为手性配体，用硼试剂和铜催化实现了双环开环的高对映选择性。当 B_2pin_2 为亲核试剂时，优化 *ee* 值大于 99%，如图 10-11（a）所示。在本书作者课题组的反应条件下同时产生了 C—O 键裂解产物 **30** 和 C—N 键裂解产物 **3**，表明在 Cu-Bpin 催化剂下底物发生了烯丙基裂解，如图 10-11（b）所示。此外，双环烯烃的动力学拆分提供了 C—O 相对于 C—N 的解离速度。

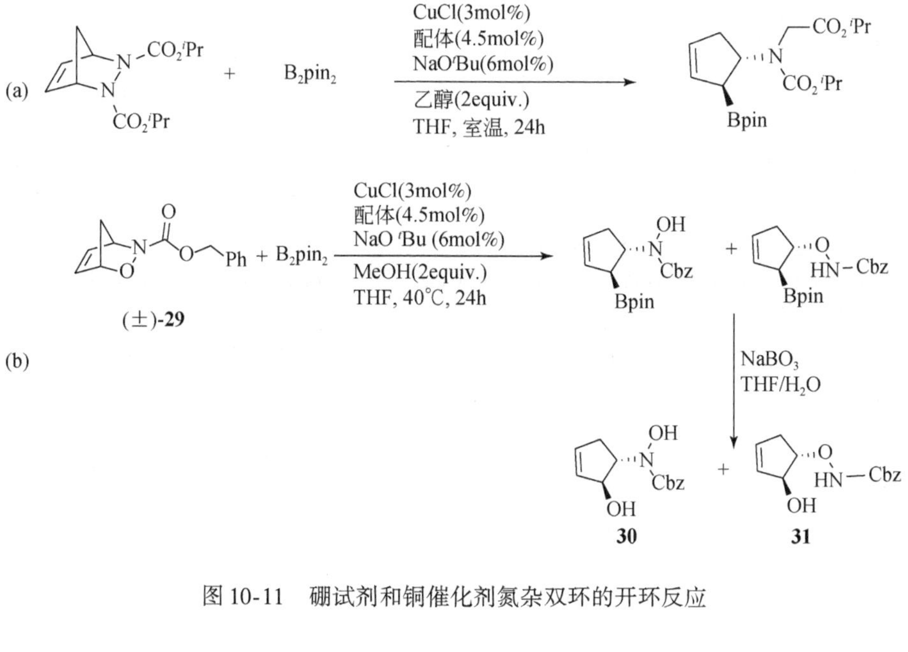

图 10-11　硼试剂和铜催化剂氮杂双环的开环反应

10.7　结　　语

本章综述了铑、钯、铜、镍金属催化氧杂苯并降冰片烯和氮杂苯并降冰片烯与硼酸的不对称开环反应。在 $P(OEt)_3$ 配体的铑（Ⅰ）络合物催化量下；在 $[Rh(COD)Cl]_2$/PPF-P^tBu_2 催化剂体；在铑催化 Cl-氧杂苯并降冰片烯和芳基硼酸开环反应的条件下有高度的非对映选择性和对映选择性。用 Pt(COD)Cl_2和（*S*）-(−)-DM-SEGPHOS 作为 ARO 的催化体系催化的芳基硼酸不对称开环加成氧杂苯并降冰片烯，与之前的铑、钯、铂催化体系相比，该镍催化体系具有更廉价的催化剂前驱体、更低的催化剂负载量、更高的效率和对映选择性，以及更好的官能团兼容性。研究了过渡金属催化不对称开环和非对映选择性 Friedel-Crafts 方法可以结合，以便以高收率和对映选择性快速合成各种各样的芳基四氢萘。Pd(Ⅱ)催化的氮杂环烯烃与芳基硼酸的不对称开环反应可以合成天然产物白屈菜碱。

参 考 文 献

[1] Lautens M, Fagnou K, Hiebert S. Transition metal-catalyzed enantioselective ring-opening reactions of oxabicyclic alkenes. Acc Chem Res, 2003, 36: 48-58.

[2] Fan E, Shi W, Lowary T. Synthesis of daunorubicin analogues containing truncated aromatic cores and unnatural monosaccharide residues. J Org Chem, 2007, 72: 2917-2928.

[3] Leong P, Lautens M. Rhodium-catalyzed asymmetric ring opening of oxabicyclic alkenes with sulfur nucleophiles. J Org Chem, 2004, 69: 2194-2196.

[4] Bertozzi F, Pineschi M, Moacchia F, et al. Copper phosphoramidite catalyzed enantioselective ring-opening of oxabicyclic alkenes: remarkable reversal of stereocontrol. Org Lett, 2002, 4: 2703-2705.

[5] Duan J, Cheng C. Palladium-catalyzed stereoselective reductive coupling reactions of organic halides with 7-heteroatom norbornadienes. Tetrahedron Lett, 1993, 34: 4019-4022.

[6] Wu M, Jeganmohan M, Cheng C. A highly regio- and stereoselective nickel-catalyzed ring-opening reaction of alkyl- and allylzirconium reagents to 7-oxabenzonorbornadienes. J Org Chem, 2005, 70: 9545-9550.

[7] Lautens M, Hiebert S. Scope of palladium-catalyzed alkylative ring opening. J Am Chem Soc, 2004, 126: 1437-1447.

第 11 章　酸酐与氧杂苯并降冰片烯类化合物的不对称开环反应

11.1　引　　言

不同亲核试剂（包括苯酚、醇、羧酸、水、炔烃、镁试剂、有机锌试剂、有机硼化合物及其他亲核试剂等）对氧氮杂苯并降冰片烯类化合物的不对称开环反应研究得比较多，而关于酸酐与氧杂苯并降冰片烯类化合物的不对称开环反应鲜有报道。

11.2　铑催化酸酐与氧杂苯并降冰片烯类化合物的不对称开环反应

2018 年，本书作者课题组[1]以金属铑和手性二茂铁配体络合物为催化剂，通过对温度、溶剂等反应条件的优化，首次实现了酸酐与氧杂苯并降冰片烯的不对称开环反应（图 11-1），并取得了最高 94% 的收率和 95% *ee* 值的优异结果，扩展了开环反应的亲核试剂类型，并对不同电性、不同位阻的氧杂苯并冰片稀进行了底物适应性探究，都以较高的收率和对映选择性生成了相应的不对称开环产物。产物经过简单的水解就可以得到高对映选择性的手性二醇，通过还原可以得到手性四氢萘二乙酸酯。

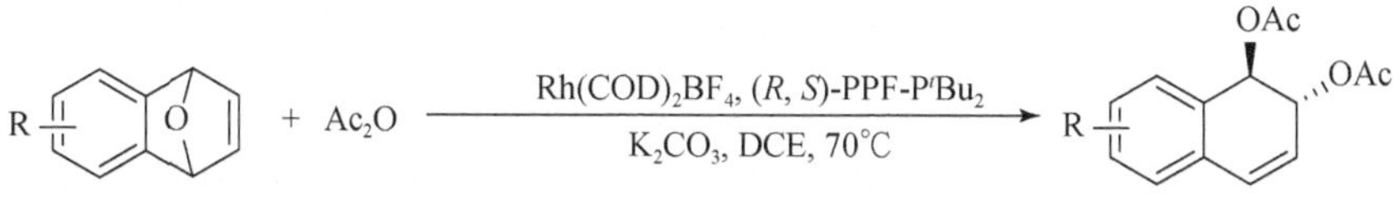

R + Ac_2O —— $Rh(COD)_2BF_4$, (*R*, *S*)-PPF-P^tBu_2 / K_2CO_3, DCE, 70℃ ——→ R (OAc, OAc)

图 11-1　铑催化氧杂苯并降冰片烯与酸酐的不对称开环反应

碱在该反应中有非常重要的作用，当体系中不加碱时，该反应不能发生（表 11-1，序号 6），推测碱应该能够促进酸酐的断裂。当使用有机碱 DMAP（4-二甲氨基吡啶）、Pyridine（吡啶）、Piperidine（哌啶）、2,2,6,6-四甲基哌啶时，反应不能够发生（表 11-1，序号 7 ~ 10），可能是反应体系中存在微量水导致乙酸酐水解生成乙酸，而有机碱无法将体系中的酸吸收完全，导致反应不能发生。因此在后续碱的筛选时选择了碱性更强的无机碱。当使用无机碱时，随着碱性的加强，反应收率有明显的提升，碱为 K_2CO_3时，反应能够得到 94% 收率和 95% *ee* 的理想结果（表 11-1，序号 2），随着碱性的继续加强，反应的收率随之下降，如使用 Cs_2CO_3和 NaO^tBu_2时，只有中等收率 50% 和 46%（表 11-1，序号 3，4），因此选择 K_2CO_3作为碱对反应进行进一步的优化。

表 11-1　碱的筛选结果

1a + Ac_2O (2a) —— (*R*, *S*)-PPF-P^tBu_2/$Rh(COD)_2BF_4$，碱, DCE, 70℃ ——→ 3a

序号	碱	时间/h	产率/%	*ee*/%
1	Na_2CO_3	3.5	45	95
2	K_2CO_3	30	94	94
3	Cs_2CO_3	30	50	94
4	NaO^tBu_2	3.5	46	97
5	Li_2CO_3	30	40	95
6	/	72	未反应	/
7	DMAP	72	未反应	/
8	Pyridine	72	未反应	/
9	Piperidine	72	未反应	/
10	2,2,6,6-四甲基哌啶	72	未反应	/

溶剂实验表明该反应只有在 DCE（1，2-二氯甲烷）中才会发生反应（表 11-2，序号 9），而在其他溶剂如 THF（四氢呋喃）、Toluene（甲苯）、DMF（二甲基甲酰胺）、MTBE（甲基叔丁基醚）、3-Methyl-1-butanol（异戊醇）、CH_3CN（乙腈）中反应均不发生反应，温度对反应也有一定的影响，当温度降低至 50℃时，由于反应活性随着温度的降低而减弱，原料不能完全反应，导致收率下降（表 11-2，序号 10），当温度升至 80℃时，收率则由 94% 降至 75%（表 11-2，序号 12），主要原因是反应中生成副产物萘酚，因此反应最佳温度为 70℃，最佳溶剂为 DCE。

综合考虑以上实验结果后，确定了该反应的最优反应条件为：$Rh(COD)_2BF_4$为催化剂前体，（*R*，*S*）-PPF-P^tBu_2为手性配体，K_2CO_3为碱，DCE 为溶剂，70℃下反应。

表 11-2　溶剂及温度筛选结果

1a + Ac_2O (**2a**) $\xrightarrow[K_2CO_3,\ 溶剂,\ 温度]{(R,S)\text{-PPF-P}^t\text{Bu}_2/\text{Rh(COD)}_2\text{BF}_4}$ **3aa**

序号	温度/℃	溶剂	时间/h	产率/%	*ee*/%
1	70	THF	72	未反应	/
2	70	Toluene	72	未反应	/
3	70	Dioxane	72	未反应	/
4	70	DMF	72	未反应	/
5	70	DCM	72	未反应	/
6	70	MTBE	72	未反应	/
7	70	CH_3CN	72	未反应	/
8	70	3-Methyl-1-butanol	72	未反应	/
9	70	DCE	37	94	94
10	50	DCE	30	80	94
11	60	DCE	29	87	94
12	80	DCE	18	75	89

在最佳反应条件下，对铑催化酸酐对氧杂苯并降冰片烯的不对称开环反应的底物适用性进行了考察，首先考察了含有不同取代基的各种氧杂苯并降冰片烯，结果见表 11-3，令人高兴的是，在该铑催化剂作用下，各种氧杂苯并降冰片烯都能够顺利地与乙酸酐发生开环反应，并以较高的收率和优秀的对映选择性生成相应的开环产物。一般来说，含有甲基、甲氧基等供电子取代基时有助于反应获得较高的收率（表 11-3，序号 1 ~ 5），而吸电子取代基则使反应的收率有所降低，比如溴取代的氧杂苯并降冰片烯底物 **1h**，其相应的开环产物收率只有 25%（表 11-3，序号 7），具有空间位阻较大的菲环结构的氧杂苯并降冰片烯 **1g** 也能顺利参与反应（表 11-3，序号 6），并能获得 70% 的收率和 91% 的对映选择性。

通过实验提出了该反应可能的反应机理（图 11-2）：$Rh(COD)_2BF_4$ 首先与 (R,S)-PPF-P^tBu_2 配合形成手性铑配合物 **A**，该手性铑配合物插入到酸酐中形成中间体 **B**，随后中间体 **B** 中的铑与氧杂苯并降冰片烯双键配位形成中间体 **C**，接着酸酐发生异裂，其中 OAc 进攻双键一端，Ac 仍与铑作用转移到双键的另一端形成 **D**，随后 **D** 发生反式开环得到 **E**，最后 **E** 经过消除铑生成最终产物，完成催化循环。

表 11-3　氧杂底物筛选结果

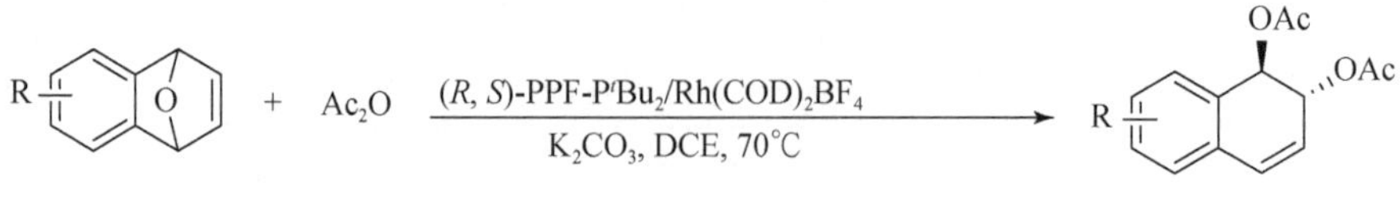

R, O (1) + Ac_2O (2a) →[(*R*, *S*)-PPF-P^tBu_2/$Rh(COD)_2BF_4$; K_2CO_3, DCE, 70℃] R, OAc, OAc (3b~3h)

序号	氧杂底物	时间/h	产率/%	*ee*/%
1	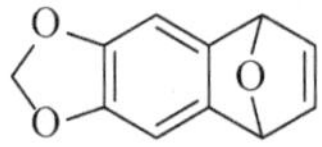 O, O, O **1b**	3	90	95
2	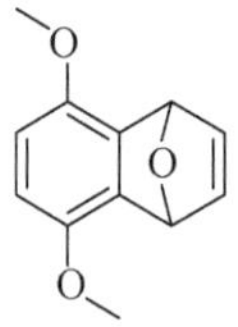 O, O, O **1c**	3	93	92
3	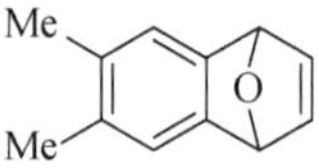 Me, Me, O **1d**	6	90	94
4	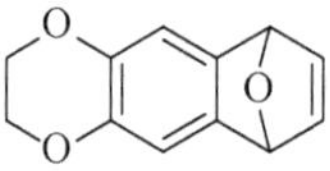 O, O, O **1e**	4	90	93
5	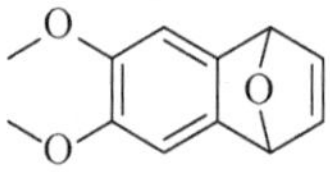 O, O, O **1f**	7	94	94
6	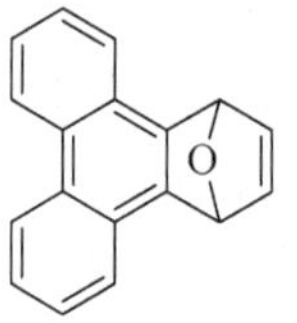 O **1g**	8	25	91
7	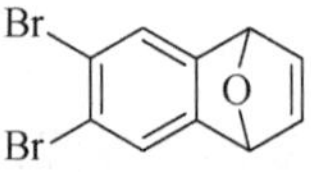 Br, Br, O **1h**	23	70	91

以金属铑和手性二茂铁配体络合物为催化剂，通过对温度、溶剂等反应条件的优化，首次实现了酸酐与氧杂苯并降冰片烯的不对称开环反应。该反应的实现，进一步扩展了适用于开环反应的亲核试剂的类型。而且，酸酐与氧杂苯并降冰片烯的不对称开环产物经过水解，可以一步得到手性二醇这一常用的有机合成中间体。

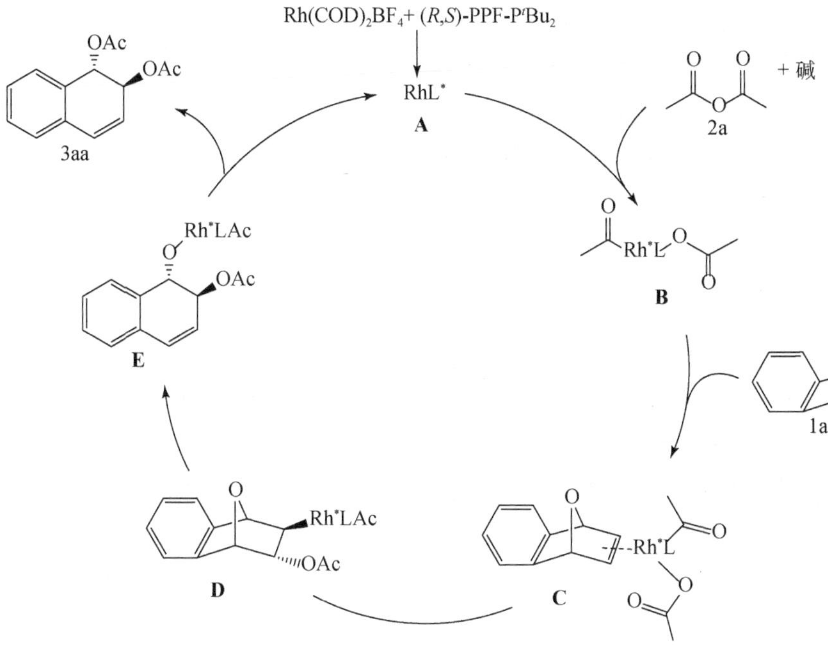

图 11-2　可能的反应机理

11.3　钯催化酸酐与氧杂苯并降冰片烯类化合物的不对称开环反应

2019 年，Zou 等[2]证实钯催化氧杂苯并降冰片烯与酸酐的不对称开环反应，可一步合成最终产物。与三聚体相比，二聚产物作为此反应的主要产物。乙酸钯和碱催化下草酸苯并降冰片二烯的二聚体和三聚体的形成由酸酐驱动，并且在不存在其他配体的情况下进行（图 11-3）。

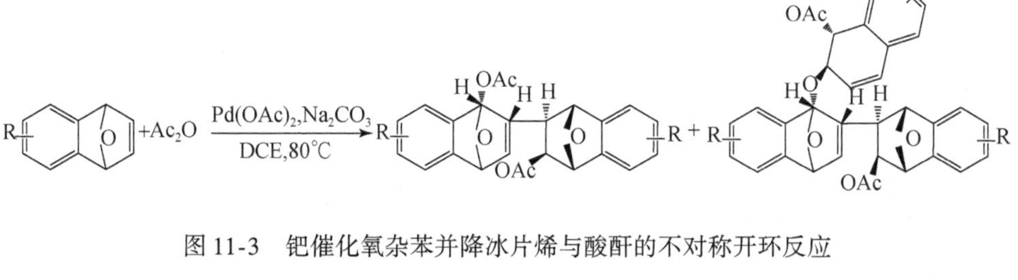

图 11-3　钯催化氧杂苯并降冰片烯与酸酐的不对称开环反应

11.4 结　　语

本章综述了氧杂苯并降冰片烯和氮杂苯并降冰片烯与酸酐的不对称开环反应。以金属铑和手性二茂铁配体络合物为催化剂首次实现了酸酐与氧杂苯并降冰片烯的不对称开环反应，以及苯并降冰片烯与米氏酸和二甲基丙二酸的开环反应。

参考文献

[1] Hu J R, Xu J B, Zou L L, et al. Rhodium catalyzed asymmetric ring-opening reaction of oxabenzonorbornadienes with anhydride. Chin J Org Chem, 2018, 38: 1687-1694.

[2] Zou L L, Sun W Q, Khan R, et al. Palladium catalyzed tandem reaction of oxabenzonorbornadienes with anhydrides. Eur J Org Chem, 2019, 4: 746-752.